MyBatis
从入门到精通

刘增辉 著

电子工业出版社
Publishing House of Electronics Industry
北京·BEIJING

内 容 简 介

本书中从一个简单的 MyBatis 查询入手,搭建起学习 MyBatis 的基础开发环境。通过全面的示例代码和测试讲解了在 MyBatis XML 方式和注解方式中进行增、删、改、查操作的基本用法,介绍了动态 SQL 在不同方面的应用以及在使用过程中的最佳实践方案。针对 MyBatis 高级映射、存储过程和类型处理器提供了丰富的示例,通过自下而上的方法使读者更好地理解和掌握 MyBatis 的高级用法,同时针对 MyBatis 的代码生成器提供了详细的配置介绍。此外,本书还提供了缓存配置、插件开发、Spring、Spring Boot 集成的详细内容。最后通过介绍 Git 和 GitHub 让读者了解 MyBatis 开源项目,通过对 MyBatis 源码和测试用例的讲解让读者更好掌握 MyBatis。

图书在版编目(CIP)数据

MyBatis 从入门到精通 / 刘增辉著. —北京:电子工业出版社,2017.7
ISBN 978-7-121-31797-2

Ⅰ. ①M… Ⅱ. ①刘… Ⅲ. ①JAVA 语言—程序设计 Ⅳ. ①TP312.8

中国版本图书馆 CIP 数据核字(2017)第 121030 号

策划编辑:孙奇俏
责任编辑:徐津平
印　　刷:北京盛通商印快线网络科技有限公司
装　　订:北京盛通商印快线网络科技有限公司
出版发行:电子工业出版社
　　　　　北京市海淀区万寿路 173 信箱　　邮编　100036
开　　本:787×980　1/16　印张:19.5　　字数:430 千字
版　　次:2017 年 7 月第 1 版
印　　次:2023 年 1 月第 16 次印刷
定　　价:79.00 元

推荐序

分离是为了更好的相聚

2013 年，我在开源中国网站上认识了本书作者刘增辉，并和他多次探讨过关于 Java 开源框架的种种技术问题。那段时间，我正在开源一款名为 Smart Framework 的轻量级 Java Web 框架，当时我不敢奢望自己开源的框架会有多少人认可，但没想到后来还真有不少朋友们为此框架提出了宝贵建议并做出了巨大贡献。尤其是在数据持久层这块，增辉给了我许多支持与帮助，让我感受到开源带给我的不仅是技术能力上的提升，更多的是让自己感到快乐。

我了解到增辉对 MyBatis 的研究颇为深入，不仅对 MyBatis 的内核，甚至对于其扩展都能做到了然于心、游刃有余。他曾经也开源了许多 MyBatis 核心组件，帮助许多开发者提高了工作效率，而我正是这众多开发者中的一位。

我不想占用这篇推荐序的宝贵篇幅为大家讲解如何来使用 MyBatis，因为这本书中对 MyBatis 的介绍远比我讲的更加详细和深入。现在我只想和大家聊聊架构设计中的一个核心问题：关注点分离。因为这个问题同样也是 MyBatis 框架需要解决的核心问题。

关注点分离

关注点分离所对应的英文是 Separation of Concerns，简称 SOC。它是最经典的架构设计原则之一，在许多架构设计中被广泛使用。关注点分离原则为我们的架构设计提出了三点要求。

1. 架构中需要变化的部分，一定要能够非常清晰地被识别出来。
2. 若架构中某部分发生变化，则该变化不会影响到其他部分。
3. 若架构中某部分需要扩展，则该扩展也不会影响到其他部分。

架构能做到关注点分离，才能做到真正意义上的解耦，这是架构师们需要努力实现的目标。如果大家要问，关注点分离做得最有效的落地实践是什么？我们首先能想到的就是"前后端分离"。

前后端分离

　　曾经我们开发 Web 应用程序时，对前端和后端的概念不太清晰，开发者们逐渐认为前端和后端有必要进行分离了，前端需要考虑界面展现与数据展现问题，后端需要考虑业务逻辑与数据逻辑问题。可见，前端和后端所关注的问题是完全不同的，应该在架构上将它们进行分离。此外，在团队协作上也能将前端与后端这两部分的工作进行分离，因此出现了前端工程师与后端工程师这两个不同岗位。这样分工绝不是偶然的，它不仅让架构变得更加解耦，还能显著地提升团队的开发效率。

　　针对前端工程师而言，需要将界面展现与数据展现相分离；针对后端工程师而言，不仅要清晰地理解业务逻辑，善于将数据进行合理的建模，最终还要做到将业务逻辑与数据逻辑相分离。

业务逻辑与数据逻辑相分离

　　业务逻辑对于我们而言已经很清楚了，但数据逻辑包括哪些呢？最直接的就是一个个对应于数据库中每张数据表的实体对象，它有一个很好听的名字：数据访问对象，即 Data Access Object，简称 DAO。很明显，这一层数据直接和底层数据库打交道，我们将它们从业务逻辑中分离出来，并加以封装。也就是说，没必要为每一个 DAO 对象初始化的过程去编写大量的代码，这些代码应该封装到一个框架中。我们只需要编写相应的 SQL 语句，并将这些 SQL 语句从业务代码中分离出来，最终将执行 SQL 语句所得到的结果集映射到 DAO 对象中即可。

　　不知道大家对我刚刚提到的"关注点分离"有怎样的理解。无论大家理解或深或浅，毫无疑问，这个问题都已成为架构中最核心的部分。

　　MyBatis 就是这样的框架——它能帮助我们将业务逻辑与数据逻辑相分离，让开发应用程序的过程变得更加高效。究竟 MyBatis 中隐藏着怎样的奥秘？不要急，这本书将为大家揭晓答案。

　　作者增辉停下开发的脚步，通过深思熟虑和细心总结，把动态的实践静止到了纸张上，为各位读者悉心解读 MyBatis 的方方面面。相信他创作这本书的过程亦如当初刻苦自学 MyBatis 并在各大社区开源自己编写的核心组件的过程，倾注了全部的热情和心血。不忘初心，方得始终，希望各位读者能够喜欢这本书，并从中有所收获。

《架构探险》作者、特赞科技 CTO，黄勇

2017 年 5 月

推荐语

我和作者在开源中国社区上认识，源于我当时开源了 Tiny 开发框架，我们就框架中的各个部分展开了热烈的讨论，作者也就框架的发展提出了大量有益的建议，做出非常大的贡献。后来了解到作者也开源了很多自己编写的项目，其中尤以 MyBatis 扩展组件 PageHelper 最为突出。作者是一位对技术十分执着的探索者，拥抱开源、乐于分享，将自己多年来在 MyBatis 领域的研究心得和实践经验汇集在了这本书中。本书由浅入深，引领新手快速入门，带领老手逐步精通，也能为精通者提供参考，是一本值得拥有的 MyBatis 专著。结识这样一位志同道合的朋友我感到非常荣幸，也希望大家通过本书结识他。

《企业级 Java EE 架构设计精深实践》作者、Tiny 开源框架发起者，罗果

MyBatis 的前身是 iBATIS，它以接近 JDBC 的性能优雅地实现 Java 代码与 SQL 语句的分离，让开发者将数据操作专注点转移到 SQL 语句上，进而使代码维护变得更加容易。历经 10 多年的发展，MyBatis 日臻成熟，现已成为 Java 持久化框架中的佼佼者被广泛应用。但是 MyBatis 也有一些不完美的地方，例如物理分页问题、缓存问题，对于这些问题，作者在本书中给出了自己的解决方案。本书通俗易懂，妙趣横生，通过实例全面深入讲解了 MyBatis 的关键技术，是 MyBatis 开发领域的一本好书，在这里隆重介绍给各位读者！

互联网金融公司 CTO，熔岩

"万物之始，大道至简，衍化至繁"！MyBatis 正是循"至简之道"至今，须臾不离，方有今日的繁荣！放眼于 Java 框架丛林，十数载以来，无人问津者有之，而后放逐者有之，谩骂者有之，束之高阁者有之，恩泽九州者亦有之……窃以为，MyBatis 当属"恩泽九州"者，何也？始终秉持"简单"这一设计理念；架构体系开放；外围插件百花齐放，这其中尤为突出者当属作者的 PageHelper。PageHelper 经刘兄数载打磨，已广泛应用于诸多项目。得知刘兄 MyBatis 新作历经持续打磨即将面世，甚为欣喜。刘兄是 PageHelper 的铸造者，也是国内 MyBatis 方面不争的权威专家，强烈建议大家持卷品读！

资深 Java 开发工程师，杨新伦

读者服务

微信扫码回复：31797

- 获取本书配套代码资源
- 获取作者提供的各种共享文档、线上直播、技术分享等免费资源
- 加入读者交流群，与更多读者互动
- 获取博文视点学院在线课程、电子书 20 元代金券

前言

自 2013 年起，我开始带领团队开发项目，公司此前使用的是一套深度集成的 Spring、Struts 和 Hibernate 框架，这套重量级框架显然已经不适合用在全新的项目中。当时使用的 Hibernate 还是较早的版本，在项目的业务层需要拼接大量的 SQL 和 HQL 才能进行数据库操作。综合多方面因素，我决定选择其他持久化框架进行项目开发。因为 MyBatis SQL 和代码分离的方式以及动态 SQL 的强大功能，加之其在对查询结果进行映射处理等方面具有显著优点，因此，我与 MyBatis 开始结缘。

为了提高查询效率，通常会采用物理分页，然而 MyBatis 只能支持内存分页。若想让 MyBatis 支持物理分页，只能通过基于拦截器的插件来实现。当时，已有的 MyBatis 分页插件都不适用于公司已经开发了大半的项目，因此我有了自己写一个分页插件的想法。完成后的分页插件（PageHelper）能很方便地实现对 MyBatis 查询方法的分页。后来，我在 CSDN 和开源中国的博客中分享了代码，并且详细说明了实现原理。在后续更新插件的一篇博客评论中，红薯（开源中国创始人）说："应该把代码放到 git.oschina.net 中，放网盘很不专业哦！"因为这句话，我便踏入了开源的世界。

由于 PageHelper 分页插件有越来越多人使用，因而有很多网友通过留言、私信、邮件等方式和我讨论 MyBatis 的相关问题。为了解决网友的问题以及完善分页插件的功能，我深入学习了 MyBatis 的源码，通过不断的学习，不仅从深层次了解了各种问题的产生原因，对 MyBatis 的理解也逐渐加深。2014 年 11 月，我利用闲暇时间又开发了一个新的开源项目：MyBatis 通用 Mapper，它实现了 MyBatis 单表增、删、改、查的基本方法，能够帮助开发人员节省大量时间。

这几年来，我一直在博客上面和大家分享 MyBatis 的相关内容，在这期间和网友交流解决的问题有很多是重复的，也有很多都是基础的。现在已有的 MyBatis 学习途径提供给大家的知识，有一些比较深奥不适合初学者，有一些比较基础却不全面。为了让读者比较容易地全面掌握 MyBatis 的相关知识，这本书得以诞生，本书将通过全面完整的大量示例，让读者轻松且全面地掌握 MyBatis。

阅读准备

在开始学习之前，需要准备好如下的开发环境。

- JDK1.6 及以上版本。
- MyBatis 3.3.0 版本。
- MySQL 数据库。
- Eclipse 4 及以上版本。
- Apache Maven 构建工具。

本书内容

全书共 11 章，每一章的具体内容如下。

第 1 章　MyBatis 入门

本章先简单介绍了 MyBatis 的发展历史和特点，然后通过一步步的操作搭建了一个学习 MyBatis 的基础环境，这个开发环境也是学习后续几个章节的基础。

第 2 章　MyBatis XML 方式的基本用法

本章设定了一个简单的权限控制需求，使用 MyBatis XML 方式实现了数据库中一个表的常规操作。在查询方面，通过根据主键查询和查询全部两个方法让读者在学会使用 MyBatis 查询方法的同时，还深入了解 MyBatis 返回值的设置原理。在增、删、改方面提供了大量详细的示例，这些示例覆盖了 MyBatis 基本用法的方方面面。

第 3 章　MyBatis 注解方式的基本用法

虽然 XML 方式是主流，但是仍然有许多公司选择了注解方式，因此本章非常适合使用注解方式的读者。本章使用注解方式几乎实现了同 XML 方式类似的全部方法，包含许多常用注解的基本用法。对于初学者来说，即使不使用注解方式，通过本章和第 2 章的对比也可以对 MyBatis 有更深的了解。

第 4 章　MyBatis 动态 SQL

本章详细介绍了 MyBatis 最强大的动态 SQL 功能，通过丰富的示例讲解了各种动态 SQL 的用法，为动态 SQL 中可能出现的问题提供了最佳实践方案，还提供了动态 SQL 中常用的 OGNL 用法。

第 5 章　MyBatis 代码生成器

本章介绍的 MyBatis 代码生成器可以减轻基本用法中最繁重的那部分书写工作带来的压

力。通过本章的学习，可以使用代码生成器快速生成大量基础的方法，让大家更专注于业务代码的开发，从枯燥的基础编码中解脱出来。

第 6 章　MyBatis 高级查询

本章介绍了 MyBatis 中的高级结果映射，包括一对一映射、一对多映射和鉴别器映射。通过循序渐进的代码示例让读者轻松地学会使用 MyBatis 中最高级的结果映射。本章还通过全面的示例讲解了存储过程的用法和类型处理器的用法。

第 7 章　MyBatis 缓存配置

本章讲解了 MyBatis 缓存配置的相关内容，提供了 EhCache 缓存和 Redis 缓存的集成方法。虽然二级缓存功能强大，但是使用不当很容易产生脏数据。本章针对脏数据的产生提供了最佳解决方案，并且介绍了二级缓存适用的场景。

第 8 章　MyBatis 插件开发

本章介绍了 MyBatis 强大的扩展能力，利用插件可以很方便地在运行时改变 MyBatis 的行为。通过两个插件示例让读者初窥门径，结合第 11 章的内容可以让读者开发出适合自己的插件。

第 9 章　Spring 集成 MyBatis

本章介绍了最流行的轻量级框架 Spring 集成 MyBatis 的方法，通过一步步操作从零开始配置，搭建一个基本的 Spring、Spring MVC、MyBatis 开发环境。

第 10 章　Spring Boot 集成 MyBatis

本章介绍了最流行的微服务框架 Spring Boot 集成 MyBatis 的方法，通过 MyBatis 官方提供的 Starter 可以很方便地进行集成。同时，本章对 Starter 中的配置做了简单的介绍，可以满足读者对 MyBatis 各项配置方面的需要。

第 11 章　MyBatis 开源项目

本章是一扇通往开源世界的大门，也是一扇通往 MyBatis 源码学习的大门。从 Git 入门到 GitHub 入门，读者可以学会使用最流行的分布式版本控制系统和源代码托管服务。通过一段代码让大家了解 MyBatis 中的一部分关键类，通过代码包讲解可以了解 MyBatis 每个包中所含的功能。最后通过 MyBatis 丰富的测试用例为读者提供更多更有用的学习内容。

致谢

从决定写书，到这本书能够出版，中间经历了很多，因此深感来之不易。在这个过程中，要感谢所有为本书做过贡献的人。感谢我的父母对我事业的默默支持。感谢我的妻子参与了本书的审校工作，给我提供了许多宝贵意见。感谢我的朋友黄勇、熔岩、杨新伦、悠然在百忙之中抽出时间为我的新书作序推荐。感谢博文视点的策划编辑孙奇俏的持续跟进和大力协助，同时感谢电子工业出版社和博文视点的其他老师给予本书的专业意见。最后，感谢每一位阅读本书的读者，希望本书能给您带来帮助。衷心感谢大家。

联系作者

由衷地感谢大家购买此书，希望大家会喜欢，也希望这本书能够为各位读者带来所希望获得的知识。虽然我已经非常细心地检查书中所提到的所有内容，但仍有可能存在疏漏，若大家在阅读过程中发现错误，在此我先表示歉意。欢迎各位读者对本书的内容和相关源代码发表意见和评论。大家可以通过我的个人邮箱 abel533@gmail.com 与我取得联系，我会一一解答每个人的疑惑。

本书资源

扫码或输入地址 http://mybatis.tk 进入 MyBatis 技术网站。网站中提供了大量 MyBatis 的相关内容，同时可下载本书相关资源。

目录

1

第 1 章
MyBatis 入门

1.1 MyBatis 简介

MyBatis 的前身是 iBATIS，是 Clinton Begin 在 2001 年发起的一个开源项目，最初侧重于密码软件的开发，后来发展成为一款基于 Java 的持久层框架。2004 年，Clinton 将 iBATIS 的名字和源码捐赠给了 Apache 软件基金会，接下来的 6 年中，开源软件世界发生了巨大的变化，一切开发实践、基础设施、许可，甚至数据库技术都彻底改变了。2010 年，核心开发团队决定离开 Apache 软件基金会，并且将 iBATIS 改名为 MyBatis。

MyBatis 是一款优秀的支持自定义 SQL 查询、存储过程和高级映射的持久层框架，消除了几乎所有的 JDBC 代码和参数的手动设置以及结果集的检索。MyBatis 可以使用 XML 或注解进行配置和映射，MyBatis 通过将参数映射到配置的 SQL 形成最终执行的 SQL 语句，最后将执行 SQL 的结果映射成 Java 对象返回。

与其他的 ORM（对象关系映射）框架不同，MyBatis 并没有将 Java 对象与数据库表关联起来，而是将 Java 方法与 SQL 语句关联。MyBatis 允许用户充分利用数据库的各种功能，例如存储过程、视图、各种复杂的查询以及某数据库的专有特性。如果要对遗留数据库、不规范的数据库进行操作，或者要完全控制 SQL 的执行，MyBatis 将会是一个不错的选择。

与 JDBC 相比，MyBatis 简化了相关代码，SQL 语句在一行代码中就能执行。MyBatis 提供了一个映射引擎，声明式地将 SQL 语句的执行结果与对象树映射起来。通过使用一种内建的类 XML 表达式语言，SQL 语句可以被动态生成。

MyBatis 支持声明式数据缓存（declarative data caching）。当一条 SQL 语句被标记为"可缓存"后，首次执行它时从数据库获取的所有数据会被存储在高速缓存中，后面再执行这条语句时就会从高速缓存中读取结果，而不是再次命中数据库。MyBatis 提供了默认情况下基于 Java HashMap 的缓存实现，以及用于与 OSCache、Ehcache、Hazelcast 和 Memcached 连接的默认连接器，同时还提供了 API 供其他缓存实现使用。

MyBatis 官方 GitHub 地址为 https://github.com/mybatis。在官方 GitHub 中可以看到 MyBatis 的多个子项目。在本书中，我们将学习以下内容。

- mybatis-3（https://github.com/mybatis/mybatis-3）：MyBatis 源码，也是本书中主要讲解和使用的内容。

- generator（https://github.com/mybatis/generator）：代码生成器，可以生成一些常见的基本方法，提高工作效率。

- ehcache-cache（https://github.com/mybatis/ehcache-cache）：默认集成 Ehcache 的缓存实现。

- redis-cache（https://github.com/mybatis/redis-cache）：默认集成 Redis 的缓存实现。

- spring（https://github.com/mybatis/spring）：方便和 Spring 集成的工具类。
- mybatis-spring-boot（https://github.com/mybatis/mybatis-spring-boot）：方便和 Spring Boot 集成的工具类。

除此之外还有大量和其他项目集成的子项目，如果有需要，学习本书内容之余可以自学其他相关的技术。

1.2 创建 Maven 项目

Maven 是一个优秀的项目构建和管理工具，后面要学习的内容都会在 Maven 构建的项目基础上进行讲解和测试，本书中使用 Eclipse 作为开发工具。

先在 Eclipse 中创建一个基本的 Maven 项目，按照如下步骤进行操作即可。

- 在 Eclipse 中打开【File】→【New】选择【Other】（或者使用快捷键 Ctrl+N）打开新建项目向导，如图 1-1 所示。

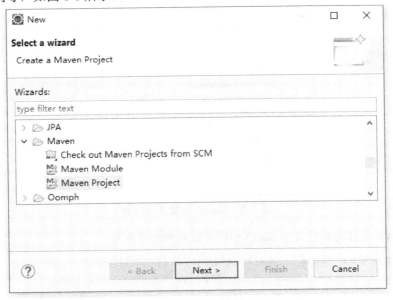

图 1-1　新建项目向导

- 选择【Maven】下的【Maven Project】，点击【Next】，如图 1-2 所示。
- 选中【Create a simple project（skip archetype selection）】前的复选框，点击【Next】。
- 输入 Group Id（tk.mybatis）、Artifact Id（simple）、Version（0.0.1-SNAPSHOT），点击【Finish】。

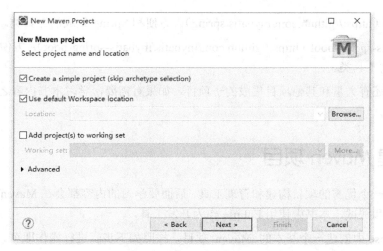

图 1-2 新建 Maven 项目

完成以上操作后，等待片刻，一个基于 Maven 的基本结构就创建完成了，得到的 Maven 项目的目录结构如图 1-3 所示。

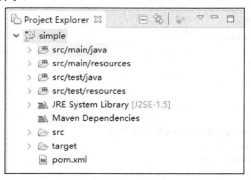

图 1-3 Maven 项目目录结构

打开 Maven 项目的配置文件 pom.xml，可以看到如下配置。

```xml
<project xmlns="http://maven.apache.org/POM/4.0.0"
    xmlns:xsi=http://www.w3.org/2001/XMLSchema-instance
    xsi:schemaLocation="http://maven.apache.org/POM/4.0.0
                    http://maven.apache.org/xsd/maven-4.0.0.xsd">
<modelVersion>4.0.0</modelVersion>
<groupId>tk.mybatis</groupId>
<artifactId>simple</artifactId>
<version>0.0.1-SNAPSHOT</version>
```

```
<!--添加其他的配置-->

</project>
```

以上是 Maven 项目的基本配置信息，我们还需要为它添加一些常用配置。首先，设置源代码编码方式为 UTF-8，配置如下。

```
<properties>
    <project.build.sourceEncoding>UTF-8</project.build.sourceEncoding>
</properties>
```

接着，设置编译源代码的 JDK 版本。为了增大兼容范围，本书中使用的是 JDK 1.6，配置如下。

```
<build>
    <plugins>
        <plugin>
            <artifactId>maven-compiler-plugin</artifactId>
            <configuration>
                <source>1.6</source>
                <target>1.6</target>
            </configuration>
        </plugin>
    </plugins>
</build>
```

至此，基本的 Maven 配置就完成了，但还需要在配置文件中添加一些依赖才能使接下来的工作顺利进行。首先，不能忘记最重要的 MyBatis 依赖，在 pom.xml 文件中添加 MyBatis 的依赖坐标，配置如下。

```
<dependencies>

    <dependency>

        <groupId>org.mybatis</groupId>

        <artifactId>mybatis</artifactId>

        <version>3.3.0</version>

    </dependency>


    <!--其他依赖-->


</dependencies>
```

可以通过 http://search.maven.org/或 http://mvnrepository.com/来查找依赖坐标。

接着，还需要添加会用到的 Log4j、JUnit 和 MySql 驱动的依赖。最终的 pom.xml 文件内容如下。

```xml
<project xmlns="http://maven.apache.org/POM/4.0.0"
    xmlns:xsi="http://www.w3.org/2001/XMLSchema-instance"
    xsi:schemaLocation="http://maven.apache.org/POM/4.0.0
                    http://maven.apache.org/xsd/maven-4.0.0.xsd">
    <modelVersion>4.0.0</modelVersion>
    <groupId>tk.mybatis</groupId>
    <artifactId>simple</artifactId>
    <version>0.0.1-SNAPSHOT</version>

    <properties>
        <project.build.sourceEncoding>UTF-8</project.build.sourceEncoding>
    </properties>

    <dependencies>
        <dependency>
            <groupId>junit</groupId>
            <artifactId>junit</artifactId>
            <version>4.12</version>
            <scope>test</scope>
        </dependency>
        <dependency>
            <groupId>org.mybatis</groupId>
            <artifactId>mybatis</artifactId>
            <version>3.3.0</version>
        </dependency>
        <dependency>
            <groupId>mysql</groupId>
            <artifactId>mysql-connector-java</artifactId>
            <version>5.1.38</version>
        </dependency>
        <dependency>
            <groupId>org.slf4j</groupId>
            <artifactId>slf4j-api</artifactId>
            <version>1.7.12</version>
```

```
        </dependency>
        <dependency>
            <groupId>org.slf4j</groupId>
            <artifactId>slf4j-log4j12</artifactId>
            <version>1.7.12</version>
        </dependency>
        <dependency>
            <groupId>log4j</groupId>
            <artifactId>log4j</artifactId>
            <version>1.2.17</version>
        </dependency>
    </dependencies>

    <build>
        <plugins>
            <plugin>
                <artifactId>maven-compiler-plugin</artifactId>
                <configuration>
                    <source>1.6</source>
                    <target>1.6</target>
                </configuration>
            </plugin>
        </plugins>
    </build>
</project>
```

当对 Maven 的配置进行修改后，还需要在项目上单击鼠标右键，在【Maven】中选择【Update
Project...】（或者直接选中项目，按 Alt+F5 快捷键）来更新外部依赖的 jar 包。

完成上述步骤后，MyBatis 的基本开发环境就已经准备好了，在接下来的 1.3 节中，我们会
使用 Eclipse 实现一个简单的 Mybatis 示例。

1.3 简单配置让 MyBatis 跑起来

这一节将通过一个 MyBatis 的简单例子让大家对 MyBatis 有一个初步的了解。在操作过程
中，建议初学者按照书中的步骤进行，如果已经了解各项配置之间的关系，也可以按照自己习
惯的方式对配置进行调整。

1.3.1 准备数据库

首先创建一个数据库，编码方式设为 UTF-8，可以使用 MySQL 客户端工具 Navicat 来实现。通过执行下面的 SQL 语句创建一个名为 mybatis 的数据库。

```
CREATE DATABASE mybatis DEFAULT CHARACTER SET utf8 COLLATE utf8_general_ci;
```

然后再创建一个名为 country 的表并插入一些简单的数据，代码如下。

```
use mybatis;

CREATE TABLE `country` (
    `id`  int NOT NULL AUTO_INCREMENT ,
    `countryname`  varchar(255) NULL ,
    `countrycode`  varchar(255) NULL ,
    PRIMARY KEY (`id`)
);

insert country(`countryname`,`countrycode`)
values ('中国','CN'),('美国','US'),('俄罗斯','RU'),
        ('英国','GB'),('法国','FR');
```

准备好表和简单的数据后，继续来配置 MyBatis。

1.3.2 配置 MyBatis

配置 MyBatis 有多种方式，本节使用最基础最常用的 XML 形式进行配置。

> **注意!**
>
> 除 XML 方式外，在后面介绍和 Spring 集成的时候还会使用 Spring bean 方式进行配置，另外还可以通过 Java 编码方式进行配置。由于 Java 编码配置方式不常用，因此在本书中没有涉及。

使用 XML 形式进行配置，首先在 src/main/resources 下面创建 mybatis-config.xml 配置文件，然后输入如下内容。

```
<?xml version="1.0" encoding="UTF-8" ?>
<!DOCTYPE configuration
        PUBLIC "-//mybatis.org//DTD Config 3.0//EN"
        "http://mybatis.org/dtd/mybatis-3-config.dtd">
<configuration>
```

```xml
<settings>
    <setting name="logImpl" value="LOG4J"/>
</settings>

<typeAliases>
    <package name="tk.mybatis.simple.model"/>
</typeAliases>

<environments default="development">
    <environment id="development">
        <transactionManager type="JDBC">
            <property name="" value=""/>
        </transactionManager>
        <dataSource type="UNPOOLED">
            <property name="driver" value="com.mysql.jdbc.Driver"/>
            <property name="url"
                        value="jdbc:mysql://localhost:3306/ mybatis"/>
            <property name="username" value="root"/>
            <property name="password" value=""/>
        </dataSource>
    </environment>
</environments>

<mappers>
    <mapper resource="tk/mybatis/simple/mapper/CountryMapper.xml"/>
</mappers>
</configuration>
```

简单讲解一下这个配置。

- <settings>中的 logImpl 属性配置指定使用 LOG4J 输出日志。

- <typeAliases>元素下面配置了一个包的别名，通常确定一个类的时候需要使用类的全限定名称，例如 tk.mybatis.simple.model.Country。在 MyBatis 中需要频繁用到类的全限定名称，为了方便使用，我们配置了 tk.mybatis.simple.model 包，这样配置后，在使用类的时候不需要写包名的部分，只使用 Country 即可。

- <environments>环境配置中主要配置了数据库连接，数据库的 url 为 jdbc:mysql://localhost:3306/mybatis，使用的是本机 MySQL 中的 mybatis 数据库，后面的 username 和 password 分别是数据库的用户名和密码（如果你的数据库用户名及密码和这里的不一样，请修改为自己数据库可用的用户名和密码）。

- `<mappers>`中配置了一个包含完整类路径的 CountryMapper.xml，这是一个 MyBatis 的 SQL 语句和映射配置文件，这个 XML 文件会在后面的章节中介绍。

1.3.3 创建实体类和 Mapper.xml 文件

MyBatis 是一个结果映射框架，这里创建的实体类实际上是一个数据值对象（Data Value Object），在实际应用中，一个表一般会对应一个实体，用于 INSERT、UPDATE、DELETE 和简单的 SELECT 操作，所以姑且称这个简单的对象为实体类。

> **提示！**
>
> 关于 Mapper 的命名方式：在 MyBatis 中，根据 MyBatis 官方的习惯，一般用 Mapper 作为 XML 和接口类名的后缀，这里的 Mapper 和我们常用的 DAO 后缀类似，只是一种习惯而已，本书中全部使用 Mapper 后缀。通常称 XML 为 Mapper.xml 文件，称接口为 Mapper 接口，在实际应用中可以根据自己的需要来定义命名方式。

在 src/main/java 下创建一个基础的包 tk.mybatis.simple，在这个包下面再创建 model 包。

根据数据库表 country，在 model 包下创建实体类 Country，代码如下。

```
package tk.mybatis.simple.model;

public class Country {
    private Long id;
    private String countryname;
    private String countrycode;

    //getter 和 setter 方法


}
```

在 src/main/resources 下面创建 tk/mybatis/simple/mapper 目录，再在该目录下面创建 CountryMapper.xml 文件，添加如下内容。

```
<?xml version="1.0" encoding="UTF-8" ?>
<!DOCTYPE mapper PUBLIC "-//mybatis.org//DTD Mapper 3.0//EN"
                "http://mybatis.org/dtd/mybatis-3-mapper.dtd" >
<mapper namespace="tk.mybatis.simple.mapper.CountryMapper">
    <select id="selectAll" resultType="Country">
        select id,countryname,countrycode from country
```

```
    </select>
</mapper>
```

SQL 定义在 CountryMapper.xml 文件中，里面的配置作用如下。

- `<mapper>`：XML 的根元素，属性 `namespace` 定义了当前 XML 的命名空间。
- `<select>` 元素：我们所定义的一个 SELECT 查询。
- `id` 属性：定义了当前 SELECT 查询的唯一一个 id。
- `resultType`：定义了当前查询的返回值类型，此处就是指实体类 Country，前面配置中提到的别名主要用于这里，如果没有设置别名，此处就需要写成 `resultType="tk.mybatis.simple.model.Country"`。
- `select id,...`：查询 SQL 语句。

创建好实体和 Mapper.xml 后，接下来要有针对性地配置 Log4j，让 MyBatis 在执行数据库操作的时候可以将执行的 SQL 和其他信息输出到控制台。

1.3.4　配置 Log4j 以便查看 MyBatis 操作数据库的过程

在 src/main/resources 中添加 log4j.properties 配置文件，输入如下内容。

```
#全局配置
log4j.rootLogger=ERROR, stdout
#MyBatis 日志配置
log4j.logger.tk.mybatis.simple.mapper=TRACE
#控制台输出配置
log4j.appender.stdout=org.apache.log4j.ConsoleAppender
log4j.appender.stdout.layout=org.apache.log4j.PatternLayout
log4j.appender.stdout.layout.ConversionPattern=%5p [%t] - %m%n
```

> **日志注意事项！**
>
> 用过 Log4j 日志组件的人可能都会知道，配置中的 `log4j.logger.tk.mybatis.simple.mapper` 对应的是 `tk.mybatis.simple.mapper` 包，但是在这个例子中，Java 目录下并没有这个包名，只在资源目录下有 mapper 目录。
>
> 在 MyBatis 的日志实现中，所谓的包名实际上是 XML 配置中的 `namespace` 属性值的一部分。后面章节中介绍结合接口使用的相关内容时，由于 `namespace` 属性值必须和接口全限定类名相同，因此才会真正对应到 Java 中的包。当使用纯注解方式时，使用的就是纯粹的包名。
>
> MyBatis 日志的最低级别是 TRACE，在这个日志级别下，MyBatis 会输出执行 SQL 过程中的详细信息，这个级别特别适合在开发时使用。

配置好 Log4j 后，接下来就可以编写测试代码让 MyBatis 跑起来了。

1.3.5 编写测试代码让 MyBatis 跑起来

首先在 src/test/java 中创建 tk.mybatis.simple.mapper 包，然后创建 `CountryMapperTest` 测试类，代码如下。

```java
package tk.mybatis.simple.mapper;

import java.io.IOException;
import java.io.Reader;
import java.util.List;

import org.apache.ibatis.io.Resources;
import org.apache.ibatis.session.SqlSession;
import org.apache.ibatis.session.SqlSessionFactory;
import org.apache.ibatis.session.SqlSessionFactoryBuilder;
import org.junit.BeforeClass;
import org.junit.Test;

import tk.mybatis.simple.model.Country;

public class CountryMapperTest {
    private static SqlSessionFactory sqlSessionFactory;

    @BeforeClass
    public static void init(){
        try {
            Reader reader = Resources.getResourceAsReader("mybatis-config.xml");
            sqlSessionFactory = new SqlSessionFactoryBuilder().build(reader);
            reader.close();
        } catch (IOException ignore) {
            ignore.printStackTrace();
        }
    }

    @Test
    public void testSelectAll(){
```

```
    SqlSession sqlSession = sqlSessionFactory.openSession();
    try {
        List<Country> countryList = sqlSession.selectList("selectAll");
        printCountryList(countryList);
    } finally {
        //不要忘记关闭 sqlSession
        sqlSession.close();
    }
}

private void printCountryList(List<Country> countryList){
    for(Country country : countryList){
        System.out.printf("%-4d%4s%4s\n",
            country.getId(), country.getCountryname(), country.getCountrycode());
    }
  }
}
```

对上面这段代码做一个简单的说明，具体如下。

- 通过 Resources 工具类将 mybatis-config.xml 配置文件读入 Reader。

- 再通过 SqlSessionFactoryBuilder 建造类使用 Reader 创建 SqlSessionFactory 工厂对象。在创建 SqlSessionFactory 对象的过程中，首先解析 mybatis-config.xml 配置文件，读取配置文件中的 mappers 配置后会读取全部的 Mapper.xml 进行具体方法的解析，在这些解析完成后，SqlSessionFactory 就包含了所有的属性配置和执行 SQL 的信息。

- 使用时通过 SqlSessionFactory 工厂对象获取一个 SqlSession。

- 通过 SqlSession 的 selectList 方法查找到 CountryMapper.xml 中 id="selectAll" 的方法，执行 SQL 查询。

- MyBatis 底层使用 JDBC 执行 SQL，获得查询结果集 ResultSet 后，根据 resultType 的配置将结果映射为 Country 类型的集合，返回查询结果。

- 这样就得到了最后的查询结果 countryList，简单将结果输出到控制台。

- 最后一定不要忘记关闭 SqlSession，否则会因为连接没有关闭导致数据库连接数过多，造成系统崩溃。

上面的测试代码成功执行后，会输出如下日志。

```
DEBUG [main] - ==>  Preparing: select id,countryname,countrycode
                               from country
```

```
DEBUG [main] - ==> Parameters:
TRACE [main] - <== Columns: id, countryname, countrycode
TRACE [main] - <== Row: 1, 中国, CN
TRACE [main] - <== Row: 2, 美国, US
TRACE [main] - <== Row: 3, 俄罗斯, RU
TRACE [main] - <== Row: 4, 英国, GB
TRACE [main] - <== Row: 5, 法国, FR
DEBUG [main] - <== Total: 5
1        中国      CN
2        美国      US
3        俄罗斯    RU
4        英国      GB
5        法国      FR
```

从日志中可以看到完整的 SQL 输出和结果输出，从日志对应的级别可以发现 SQL、参数、结果数都是 DEBUG 级别，具体的查询结果列和数据都是 TRACE 级别。

通过一系列的操作，我们让一个简单的 MyBatis 例子跑了起来，相信大家现在对 MyBatis 已经有了初步的了解。

> 💡 **提示！**
>
> simple 项目下载地址：http://mybatis.tk/book/simple-start.zip。
>
> 在学习这部分代码时，如果程序无法运行，或者不知道这些配置和测试类该写到哪里，都可以从该网址下载这部分的完整代码，通过对比来解决问题，或者直接使用这部分基础代码来继续学习接下来的内容。

1.4　本章小结

在本章中，我们对 MyBatis 有了一个简单的认识，学习了如何创建一个使用 Maven 管理的项目，涉及了一些 MyBatis 的简单配置以及使用方法，并让一个简单的 MyBatis 项目跑了起来。在后面的章节中，我们会继续深入地学习 MyBatis 的各项配置以及各种常见的、复杂的用法。

第 2 章

MyBatis XML 方式的基本用法

我们设定了一个简单的权限控制需求，采用 RBAC（Role-Based Access Control，基于角色的访问控制）方式，这个简单的权限管理将会贯穿整本书中的所有示例。本章将通过完成权限管理的常见业务来学习 MyBatis XML 方式的基本用法。

2.1 一个简单的权限控制需求

在这里简单描述一下权限管理的需求：一个用户拥有若干角色，一个角色拥有若干权限，权限就是对某个资源（模块）的某种操作（增、删、改、查），这样就构成了"用户-角色-权限"的授权模型。在这种模型中，用户与角色之间、角色与权限之间，一般是多对多的关系，如图 2-1 所示。

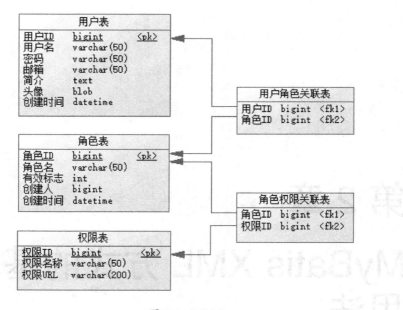

图 2-1　RBAC

2.1.1 创建数据库表

首先，要创建五个表：用户表、角色表、权限表、用户角色关系表和角色权限关系表。在已经创建好的 mybatis 数据库中执行如下 SQL 脚本。

```
create table sys_user
(
    id              bigint not null auto_increment comment '用户 ID',
```

```
    user_name           varchar(50) comment '用户名',
    user_password       varchar(50) comment '密码',
    user_email          varchar(50) comment '邮箱',
    user_info           text comment '简介',
    head_img            blob comment '头像',
    create_time         datetime comment '创建时间',
    primary key (id)
);
alter table sys_user comment '用户表';

create table sys_role
(
    id                  bigint not null auto_increment comment '角色 ID',
    role_name           varchar(50) comment '角色名',
    enabled             int comment '有效标志',
    create_by           bigint comment '创建人',
    create_time         datetime comment '创建时间',
    primary key (id)
);
alter table sys_role comment '角色表';

create table sys_privilege
(
    id                  bigint not null auto_increment comment '权限 ID',
    privilege_name      varchar(50) comment '权限名称',
    privilege_url       varchar(200) comment '权限 URL',
    primary key (id)
);
alter table sys_privilege comment '权限表';

create table sys_user_role
(
    user_id             bigint comment '用户 ID',
    role_id             bigint comment '角色 ID'
);
alter table sys_user_role comment '用户角色关联表';

create table sys_role_privilege
```

```
(
    role_id          bigint comment '角色 ID',
    privilege_id     bigint comment '权限 ID'
);
alter table sys_role_privilege comment '角色权限关联表';
```

为了方便对表进行直接操作，此处没有创建表之间的外键关系。对于表之间的关系，会通过业务逻辑来进行限制。

为了方便后面的测试，先在表中插入一些测试数据，SQL 脚本如下。

```
INSERT INTO `sys_user` VALUES ('1', 'admin', '123456', 'admin@mybatis.tk',
                               '管理员', null, '2016-04-01 17:00:58');
INSERT INTO `sys_user` VALUES ('1001', 'test', '123456', 'test@mybatis.tk',
                               '测试用户', null, '2016-04-01 17:01:52');

INSERT INTO `sys_role` VALUES ('1', '管理员', '1', '1',
                               '2016-04-01 17:02:14');
INSERT INTO `sys_role` VALUES ('2', '普通用户', '1', '1',
                               '2016-04-01 17:02:34');

INSERT INTO `sys_user_role` VALUES ('1', '1');
INSERT INTO `sys_user_role` VALUES ('1', '2');
INSERT INTO `sys_user_role` VALUES ('1001', '2');

INSERT INTO `sys_privilege` VALUES ('1', '用户管理', '/users');
INSERT INTO `sys_privilege` VALUES ('2', '角色管理', '/roles');
INSERT INTO `sys_privilege` VALUES ('3', '系统日志', '/logs');
INSERT INTO `sys_privilege` VALUES ('4', '人员维护', '/persons');
INSERT INTO `sys_privilege` VALUES ('5', '单位维护', '/companies');

INSERT INTO `sys_role_privilege` VALUES ('1', '1');
INSERT INTO `sys_role_privilege` VALUES ('1', '3');
INSERT INTO `sys_role_privilege` VALUES ('1', '2');
INSERT INTO `sys_role_privilege` VALUES ('2', '4');
INSERT INTO `sys_role_privilege` VALUES ('2', '5');
```

当创建好基本的 5 个表，并且准备好上述测试数据之后，就可以开始进行简单编码了。

2.1.2　创建实体类

MyBatis 默认是遵循"下画线转驼峰"命名方式的，所以在创建实体类时一般都按照这种方式进行创建。由于上面 5 个表比较类似，因此这里给出用户表和用户角色关联表所对应的实体，另外 3 个表大家按照相同的规则编写即可。

先看第一个，用户表对应的实体类 SysUser 的代码如下。

```java
/**
 * 用户表
 */
public class SysUser {
    /**
     * 用户 ID
     */
    private Long id;
    /**
     * 用户名
     */
    private String userName;
    /**
     * 密码
     */
    private String userPassword;
    /**
     * 邮箱
     */
    private String userEmail;
    /**
     * 简介
     */
    private String userInfo;
    /**
     * 头像
     */
    private byte[] headImg;
    /**
     * 创建时间
     */
```

```
    private Date createTime;

    //省略 setter 和 getter 方法

}
```

对于 SysUser 实体类，首先需要注意的就是命名方式，它的类名和字段名都采用了"下画线转驼峰"方式。具体采用什么样的命名方式并不重要（方式一致即可），在后面使用这些对象的时候，可以通过 resultMap 对数据库的列和类的字段配置映射关系。

在 MyBatis 中，关于数据库字段和 Java 类型的对应关系，不需要刻意去记，但需要注意一个特殊的类型"byte[]"。这个类型一般对应数据库中的 BLOB、LONGVARBINARY 以及一些和二进制流有关的字段类型，其他类型详细的对应关系可以查看本书附录的内容。

🔍 **特别注意!** ─────────

由于 Java 中的基本类型会有默认值，例如当某个类中存在 private int age; 字段时，创建这个类时，age 会有默认值 0。当使用 age 属性时，它总会有值。因此在某些情况下，便无法实现使 age 为 null。并且在动态 SQL 的部分，如果使用 age != null 进行判断，结果总会为 true，因而会导致很多隐藏的问题。

所以，在实体类中不要使用基本类型。基本类型包括 byte、int、short、long、float、double、char、boolean。

再来看另一个实体类 SysUserRole，代码如下。

```
/**
 * 用户角色关联表
 */
public class SysUserRole {
    /**
     * 用户 ID
     */
    private Long userId;
    /**
     * 角色 ID
     */
    private Long roleId;

    //省略 setter 和 getter 方法

}
```

参考上面两个实体类的代码，请大家依次完成 `SysRole`、`SysPrivilege` 和 `SysRolePrivilege` 三个类的代码。

创建实体类的过程比较枯燥。后面可以通过 MyBatis 官方提供的工具 MyBatis Generator（MyBatis 代码生成器，简称 MBG）根据数据库表的信息自动生成这些类，以减少工作量。有关这个工具的使用方法将会在第 5 章详细介绍。

在完成上面 5 个实体类的创建之后，下面一起来学习 MyBatis XML 方式的基本用法。

2.2　使用 XML 方式

MyBatis 的真正强大之处在于它的映射语句，这也是它的魔力所在。由于它的映射语句异常强大，映射器的 XML 文件就显得相对简单。如果将其与具有相同功能的 JDBC 代码进行对比，立刻就会发现，使用这种方法节省了将近 95% 的代码量。MyBatis 就是针对 SQL 构建的，并且比普通的方法做的更好。

MyBatis 3.0 相比 2.0 版本的一个最大变化，就是支持使用接口来调用方法。

以前使用 `SqlSession` 通过命名空间调用 MyBatis 方法时，首先需要用到命名空间和方法 `id` 组成的字符串来调用相应的方法。当参数多于 1 个的时候，需要将所有参数放到一个 `Map` 对象中。通过 `Map` 传递多个参数，使用起来很不方便，而且还无法避免很多重复的代码。

使用接口调用方式就会方便很多，MyBatis 使用 Java 的动态代理可以直接通过接口来调用相应的方法，不需要提供接口的实现类，更不需要在实现类中使用 `SqlSession` 以通过命名空间间接调用。另外，当有多个参数的时候，通过参数注解 @Param 设置参数的名字省去了手动构造 `Map` 参数的过程，尤其在 Spring 中使用的时候，可以配置为自动扫描所有的接口类，直接将接口注入需要用到的地方。这些内容会在后面的章节中讲到，现在不能理解也没有关系。

因为使用接口更方便，而且它已被广泛使用，因此本书中会主要使用接口调用的方式，同时也会提供一些 `SqlSession` 方式调用的例子来帮助大家理解 MyBatis。

> 🔍 **注意!**
>
> MyBatis 注解的使用方法会在下一章中讲到，大家不要认为使用接口就是使用了 MyBatis 注解，这两者是不同的。
>
> 接口可以配合 XML 使用，也可以配合注解来使用。XML 可以单独使用，但是注解必须在接口中使用。

话不多说，接下来看一看如何使用 MyBatis 的 XML 方式。

首先，在 src/main/resources 的 tk.mybatis.simple.mapper 目录下创建 5 个表各自对应的 XML

文件，分别为 UserMapper.xml、RoleMapper.xml、PrivilegeMapper.xml、UserRoleMapper.xml 和 RolePrivilegeMapper.xml。然后，在 src/main/java 下面创建包 tk.mybatis.simple.mapper。接着，在该包下创建 XML 文件对应的接口类，分别为 UserMapper.java、RoleMapper.java、PrivilegeMapper.java、UserRoleMapper.java 和 RolePrivilegeMapper.java。

Mapper.xml 文件如何写，大家在第一章应该已经有所了解。下面以用户表对应的 Mapper 接口 UserMapper.java 为例进行说明。

```
package tk.mybatis.simple.mapper;

public interface UserMapper {

}
```

到目前为止，Mapper 接口和对应的 XML 文件都是空的，后续会逐步添加接口方法。创建完所有文件后，打开 UserMapper.xml 文件，在文件中输入以下内容。

```
<?xml version="1.0" encoding="UTF-8" ?>
<!DOCTYPE mapper PUBLIC "-//mybatis.org//DTD Mapper 3.0//EN"
                "http://mybatis.org/dtd/mybatis-3-mapper.dtd" >
<mapper namespace="tk.mybatis.simple.mapper.UserMapper">

</mapper>
```

需要注意的是<mapper>根标签的 namespace 属性。当 Mapper 接口和 XML 文件关联的时候，命名空间 namespace 的值就需要配置成接口的全限定名称，例如 UserMapper 接口对应的 tk.mybatis.simple.mapper.UserMapper，MyBatis 内部就是通过这个值将接口和 XML 关联起来的。更详细的原理会在下一节配合简单的例子进行讲解。按照相同的方式将另外 4 个 Mapper.xml 文件写完。准备好这几个 XML 映射文件后，还需要在 1.3.2 节中创建的 mybatis-config.xml 配置文件中的 mappers 元素中配置所有的 mapper，部分配置代码如下。

```
<mappers>
    <mapper resource="tk/mybatis/simple/mapper/CountryMapper.xml"/>
    <mapper resource="tk/mybatis/simple/mapper/UserMapper.xml"/>
    <mapper resource="tk/mybatis/simple/mapper/RoleMapper.xml"/>
    <mapper resource="tk/mybatis/simple/mapper/PrivilegeMapper.xml"/>
    <mapper resource="tk/mybatis/simple/mapper/UserRoleMapper.xml"/>
    <mapper resource="tk/mybatis/simple/mapper/RolePrivilegeMapper.xml"/>
</mappers>
```

这种配置方式需要将所有映射文件一一列举出来，如果增加了新的映射文件，还需要注意在此处进行配置，操作起来比较麻烦。因为此处所有的 XML 映射文件都有对应的 Mapper 接口，所以还有一种更简单的配置方式，代码如下。

```
<mappers>
    <package name="tk.mybatis.simple.mapper"/>
</mappers>
```

这种配置方式会先查找 tk.mybatis.simple.mapper 包下所有的接口，循环对接口进行如下操作。

1．判断接口对应的命名空间是否已经配置过，如果配置过就抛出异常，没有配置过就继续进行接下来的操作。

2．加载接口对应的 XML 映射文件，将接口全限定名转换为路径，例如，将接口 tk.mybatis.simple.mapper.UserMapper 转换为 tk/mybatis/simple/mapper/UserMapper.xml，以.xml 为后缀搜索 XML 资源，如果找到就解析 XML。

3．处理接口中的注解方法。

因为这里的接口和 XML 映射文件完全符合上面操作的第 2 点，因此直接配置包名就能自动扫描包下的接口和 XML 映射文件，省去了很多麻烦。准备好这一切后就可以开始学习具体的用法了。

2.3　select 用法

在权限系统中有几个常见的业务，我们需要查询出系统中的用户、角色、权限等数据。在使用纯粹的 JDBC 时，需要写查询语句，并且对结果集进行手动处理，将结果映射到对象的属性中。使用 MyBatis 时，只需要在 XML 中添加一个 select 元素，写一个 SQL，再做一些简单的配置，就可以将查询的结果直接映射到对象中。

先写一个根据用户 id 查询用户信息的简单方法。在 UserMapper 接口中添加一个 selectById 方法，代码如下。

```
package tk.mybatis.simple.mapper;
import tk.mybatis.simple.model.SysUser;
public interface UserMapper {
    /**
     * 通过 id 查询用户
     *
     * @param id
     * @return
     */
```

```
    SysUser selectById(Long id);
}
```

然后在对应的 **UserMapper.xml** 中添加如下的`<resultMap>`和`<select>`部分的代码。

```xml
<?xml version="1.0" encoding="UTF-8" ?>
<!DOCTYPE mapper PUBLIC "-//mybatis.org//DTD Mapper 3.0//EN"
                "http://mybatis.org/dtd/mybatis-3-mapper.dtd" >
<mapper namespace="tk.mybatis.simple.mapper.UserMapper">
    <resultMap id="userMap" type="tk.mybatis.simple.model.SysUser">
        <id property="id" column="id"/>
        <result property="userName" column="user_name"/>
        <result property="userPassword" column="user_password"/>
        <result property="userEmail" column="user_email"/>
        <result property="userInfo" column="user_info"/>
        <result property="headImg" column="head_img" jdbcType="BLOB"/>
        <result property="createTime" column="create_time"
                jdbcType= "TIMESTAMP"/>
    </resultMap>

    <select id="selectById" resultMap="userMap">
        select * from sys_user where id = #{id}
    </select>
</mapper>
```

前面创建接口和 XML 时提到过，接口和 XML 是通过将 namespace 的值设置为接口的全限定名称来进行关联的，那么接口中方法和 XML 又是怎么关联的呢？

可以发现，XML 中的 select 标签的 id 属性值和定义的接口方法名是一样的。**MyBatis** 就是通过这种方式将接口方法和 XML 中定义的 SQL 语句关联到一起的，如果接口方法没有和 XML 中的 id 属性值相对应，启动程序便会报错。映射 XML 和接口的命名需要符合如下规则。

- 当只使用 XML 而不使用接口的时候，namespace 的值可以设置为任意不重复的名称。
- 标签的 id 属性值在任何时候都不能出现英文句号 "."，并且同一个命名空间下不能出现重复的 id。
- 因为接口方法是可以重载的，所以接口中可以出现多个同名但参数不同的方法，但是 XML 中 id 的值不能重复，因而接口中的所有同名方法会对应着 XML 中的同一个 id 的方法。最常见的用法就是，同名方法中其中一个方法增加一个 RowBound 类型的参数用于实现分页查询。

明白上述两者之间的关系后，通过 UserMapper.xml 先来了解一下 XML 中一些标签和属性的作用。

- <select>：映射查询语句使用的标签。
- id：命名空间中的唯一标识符，可用来代表这条语句。
- resultMap：用于设置返回值的类型和映射关系。
- select 标签中的 select * from sys_user where id = #{id} 是查询语句。
- #{id}：MyBatis SQL 中使用预编译参数的一种方式，大括号中的 id 是传入的参数名。

在上面的 select 中，使用 resultMap 设置返回值的类型，这里的 userMap 就是上面 <resultMap> 中的 id 属性值，通过 id 引用需要的 <resultMap>。

resultMap 标签用于配置 Java 对象的属性和查询结果列的对应关系，通过 resultMap 中配置的 column 和 property 可以将查询列的值映射到 type 对象的属性上，因此当我们使用 select * 查询所有列的时候，MyBatis 也可以将结果正确地映射到 SysUser 对象上。

resultMap 是一种很重要的配置结果映射的方法，我们必须熟练掌握 resultMap 的配置方法。resultMap 包含的所有属性如下。

- id：必填，并且唯一。在 select 标签中，resultMap 指定的值即为此处 id 所设置的值。
- type：必填，用于配置查询列所映射到的 Java 对象类型。
- extends：选填，可以配置当前的 resultMap 继承自其他的 resultMap，属性值为继承 resultMap 的 id。
- autoMapping：选填，可选值为 true 或 false，用于配置是否启用非映射字段（没有在 resultMap 中配置的字段）的自动映射功能，该配置可以覆盖全局的 autoMappingBehavior 配置。

以上是 resultMap 的属性，resultMap 包含的所有标签如下。

- constructor：配置使用构造方法注入结果，包含以下两个子标签。
  - ➢ idArg：id 参数，标记结果作为 id（唯一值），可以帮助提高整体性能。
  - ➢ arg：注入到构造方法的一个普通结果。
- id：一个 id 结果，标记结果作为 id（唯一值），可以帮助提高整体性能。
- result：注入到 Java 对象属性的普通结果。
- association：一个复杂的类型关联，许多结果将包成这种类型。
- collection：复杂类型的集合。
- discriminator：根据结果值来决定使用哪个结果映射。

- case：基于某些值的结果映射。

本章中会介绍常用标签 constructor、id、result。而 association、collection 和 discriminator 标签会在后面的章节中讲解。

首先来了解一下这些标签属性之间的关系。

- constructor：通过构造方法注入属性的结果值。构造方法中的 idArg、arg 参数分别对应着 resultMap 中的 id、result 标签，它们的含义相同，只是注入方式不同。

- resultMap 中的 id 和 result 标签包含的属性相同，不同的地方在于，id 代表的是主键（或唯一值）的字段（可以有多个），它们的属性值是通过 setter 方法注入的。

接着来看一下 id 和 result 标签包含的属性。

- column：从数据库中得到的列名，或者是列的别名。

- property：映射到列结果的属性。可以映射简单的如 "username" 这样的属性，也可以映射一些复杂对象中的属性，例如 "address.street.number"，这会通过 "." 方式的属性嵌套赋值。

- javaType：一个 Java 类的完全限定名，或一个类型别名（通过 typeAlias 配置或者默认的类型）。如果映射到一个 JavaBean，MyBatis 通常可以自动判断属性的类型。如果映射到 HashMap，则需要明确地指定 javaType 属性。

- jdbcType：列对应的数据库类型。JDBC 类型仅仅需要对插入、更新、删除操作可能为空的列进行处理。这是 JDBC jdbcType 的需要，而不是 MyBatis 的需要。

- typeHandler：使用这个属性可以覆盖默认的类型处理器。这个属性值是类的完全限定名或类型别名。

下面来看一下接口方法的返回值要如何定义。

接口中定义的返回值类型必须和 XML 中配置的 resultType 类型一致，否则就会因为类型不一致而抛出异常。返回值类型是由 XML 中的 resultType（或 resultMap 中的 type）决定的，不是由接口中写的返回值类型决定的（本章主要讲 XML 方式，所以先忽略注解的情况）。

UserMapper 接口中的 selectById 方法，通过主键 id 查询，最多会有一条记录，所以这里定义的返回值为 SysUser。在讲解这个方法时，为了方便初学者理解，我们给出了完整的代码。之后再添加方法时，不会列出完整代码，只会像下面这样给出新增的代码。

在 UserMapper 接口中添加 selectAll 方法，代码如下。

```
/**
 * 查询全部用户
 *
 * @return
```

```
    */
List<SysUser> selectAll();
```

在对应的 **UserMapper.xml** 中添加如下的 `<select>` 部分的代码。

```xml
<select id="selectAll" resultType="tk.mybatis.simple.model.SysUser">
    select id,
        user_name userName,
        user_password userPassword,
        user_email userEmail,
        user_info userInfo,
        head_img headImg,
        create_time createTime
    from sys_user
</select>
```

这个接口中对应方法的返回值类型为 `List<SysUser>`，为什么不是 `SysUser` 呢？

在定义接口中方法的返回值时，必须注意查询 SQL 可能返回的结果数量。

当返回值最多只有 1 个结果的时候（可以 0 个），可以将接口返回值定义为 `SysUser`，而不是 `List<SysUser>`。当然，如果将返回值改为 `List<SysUser>` 或 `SysUser[]`，也没有问题，只是不建议这么做。当执行的 SQL 返回多个结果时，必须使用 `List<SysUser>` 或 `SysUser[]` 作为返回值，如果使用 `SysUser`，就会抛出 `TooManyResultsException` 异常。

观察一下 **UserMapper.xml** 中 `selectById` 和 `selectAll` 的区别：`selectById` 中使用了 `resultMap` 来设置结果映射，而 `selectAll` 中则通过 `resultType` 直接指定了返回结果的类型。可以发现，如果使用 `resultType` 来设置返回结果的类型，需要在 SQL 中为所有列名和属性名不一致的列设置别名，通过设置别名使最终的查询结果列和 `resultType` 指定对象的属性名保持一致，进而实现自动映射。

> **名称映射规则**
>
> 可以通过在 `resultMap` 中配置 `property` 属性和 `column` 属性的映射，或者在 SQL 中设置别名这两种方式实现将查询列映射到对象属性的目的。
>
> `property` 属性或别名要和对象中属性的名字相同，但是实际匹配时，MyBatis 会先将两者都转换为大写形式，然后再判断是否相同，即 `property="userName"` 和 `property="username"` 都可以匹配到对象的 userName 属性上。判断是否相同的时候要使用 USERNAME，因此在设置 `property` 属性或别名的时候，不需要考虑大小写是否一致，但是为了便于阅读，要尽可能按照统一的规则来设置。

在数据库中，由于大多数数据库设置不区分大小写，因此下画线方式的命名很常见，如

user_name、user_email。在 Java 中，一般都使用驼峰式命名，如 userName、userEmail。因为数据库和 Java 中的这两种命名方式很常见，因此 MyBatis 还提供了一个全局属性 mapUnderscoreToCamelCase，通过配置这个属性为 true 可以自动将以下画线方式命名的数据库列映射到 Java 对象的驼峰式命名属性中。这个属性默认为 false，如果想要使用该功能，需要在 MyBatis 的配置文件（第 1 章中的 mybatis-config.xml 文件）中增加如下配置。

```xml
<settings>
 <!--其他配置-->
 <setting name="mapUnderscoreToCamelCase" value="true"/>
</settings>
```

使用上述配置的时候，前面的 selectAll 可以改写如下。

```xml
<select id="selectAll" resultType="tk.mybatis.simple.model.SysUser">
    select id,
        user_name,
        user_password,
        user_email,
        user_info,
        head_img,
        create_time
    from sys_user
</select>
```

还可以将 SQL 简单写为 select * from sys_user，但是考虑到性能，通常都会指定查询列，很少使用*代替所有列。

了解上面这些要点之后，基本的查询就难不倒我们了。接下来通过测试用例来验证上面的两个查询。在学习过程中，建议大家在有不同想法的时候，多写一些例子来验证自己的问题或猜测。

为了方便大家学习后面的大量测试，此处先根据第 1 章中的测试提取一个基础测试类 BaseMapperTest。

```java
/**
 * 基础测试类
 */
public class BaseMapperTest {
    private static SqlSessionFactory sqlSessionFactory;
    @BeforeClass
    public static void init(){
        try {
```

```
        Reader reader = Resources.getResourceAsReader("mybatis-config.xml");
        sqlSessionFactory = new SqlSessionFactoryBuilder().build(reader);
        reader.close();
    } catch (IOException ignore) {
        ignore.printStackTrace();
    }
}
public SqlSession getSqlSession(){
    return sqlSessionFactory.openSession();
}
}
```

将原来的 CountryMapperTest 测试类修改如下。

```
public class CountryMapperTest extends BaseMapperTest {

    @Test
    public void testSelectAll(){
        SqlSession sqlSession = getSqlSession();
        try {
            List<Country> countryList =
                    sqlSession.selectList("tk.mybatis.simple.mapper
                                .CountryMapper.selectAll");
            printCountryList(countryList);
        } finally {
            //不要忘记关闭 sqlSession
            sqlSession.close();
        }
    }

    private void printCountryList(List<Country> countryList){
        for(Country country : countryList){
            System.out.printf("%-4d%4s%4s\n",
                    country.getId(),
                    country.getCountryname(),
                    country.getCountrycode());
        }
    }
}
```

修改后的测试类继承了 BaseMapperTest，通过调用 getSqlSession() 方法获取一个
SqlSession 对象，另外由于在 UserMapper 中添加了一个 selectAll 方法，因此
CountryMapperTest 中的 selectAll 方法不再唯一，调用时必须带上 namespace（命名

空间），因此这里要改为 tk.mybatis.simple.mapper.CountryMapper.selectAll。修改后，运行该测试类保证其可以正常运行。

参考 CountryMapperTest 测试类，可以模仿着编写一个 UserMapperTest 测试类，代码如下。

```java
public class UserMapperTest extends BaseMapperTest {

    @Test
    public void testSelectById(){
        //获取 sqlSession
        SqlSession sqlSession = getSqlSession();
        try {
            //获取 UserMapper 接口
            UserMapper userMapper = sqlSession.getMapper(UserMapper.class);
            //调用 selectById 方法，查询 id = 1 的用户
            SysUser user = userMapper.selectById(1L);
            //user 不为空
            Assert.assertNotNull(user);
            //userName = admin
            Assert.assertEquals("admin", user.getUserName());
        } finally {
            //不要忘记关闭 sqlSession
            sqlSession.close();
        }
    }

    @Test
    public void testSelectAll(){
        SqlSession sqlSession = getSqlSession();
        try {
            UserMapper userMapper = sqlSession.getMapper(UserMapper.class);
            //调用 selectAll 方法查询所有用户
            List<SysUser> userList = userMapper.selectAll();
            //结果不为空
            Assert.assertNotNull(userList);
            //用户数量大于 0 个
            Assert.assertTrue(userList.size() > 0);
        } finally {
            //不要忘记关闭 sqlSession
            sqlSession.close();
        }
    }
}
```

右键单击该类，在 Run As 选项中选择 JUnit Test 执行测试，测试通过，输出如下日志。

```
DEBUG [main] - ==> Preparing: select id, user_name userName,
                                     user_password userPassword,
                                     user_email userEmail,
                                     user_info userInfo,
                                     head_img headImg,
                                     create_time createTime
                             from sys_user
DEBUG [main] - ==> Parameters:
TRACE [main] - <== Columns: id, userName, userPassword, userEmail,
                            userInfo, headImg, createTime
TRACE [main] - <== Row: 1, admin, 123456, admin@mybatis.tk,
                        <<BLOB>>, <<BLOB>>, 2016-04-01 17:00:58.0
TRACE [main] - <== Row: 1001, test, 123456, test@mybatis.tk,
                        <<BLOB>>, <<BLOB>>, 2016-04-01 17:01:52.0
DEBUG [main] - <== Total: 2
DEBUG [main] - ==> Preparing: select * from sys_user where id = ?
DEBUG [main] - ==> Parameters: 1(Long)
TRACE [main] - <== Columns: id, user_name, user_password, user_email,
                            user_info, head_img, create_time
TRACE [main] - <== Row: 1, admin, 123456, admin@mybatis.tk,
                        <<BLOB>>, <<BLOB>>, 2016-04-01 17:00:58.0
DEBUG [main] - <== Total: 1
```

通过日志输出的结果可以验证之前的代码。

上面两个 SELECT 查询仅仅是简单的单表查询，这里列举的是两种常见的情况，在实际业务中还需要多表关联查询，关联查询结果的类型也会有多种情况，下面来列举一些复杂的用法。

第一种简单的情形：根据用户 id 获取用户拥有的所有角色，返回的结果为角色集合，结果只有角色的信息，不包含额外的其他字段信息。这个方法会涉及 sys_user、sys_role 和 sys_user_role 这 3 个表，并且该方法写在任何一个对应的 Mapper 接口中都可以。将这个方法写到 UserMapper 中，代码如下。

```
/**
 * 根据用户 id 获取角色信息
 *
 * @param userId
 * @return
 */
```

```
List<SysRole> selectRolesByUserId(Long userId);
```

在对应的 **UserMapper.xml** 中添加如下代码。

```
<select id="selectRolesByUserId" resultType="tk.mybatis.simple.model.SysRole">
    select
        r.id,
        r.role_name roleName,
        r.enabled,
        r.create_by createBy,
        r.create_time createTime
    from sys_user u
    inner join sys_user_role ur on u.id = ur.user_id
    inner join sys_role r on ur.role_id = r.id
    where u.id = #{userId}
</select>
```

虽然这个多表关联的查询中涉及了 3 个表，但是返回的结果只有 sys_role 表中的信息，所以直接使用 SysRole 作为返回值类型即可。大家可以参照之前的测试示例编写代码对此方法进行测试。

为了说明第二种情形，我们设置一个需求（仅为了说明用法）：以第一种情形为基础，假设查询的结果不仅要包含 sys_role 中的信息，还要包含当前用户的部分信息（不考虑嵌套的情况），例如增加查询列 u.user_name as userName。这时 resultType 该如何设置呢？

先介绍两种简单的方法，第一种方法就是在 SysRole 对象中直接添加 userName 属性，这样仍然使用 SysRole 作为返回值，或者也可以创建一个如下所示的对象。

```
public class SysRoleExtend extends SysRole {
    private String userName;
    public String getUserName() {
        return userName;
    }
    public void setUserName(String userName) {
        this.userName = userName;
    }
}
```

将 resultType 设置为扩展属性后的 SysRoleExtend 对象，通过这种方式来接收多余的值。这种方式比较适合在需要少量额外字段时使用，但是如果需要其他表中大量列的值时，这种方式就不适用了，因为我们不能将一个类的属性都照搬到另一个类中。

针对这种情况，在不考虑嵌套 XML 配置（第 6 章会详细讲解）的情况下，可以使用第二种方法，代码如下。

```
/**
 * 角色表
 */
public class SysRole {
    //其他原有字段...
    /**
     * 用户信息
     */
    private SysUser user;
```

直接在 SysRole 中增加 SysUser 对象，字段名为 user，增加这个字段后，修改 XML 中的 selectRolesByUserId 方法。

```
<select id="selectRolesByUserId" resultType="tk.mybatis.simple.model.SysRole">
    select
        r.id,
        r.role_name roleName,
        r.enabled,
        r.create_by createBy,
        r.create_time createTime,
        u.user_name as "user.userName",
        u.user_email as "user.userEmail"
    from sys_user u
    inner join sys_user_role ur on u.id = ur.user_id
    inner join sys_role r on ur.role_id = r.id
    where u.id = #{userId}
</select>
```

注意看查询列增加的两行，如下所示。

```
u.user_name as "user.userName",
u.user_email as "user.userEmail"
```

这里在设置别名的时候，使用的是"user.属性名"，user 是 SysRole 中刚刚增加的属性，userName 和 userEmail 是 SysUser 对象中的属性，通过这种方式可以直接将值赋给 user 字段中的属性。

在 UserMapperTest 中执行如下测试代码。

```
@Test
public void testSelectRolesByUserId(){
    SqlSession sqlSession = getSqlSession();
```

```
    try {
        UserMapper userMapper = sqlSession.getMapper(UserMapper.class);
        //调用 selectRolesByUserId 方法查询用户的角色
        List<SysRole> roleList = userMapper.selectRolesByUserId(1L);
        //结果不为空
        Assert.assertNotNull(roleList);
        //角色数量大于 0 个
        Assert.assertTrue(roleList.size() > 0);
    } finally {
        //不要忘记关闭 sqlSession
        sqlSession.close();
    }
}
```

输出日志如下。

```
DEBUG [main] - ==> Preparing: select r.id, r.role_name roleName, r.enabled,
                              r.create_by createBy,
                              r.create_time createTime,
                              u.user_name as "user.userName",
                              u.user_email as "user.userEmail"
                        from sys_user u
                        inner join sys_user_role ur
                                on u.id = ur.user_id
                        inner join sys_role r
                                on ur.role_id = r.id
                        where u.id = ?
DEBUG [main] - ==> Parameters: 1(Long)
TRACE [main] - <== Columns: id, roleName, enabled, createBy, createTime,
                            user.userName, user.userEmail
TRACE [main] - <== Row: 1, 管理员, 1, 1, 2016-04-01 17:02:14.0,
                          admin, admin@mybatis.tk
TRACE [main] - <== Row: 2, 普通用户, 1, 1, 2016-04-01 17:02:34.0,
                          admin, admin@mybatis.tk
DEBUG [main] - <== Total: 2
```

从输出日志中可以很明显看到增加的两列，但是看不到对象中的效果。在 Assert.assertNotNull(roleList);这一行设置断点，可以看到当前实例的状态如图 2-2 所示。

以上是两种简单方式的介绍，在本书后续章节中还会介绍通过 resultMap 处理这种嵌套对象的方式。

关于 select 方法的基本内容就先介绍这么多，下面来看 insert 用法。

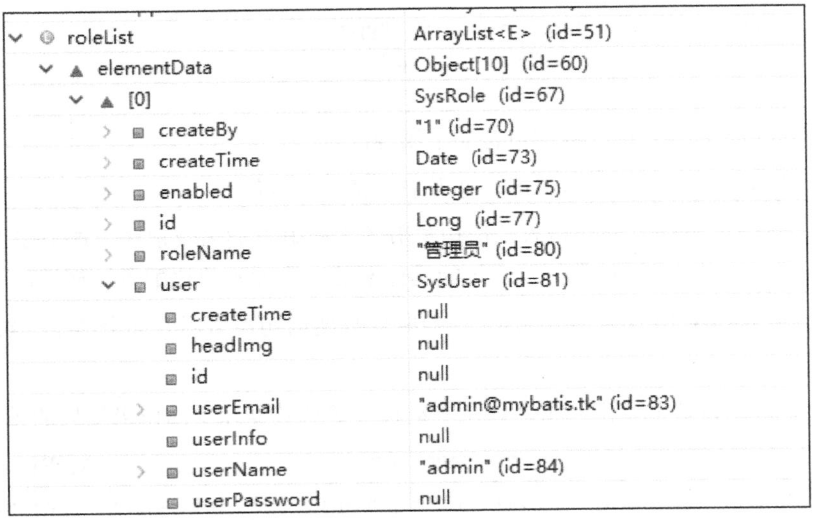

图 2-2　roleList 状态

2.4　insert 用法

和上一节的 select 相比，insert 要简单很多。只有让它返回主键值时，由于不同数据库的主键生成方式不同，这种情况下会有一些复杂。首先从最简单的 insert 方法开始学习。

2.4.1　简单的 insert 方法

在 UserMapper 中添加如下方法。

```
/**
 * 新增用户
 *
 * @param sysUser
 * @return
 */
int insert(SysUser sysUser);
```

在 **UserMapper.xml** 中添加如下代码。

```
<insert id="insert">
    insert into sys_user(
        id, user_name, user_password, user_email,
        user_info, head_img, create_time)
    values(
        #{id}, #{userName}, #{userPassword}, #{userEmail},
```

```
        #{userInfo}, #{headImg, jdbcType=BLOB},
        #{createTime, jdbcType= TIMESTAMP})
</insert>
```

先看<insert>元素，这个标签包含如下属性。

- id：命名空间中的唯一标识符，可用来代表这条语句。
- parameterType：即将传入的语句参数的完全限定类名或别名。这个属性是可选的，
  因为 MyBatis 可以推断出传入语句的具体参数，因此不建议配置该属性。
- flushCache：默认值为 true，任何时候只要语句被调用，都会清空一级缓存和二级
  缓存。
- timeout：设置在抛出异常之前，驱动程序等待数据库返回请求结果的秒数。
- statementType：对于 STATEMENT、PREPARED、CALLABLE，MyBatis 会分别使用
  对应的 Statement、PreparedStatement、CallableStatement，默认值为
  PREPARED。
- useGeneratedKeys：默认值为 false。如果设置为 true，MyBatis 会使用 JDBC
  的 getGeneratedKeys 方法来取出由数据库内部生成的主键。
- keyProperty：MyBatis 通过 getGeneratedKeys 获取主键值后将要赋值的属性名。
  如果希望得到多个数据库自动生成的列，属性值也可以是以逗号分隔的属性名称列表。
- keyColumn：仅对 INSERT 和 UPDATE 有用。通过生成的键值设置表中的列名，这个
  设置仅在某些数据库（如 PostgreSQL）中是必须的，当主键列不是表中的第一列时需
  要设置。如果希望得到多个生成的列，也可以是逗号分隔的属性名称列表。
- databaseId：如果配置了 databaseIdProvider（4.6 节有详细配置方法），MyBatis
  会加载所有的不带 databaseId 的或匹配当前 databaseId 的语句。如果同时存在带
  databaseId 和不带 databaseId 的语句，后者会被忽略。

此处<insert>中的 SQL 就是一个简单的 INSERT 语句，将所有的列都列举出来，在
values 中通过#{property}方式从参数中取出属性的值。

为了防止类型错误，对于一些特殊的数据类型，建议指定具体的 jdbcType 值。例如
headImg 指定 BLOB 类型，createTime 指定 TIMESTAMP 类型。

> **🔍 特别说明！**
>
> BLOB 对应的类型是 ByteArrayInputStream，就是二进制数据流。
> 由于数据库区分 date、time、datetime 类型，但是 Java 中一般都使用 java.util.Date
> 类型。因此为了保证数据类型的正确，需要手动指定日期类型，date、time、datetime 对
> 应的 JDBC 类型分别为 DATE、TIME、TIMESTAMP。

现在在 UserMapperTest 测试类中增加一个方法来测试这个 insert 方法，代码如下。

```
@Test
public void testInsert(){
    SqlSession sqlSession = getSqlSession();
    try {
        UserMapper userMapper = sqlSession.getMapper(UserMapper.class);
        //创建一个 user 对象
        SysUser user = new SysUser();
        user.setUserName("test1");
        user.setUserPassword("123456");
        user.setUserEmail("test@mybatis.tk");
        user.setUserInfo("test info");
        //正常情况下应该读入一张图片存到 byte 数组中
        user.setHeadImg(new byte[]{1,2,3});
        user.setCreateTime(new Date());
        //将新建的对象插入数据库中，特别注意这里的返回值 result 是执行的 SQL 影响的行数
        int result = userMapper.insert(user);
        //只插入 1 条数据
        Assert.assertEquals(1, result);
        //id 为 null，没有给 id 赋值，并且没有配置回写 id 的值
        Assert.assertNull(user.getId());
    } finally {
        //为了不影响其他测试，这里选择回滚
        //由于默认的 sqlSessionFactory.openSession()是不自动提交的
        //因此不手动执行 commit 也不会提交到数据库
        sqlSession.rollback();
        //不要忘记关闭 sqlSession
        sqlSession.close();
    }
}
```

执行这个测试，输出结果如下。

```
DEBUG [main] - ==> Preparing: insert into sys_user( user_name, user_password,
                                                    user_email, user_info,
                                                    head_img, create_time)
                              values( ?, ?, ?, ?, ?, ?)
DEBUG [main] - ==> Parameters: test1(String), 123456(String),
                               test@mybatis. tk(String), test info(String),
                               java.io.ByteArrayInputStream@32eebfca(
                               Byte ArrayInputStream),
                               2016-04-07 22:11:03.121(Timestamp)
```

```
DEBUG [main] - <== Updates: 1
```

可以看到日期的值如下。

```
2016-04-07 22:11:03.121(Timestamp)
```

为了让大家理解指定具体的 jdbcType 值的作用，下面用时间类型来进行测试。

首先对 UserMapper.xml 中 insert 的 SQL 语句做出如下修改。

```
#{createTime, jdbcType=DATE}
```

然后再次执行上面的测试，看一下日期字段的值。

```
2016-04-07(Date)
```

这个值就是我们设置的 DATE，这个类型只有日期部分。再修改 insert 中的 SQL 如下。

```
#{createTime, jdbcType=TIME}
```

再次执行测试，会发现这次不像上次那么顺利，测试失败了，关键部分异常信息如下。

```
org.apache.ibatis.exceptions.PersistenceException: ### Error updating
database. Cause: com.mysql.jdbc.MysqlDataTruncation: Data truncation:
Incorrect datetime value: '22:27:30' for column 'create_time' at row 1
```

产生错误的原因是，数据库中的字段类型为 datetime，但是这里只有 time 部分的值。

通过上面成功的测试实例，说明数据库的 datetime 类型可以存储 DATE（时间部分默认为 00:00:00）和 TIMESTAMP 这两种类型的时间，不能存储 TIME 类型的时间。将数据库的字段类型修改为 time 时，这个测试就可以正常通过了。做完这些尝试后，将上面的方法还原。

接下来看一下接口中对应的方法 int insert(SysUser sysUser)。很多人会把这个 int 类型的返回值当作数据库返回的主键的值，它其实是执行的 SQL 影响的行数，这个值和日志中的 Updates:1 是一致的。也就是说，这个 INSERT 语句影响了数据库中的 1 行数据。如果是批量插入、批量更新、批量删除，这里的数字会是插入的数据个数、更新的数据个数、删除的数据个数。一般在数据库管理软件中，执行 SQL 语句时，这些工具都会显示影响的行数。

既然这个返回值不是主键的值，那么该如何获得主键的值呢？下面提供两种方法，基本上可以涵盖所有数据库的不同情况。

2.4.2　使用 JDBC 方式返回主键自增的值

在使用主键自增（如 MySQL、SQL Server 数据库）时，插入数据库后可能需要得到自增的主键值，然后使用这个值进行一些其他的操作。现在，增加一个 insert2 方法，复制 insert

并稍加修改，首先在 UserMapper 接口中增加 insert2 方法。

```
/**
 * 新增用户-使用 useGeneratedKeys 方式
 *
 * @param sysUser
 * @return
 */
int insert2(SysUser sysUser);
```

然后在 **XML** 中新增一个 insert2 方法。

```
<insert id="insert2" useGeneratedKeys="true" keyProperty="id">
    insert into sys_user(
        user_name, user_password, user_email,
        user_info, head_img, create_time)
    values(
        #{userName}, #{userPassword}, #{userEmail},
        #{userInfo}, #{headImg, jdbcType=BLOB},
        #{createTime, jdbcType= TIMESTAMP})
</insert>
```

将 insert2 和 insert 比较，主要的变化是在 insert 标签上配置了如下两个属性。

useGeneratedKeys="true"

keyProperty="id"

useGeneratedKeys 设置为 true 后，**MyBatis** 会使用 JDBC 的 getGeneratedKeys 方法来取出由数据库内部生成的主键。获得主键值后将其赋值给 keyProperty 配置的 id 属性。当需要设置多个属性时，使用逗号隔开，这种情况下通常还需要设置 keyColumn 属性，按顺序指定数据库的列，这里列的值会和 keyProperty 配置的属性一一对应。由于要使用数据库返回的主键值，所以 SQL 上下两部分的列中去掉了 id 列和对应的#{id}属性。

下面来写一个测试验证是否返回了 SysUser 的主键值，在测试类 UserMapperTest 中添加如下代码。

```
@Test
public void testInsert2(){
    SqlSession sqlSession = getSqlSession();
    try {
        UserMapper userMapper = sqlSession.getMapper(UserMapper.class);
        //创建一个 user 对象
```

```
            SysUser user = new SysUser();
            user.setUserName("test1");
            user.setUserPassword("123456");
            user.setUserEmail("test@mybatis.tk");
            user.setUserInfo("test info");
            user.setHeadImg(new byte[]{1,2,3});
            user.setCreateTime(new Date());
            int result = userMapper.insert2(user);
            //只插入 1 条数据
            Assert.assertEquals(1, result);
            //因为 id 回写，所以 id 不为 null
            Assert.assertNotNull(user.getId());
        } finally {
            sqlSession.rollback();
            //不要忘记关闭 sqlSession
            sqlSession.close();
        }
    }
```

执行该测试，该测试正确通过。如果想看 id 的值是否正确，可以在测试中输出 id 的值，并且将 rollback()方法修改为 commit()方法，将结果提交给数据库（否则数据只存在于 session 中，会随着程序的关闭而消失），然后查看数据库验证 id 是否一致（验证后记得删除刚刚插入的数据，否则会影响后续测试的结果）。

2.4.3 使用 selectKey 返回主键的值

上面这种回写主键的方法只适用于支持主键自增的数据库。有些数据库（如 Oracle）不提供主键自增的功能，而是使用序列得到一个值，然后将这个值赋给 id，再将数据插入数据库。对于这种情况，可以采用另外一种方式：使用<selectKey>标签来获取主键的值，这种方式不仅适用于不提供主键自增功能的数据库，也适用于提供主键自增功能的数据库。

为了让大家能看到这种方法的效果，分别用 MySQL 和 Oracle 数据库举两个例子。先来看一下 MySQL 的例子。

在接口和 XML 中再新增一个 insert3 方法，UserMapper 接口的代码如下。

```
/**
 * 新增用户-使用 selectKey 方式
 *
 * @param sysUser
```

```
 * @return
 */
int insert3(SysUser sysUser);
```

上面的代码和前两个接口方法仍然一样，不同的还是 UserMapper.xml 中的代码，具体如下。

```xml
<insert id="insert3">
    insert into sys_user(
        user_name, user_password, user_email,
        user_info, head_img, create_time)
    values(
        #{userName}, #{userPassword}, #{userEmail},
        #{userInfo}, #{headImg, jdbcType=BLOB},
        #{createTime, jdbcType= TIMESTAMP})
    <selectKey keyColumn="id" resultType="long" keyProperty="id" order="AFTER">
        SELECT LAST_INSERT_ID()
    </selectKey>
</insert>
```

注意看下面这段代码，和 insert 相比增加了 selectKey 标签。

```xml
<selectKey keyColumn="id" resultType="long" keyProperty="id" order="AFTER">
    SELECT LAST_INSERT_ID()
</selectKey>
```

selectKey 标签的 keyColumn、keyProperty 和上面 useGeneratedKeys 的用法含义相同，这里的 resultType 用于设置返回值类型。order 属性的设置和使用的数据库有关。在 MySQL 数据库中，order 属性设置的值是 AFTER，因为当前记录的主键值在 insert 语句执行成功后才能获取到。而在 Oracle 数据库中，order 的值要设置为 BEFORE，这是因为 Oracle 中需要先从序列获取值，然后将值作为主键插入到数据库中。

下面是一个 Oracle 的 XML 文件中写法的简单示例。

```xml
<insert id="insert3">
    <selectKey keyColumn="id" resultType="long" keyProperty="id" order="BEFORE">
        SELECT SEQ_ID.nextval from dual
    </selectKey>
    insert into sys_user(
        id, user_name, user_password, user_email,
        user_info, head_img, create_time)
    values(
        #{id}, #{userName}, #{userPassword}, #{userEmail},
```

```
    #{userInfo}, #{headImg, jdbcType=BLOB}, #{createTime, jdbcType=TIMESTAMP})
</insert>
```

可以发现，selectKey 元素放置的位置和之前 MySQL 例子中的不同，其实这个元素放置的位置不会影响 selectKey 中的方法在 insert 前面或者后面执行的顺序，影响执行顺序的是 order 属性，这么写仅仅是为了符合实际的执行顺序，看起来更直观而已。

> **注意！**
>
> Oracle 方式的 INSERT 语句中明确写出了 id 列和值 #{id}，因为执行 selectKey 中的语句后 id 就有值了，我们需要把这个序列值作为主键值插入到数据库中，所以必须指定 id 列，如果不指定这一列，数据库就会因为主键不能为空而抛出异常。

以上是对 selectKey 标签中属性的介绍，接着看一下 selectKey 元素中的内容。它的内容就是一个独立的 SQL 语句，在 Oracle 示例中，SELECT SEQ_ID.nextval from dual 是一个获取序列的 SQL 语句。MySQL 中的 SQL 语句 SELECT LAST_INSERT_ID() 用于获取数据库中最后插入的数据的 ID 值。 以下是其他一些支持主键自增的数据库配置 selectKey 中回写主键的 SQL。

- DB2 使用 VALUES IDENTITY_VAL_LOCAL()。
- MYSQL 使用 SELECT LAST_INSERT_ID()。
- SQLSERVER 使用 SELECT SCOPE_IDENTITY()。
- CLOUDSCAPE 使用 VALUES IDENTITY_VAL_LOCAL()。
- DERBY 使用 VALUES IDENTITY_VAL_LOCAL()。
- HSQLDB 使用 CALL IDENTITY()。
- SYBASE 使用 SELECT @@IDENTITY。
- DB2_MF 使用 SELECT IDENTITY_VAL_LOCAL() FROM SYSIBM.SYSDUMMY1。
- INFORMIX 使用 select dbinfo('sqlca.sqlerrd1') from systables where tabid=1。

以上就是 insert 的基本用法，后面介绍动态 SQL 的时候还会涉及更多的 insert 用法。下一节继续学习和 insert 用法相似的 update 用法。

2.5　update 用法

先来看一个简单的通过主键更新数据的 update 方法的例子。在 UserMapper 接口中添加以下方法。

```
/**
 * 根据主键更新
 *
 * @param sysUser
 * @return
 */
int updateById(SysUser sysUser);
```

这里的参数 sysUser 就是要更新的数据，在接口对应的 UserMapper.xml 中添加如下代码。

```xml
<update id="updateById">
    update sys_user
    set user_name = #{userName},
        user_password = #{userPassword},
        user_email = #{userEmail},
        user_info = #{userInfo},
        head_img = #{headImg, jdbcType=BLOB},
        create_time = #{createTime, jdbcType=TIMESTAMP}
    where id = #{id}
</update>
```

这个方法的 SQL 很简单，下面写一个简单的测试来验证一下。在 UserMapperTest 中添加如下代码。

```java
@Test
public void testUpdateById(){
    SqlSession sqlSession = getSqlSession();
    try {
        UserMapper userMapper = sqlSession.getMapper(UserMapper.class);
        //从数据库查询 1 个 user 对象
        SysUser user = userMapper.selectById(1L);
        //当前 userName 为 admin
        Assert.assertEquals("admin", user.getUserName());
        //修改用户名
        user.setUserName("admin_test");
        //修改邮箱
        user.setUserEmail("test@mybatis.tk");
        //更新数据，特别注意，这里的返回值 result 是执行的 SQL 影响的行数
        int result = userMapper.updateById(user);
        //只更新 1 条数据
```

```
        Assert.assertEquals(1, result);
        //根据当前 id 查询修改后的数据
        user = userMapper.selectById(1L);
        //修改后的名字是 admin_test
        Assert.assertEquals("admin_test", user.getUserName());
    } finally {
        //为了不影响其他测试，这里选择回滚
        //由于默认的 sqlSessionFactory.openSession()是不自动提交的，
        //因此不手动执行 commit 也不会提交到数据库
        sqlSession.rollback();
        //不要忘记关闭 sqlSession
        sqlSession.close();
    }
}
```

执行该测试，输出日志内容如下。

```
DEBUG [main] - ==> Preparing: select * from sys_user where id = ?
DEBUG [main] - ==> Parameters: 1(Long)
TRACE [main] - <== Columns: id, user_name, user_password, user_email,
                        user_info, head_img, create_time
TRACE [main] - <== Row: 1, admin, 123456, admin@mybatis.tk,
                        <<BLOB>>, <<BLOB>>, 2016-06-07 00:00:00.0
DEBUG [main] - <== Total: 1
DEBUG [main] - ==> Preparing: update sys_user
                        set user_name = ?, user_ password = ?,
                            user_email = ?, user_info = ?,
                            head_img = ?, create_time = ?
                        where id = ?
DEBUG [main] - ==> Parameters: admin_test(String),
                        123456(String),
                        test@mybatis.tk(String),
                        管理员用户(String),
                        null,
                        2016-06-07 00:00:00.0(Timestamp),
                        1(Long)
DEBUG [main] - <== Updates: 1
DEBUG [main] - ==> Preparing: select * from sys_user where id = ?
DEBUG [main] - ==> Parameters: 1(Long)
TRACE [main] - <== Columns: id, user_name, user_password, user_email,
                        user_info, head_img, create_time
```

```
TRACE [main] - <== Row: 1, admin_test, 123456, test@mybatis.tk,
                    <<BLOB>>, <<BLOB>>, 2016-06-07 00:00:00.0
DEBUG [main] - <== Total: 1
```

还可以通过修改 UPDATE 语句中的 WHERE 条件来更新一条或一批数据。基本的 update 用法就这么简单，更复杂的情况在后面的动态 SQL 章节中会进行讲解。

2.6　delete 用法

delete 同 update 类似，下面也用一个简单的例子说明。在 UserMapper 中添加一个简单的例子，代码如下。

```
/**
 * 通过主键删除
 *
 * @param id
 * @return
 */
int deleteById(Long id);
```

根据主键删除数据的时候，如果主键只有一个字段，那么就可以像这个方法一样使用一个参数 id，这个方法对应 UserMapper.xml 中的代码如下。

```xml
<delete id="deleteById">
    delete from sys_user where id = #{id}
</delete>
```

注意接口中 int deleteById(Long id); 方法的参数类型为 Long id，如果将参数类型修改如下，也是正确的。

```
/**
 * 通过主键删除
 *
 * @param id
 * @return
 */
int deleteById(SysUser sysUser);
```

接口这样修改后，对应的 XML 中的方法不需要做任何修改。

对于以上两个接口，在 UserMapperTest 中编写一个测试，代码如下。

```
@Test
public void testDeleteById(){
```

```
SqlSession sqlSession = getSqlSession();
try {
    UserMapper userMapper = sqlSession.getMapper(UserMapper.class);
    //从数据库查询 1 个 user 对象, 根据 id = 1 查询
    SysUser user1 = userMapper.selectById(1L);
    //现在还能查询出 user 对象
    Assert.assertNotNull(user1);
    //调用方法删除
    Assert.assertEquals(1, userMapper.deleteById(1L));
    //再次查询, 这时应该没有值, 为 null
    Assert.assertNull(userMapper.selectById(1L));

    //使用 SysUser 参数再进行一次测试, 根据 id = 1001 查询
    SysUser user2 = userMapper.selectById(1001L);
    //现在还能查询出 user 对象
    Assert.assertNotNull(user2);
    //调用方法删除, 注意这里使用参数为 user2
    Assert.assertEquals(1, userMapper.deleteById(user2));
    //再次查询, 这时应该没有值, 为 null
    Assert.assertNull(userMapper.selectById(1001L));
    //使用 SysUser 参数再进行一次测试
} finally {
    //为了不影响其他测试, 这里选择回滚
    //由于默认的 sqlSessionFactory.openSession() 是不自动提交的,
    //因此不手动执行 commit 也不会提交到数据库
    sqlSession.rollback();
    //不要忘记关闭 sqlSession
    sqlSession.close();
}
}
```

这部分测试代码中的数据库操作较多,下面只列出了第一个 deleteById 方法输出的操作日志。

```
DEBUG [main] - ==> Preparing: delete from sys_user where id = ?
DEBUG [main] - ==> Parameters: 1(Long)
DEBUG [main] - <== Updates: 1
```

以上是一个简单的 delete 方法示例,在动态 SQL 章节中还会介绍一些更复杂的用法。

2.7　多个接口参数的用法

通过观察，不难发现目前所列举的接口中方法的参数只有一个，参数的类型可以分为两种：一种是基本类型，另一种是 JavaBean。

当参数是一个基本类型的时候，它在 XML 文件中对应的 SQL 语句只会使用一个参数，例如 delete 方法。当参数是一个 JavaBean 类型的时候，它在 XML 文件中对应的 SQL 语句会有多个参数，例如 insert、update 方法。

在实际应用中经常会遇到使用多个参数的情况。前面几节的例子中，我们将多个参数合并到一个 JavaBean 中，并使用这个 JavaBean 作为接口方法的参数。这种方法用起来很方便，但并不适合全部的情况，因为不能只为了两三个参数去创建新的 JavaBean 类，因此对于参数比较少的情况，还有两种方式可以采用：使用 Map 类型作为参数或使用@Param 注解。

使用 Map 类型作为参数的方法，就是在 Map 中通过 key 来映射 XML 中 SQL 使用的参数值名字，value 用来存放参数值，需要多个参数时，通过 Map 的 key-value 方式传递参数值，由于这种方式还需要自己手动创建 Map 以及对参数进行赋值，其实并不简洁，所以对这种方式只做以上简单介绍，接下来着重讲解使用@Param 注解的方式。

先来看一下，如果在接口中使用多个参数但不使用@Param 注解会发生什么错误。现在要根据用户 id 和角色的 enabled 状态来查询用户的所有角色，定义一个接口方法，代码如下。

```
/**
 * 根据用户 id 和角色的 enabled 状态获取用户的角色
 *
 * @param userId
 * @param enabled
 * @return
 */
List<SysRole> selectRolesByUserIdAndRoleEnabled(Long userId, Integer enabled);
```

这个接口方法对应的 UserMapper.xml 中的代码如下。

```
<select id="selectRolesByUserIdAndRoleEnabled"
        resultType="tk.mybatis.simple.model.SysRole">
    select
        r.id,
        r.role_name roleName,
        r.enabled,
        r.create_by createBy,
        r.create_time createTime
```

```
    from sys_user u
    inner join sys_user_role ur on u.id = ur.user_id
    inner join sys_role r on ur.role_id = r.id
    where u.id = #{userId} and r.enabled = #{enabled}
</select>
```

在 UserMapperTest 中添加如下代码进行测试。

```
@Test
public void testSelectRolesByUserIdAndRoleEnabled(){
    SqlSession sqlSession = getSqlSession();
    try {
        UserMapper userMapper = sqlSession.getMapper(UserMapper.class);
        //调用 selectRolesByUserIdAndRoleEnabled 方法查询用户的角色
        List<SysRole> userList =
                userMapper.selectRolesByUserIdAndRoleEnabled(1L, 1);
        //结果不为空
        Assert.assertNotNull(userList);
        //角色数量大于 0 个
        Assert.assertTrue(userList.size() > 0);
    } finally {
        //不要忘记关闭 sqlSession
        sqlSession.close();
    }
}
```

测试代码输出日志会显示如下错误。

```
org.apache.ibatis.exceptions.PersistenceException:
### Error querying database. Cause:
org.apache.ibatis.binding.BindingException:
Parameter 'userId' not found.
Available parameters are [0, 1, param1, param2]
```

这个错误表示，XML 可用的参数只有 0、1、param1、param2，没有 userId。0 和 1、param1 和 param2 都是 MyBatis 根据参数位置自定义的名字，这时如果将 XML 中的#{userId} 改为#{0}或#{param1}，将#{enabled}改为#{1}或#{param2}，这个方法就可以被正常调用了。这样讲只是为了让大家理解它们之间的关系，但实际上并不建议这么做。

现在，在接口方法的参数前添加@Param 注解，代码如下。

```
/**
 * 根据用户 id 和角色的 enabled 状态获取用户的角色
 *
```

```
 * @param userId
 * @param enabled
 * @return
 */
List<SysRole> selectRolesByUserIdAndRoleEnabled(
        @Param("userId")Long userId,
        @Param("enabled")Integer enabled);
```

再次调用上面的测试，输出日志如下。

```
DEBUG [main] - ==> Preparing: select r.id, r.role_name roleName, r.enabled,
                                   r.create_by createBy,
                                   r.create_time createTime
                            from sys_user u
                            inner join sys_user_role ur
                                    on u.id = ur.user_id
                            inner join sys_role r
                                    on ur.role_id = r.id
                            where u.id = ? and r.enabled = ?
DEBUG [main] - ==> Parameters: 1(Long), 1(Integer)
TRACE [main] - <== Columns: id, roleName, enabled, createBy, createTime
TRACE [main] - <== Row: 1, 管理员, 1, 1, 2016-04-01 17:02:14.0
TRACE [main] - <== Row: 2, 普通用户, 1, 1, 2016-04-01 17:02:34.0
DEBUG [main] - <== Total: 2
```

测试通过了，这时的 XML 文件中对应的 SQL 的可用参数变成了[userId,enabled,param1,
param2]，如果把#{userId}改为#{param1}，把#{enabled}改为#{param2}，测试也可
以通过。

给参数配置@Param 注解后，MyBatis 就会自动将参数封装成 Map 类型，@Param 注解值
会作为 Map 中的 key，因此在 SQL 部分就可以通过配置的注解值来使用参数。

到这里大家可能会有一个疑问：当只有一个参数（基本类型或拥有 TypeHandler 配置的
类型）的时候，为什么可以不使用注解？这是因为在这种情况下（除集合和数组外），MyBatis
不关心这个参数叫什么名字就会直接把这个唯一的参数值拿来使用。

以上是参数类型比较简单时使用@Param 注解的例子，当参数类型是一些 JavaBean 的时候，
用法略有不同。将接口方法中的参数换成 JavaBean 类型，代码如下。

```
/**
 * 根据用户 id 和角色的 enabled 状态获取用户的角色
 *
 * @param user
 * @param role
```

```
 * @return
 */
List<SysRole> selectRolesByUserAndRole(
        @Param("user")SysUser user,
        @Param ("role")SysRole role);
```

这时，在 XML 中就不能直接使用#{userId}和#{enabled}了，而是要通过点取值方式使用#{user.id}和#{role.enabled}从两个 JavaBean 中取出指定属性的值。修改好对应的 XML 文件后，大家可以自行完善代码并进行测试。

除了以上常用的参数类型外，接口的参数还可能是集合或者数组。本章还不会涉及这方面的用法，有关集合和数组的用法可以阅读 4.4 节的内容提前了解。

2.8 Mapper 接口动态代理实现原理

要想理解本节内容，需要具备 JDK 动态代理基础。

通过上面的学习，大家可能会有一个疑问，为什么 Mapper 接口没有实现类却能被正常调用呢？

这是因为 MyBaits 在 Mapper 接口上使用了动态代理的一种非常规的用法，熟悉这种动态代理的用法不仅有利于理解 MyBatis 接口和 XML 的关系，还能开阔思路。接下来提取出这种动态代理的主要思路，用代码来为大家说明。

假设有一个如下的 Mapper 接口。

```java
public interface UserMapper {
    List<SysUser> selectAll();
}
```

这里使用 Java 动态代理方式创建一个代理类，代码如下。

```java
public class MyMapperProxy<T> implements InvocationHandler {
    private Class<T> mapperInterface;
    private SqlSession sqlSession;

    public MyMapperProxy(Class<T> mapperInterface, SqlSession sqlSession) {
        this.mapperInterface = mapperInterface;
        this.sqlSession = sqlSession;
    }

    @Override
    public Object invoke(Object proxy, Method method, Object[] args)
            throws Throwable {
        //针对不同的 sql 类型，需要调用 sqlSession 不同的方法
```

```
        //接口方法中的参数也有很多情况，这里只考虑没有有参数的情况
        List<T> list = sqlSession.selectList(
                mapperInterface.getCanonicalName() + "." + method.getName());
        //返回值也有很多情况，这里不做处理直接返回
        return list;
    }
}
```

测试代码如下。

```
//获取 sqlSession
SqlSession sqlSession = getSqlSession();
//获取 UserMapper 接口
MyMapperProxy userMapperProxy = new MyMapperProxy(
        UserMapper.class, sqlSession);
UserMapper userMapper = (UserMapper) Proxy.newProxyInstance(
        Thread.currentThread().getContextClassLoader(),
        new Class[]{UserMapper.class},
        userMapperProxy);
//调用 selectAll 方法
List<SysUser> user = userMapper.selectAll();
```

　　从代理类中可以看到，当调用一个接口的方法时，会先通过接口的全限定名称和当前调用的方法名的组合得到一个方法 id，这个 id 的值就是映射 XML 中 namespace 和具体方法 id 的组合。所以可以在代理方法中使用 sqlSession 以命名空间的方式调用方法。通过这种方式可以将接口和 XML 文件中的方法关联起来。这种代理方式和常规代理的不同之处在于，这里没有对某个具体类进行代理，而是通过代理转化成了对其他代码的调用。

　　由于方法参数和返回值存在很多种情况，因此 MyBatis 的内部实现会比上面的逻辑复杂得多，正是因为 MyBatis 对接口动态代理的实现，我们在使用接口方式的时候才会如此容易。如果大家对 MyBatis 源码感兴趣，可以通过第 11 章的内容了解 MyBatis 的源码并深入学习。

　　通过本节这个简单的例子，我们可以了解 MyBatis 动态代理实现的方式，同时也学会一种编程思路：可以通过动态代理这个桥梁将对接口方法的调用转换为对其他方法的调用。

2.9　本章小结

　　在本章中，我们通过一个简单的需求学习了 MyBatis 的 XML 方式的各种基本用法。下一章会通过注解的方式来实现这一章中列举的大部分方法，所以大家在学习下一章的时候可以和本章的内容进行对比，通过对比学习更好地掌握这两种方式的用法。

3 chapter

第 3 章

MyBatis 注解方式的基本用法

MyBatis 注解方式就是将 SQL 语句直接写在接口上。这种方式的优点是，对于需求比较简单的系统，效率较高。缺点是，当 SQL 有变化时都需要重新编译代码，一般情况下不建议使用注解方式。因此，本章会介绍如何使用注解方式，为大家提供全面的示例，但不会进行深入讲解。

在 MyBatis 注解 SQL 中，最基本的就是@Select、@Insert、@Update 和@Delete 四种。下面以 RoleMapper 为例，对这几个注解的用法进行讲解。

3.1 @Select 注解

在 tk.mybatis.simple.mapper.RoleMapper 中添加如下注解方法。

```
@Select({"select id,role_name roleName, enabled,
                create_by createBy,
                create_time createTime ",
        "from sys_role ",
        "where id = #{id}"})
SysRole selectById(Long id);
```

也可以写成下面这种形式。

```
@Select({"select id,role_name roleName, enabled,
                create_by createBy,
                create_time createTime
        from sys_role
        where id = #{id}"})
SysRole selectById(Long id);
```

> **注意!**
>
> 为了使代码更适合阅读，本章对代码进行了合理的换行。对于过长的字符串，虽然分成了多行，但大家在书写时仍需按照规范将字符串双引号范围内的内容写在同一行。

使用注解就是在接口方法基础上添加需要的注解，并写上相应的 SQL 语句。@Select、@Insert、@Update 和@Delete 这 4 个基本注解的参数可以是字符串数组类型，也可以是字符串类型。

使用注解方式同样需要考虑表字段和 Java 属性字段映射的问题，在第 2 章中已经讲过 XML 方式是如何实现字段映射的，接下来看一下注解方式是如何实现的。第一种是通过 SQL 语句使用别名来实现，上面的例子中已经使用过。除此之外还有另外两种方式分别是使用 mapUnderscoreToCamelCase 配置以及使用 resultMap 方式，下面详细说明。

3.1.1　使用 **mapUnderscoreToCamelCase** 配置

mapUnderscoreToCamelCase 配置方式可以参考 2.3 节 select 用法的相关内容。

使用这种配置方式不需要手动指定别名，MyBatis 字段按照 "下画线转驼峰" 的方式自动映射，@Select 注解中的 SQL 可以写成如下两种方式。

```
select * from sys_role where id = #{id}
```

或者

```
select id,role_name, enabled, create_by, create_time from sys_role
where id = #{id}
```

3.1.2　使用 **resultMap** 方式

XML 中的 resultMap 元素有一个对应的 Java 注解@Results，使用这个注解来实现属性映射，新增一个 selectById2 方法，代码如下。

```
@Results({
    @Result(property = "id", column = "id", id = true),
    @Result(property = "roleName", column = "role_name"),
    @Result(property = "enabled", column = "enabled"),
    @Result(property = "createBy", column = "create_by"),
    @Result(property = "createTime", column = "create_time")
})
@Select("select id,role_name, enabled, create_by, create_time
        from sys_role where id = #{id}")
SysRole selectById2(Long id);
```

这里的@Result 注解对应着 XML 文件中的<result>元素，而参数中写上 id = true 时就对应<id>元素。

使用@Results 注解的时候，大家可能会担心，是不是要在每一个方法上都这么写。在 **MyBatis 3.3.0** 及以前版本中，注解定义的@Results 不能共用，使用很不方便，确实是要在每一个方法上都写一遍。但从 **MyBatis 3.3.1** 版本开始，@Results 注解增加了一个 id 属性，设置了 id 属性后，就可以通过 id 属性引用同一个@Results 配置了，示例代码如下。

```
@Results(id = "roleResultMap", value = {
    @Result(property = "id", column = "id", id = true),
    //其他...
})
```

如何引用这个@Results 呢？新增一个 selectAll 方法，代码如下。

```
@ResultMap("roleResultMap")
```

```
@Select("select * from sys_role")
List<SysRole> selectAll();
```

使用 @ResultMap 注解引用即可，注解的参数值就是上面代码中设置的 id 的值，当配合着使用 XML 方式的时候，还可以是 XML 中 <resultMap> 元素的 id 属性值。

在 RoleMapperTest 中写出以上示例方法的测试方法。selectById 方法的测试代码如下。

```
@Test
public void testSelectById(){
    //获取 sqlSession
    SqlSession sqlSession = getSqlSession();
    try {
        //获取 RoleMapper 接口
        RoleMapper roleMapper = sqlSession.getMapper(RoleMapper.class);
        //调用 selectById 方法，查询 id = 1 的角色
        SysRole role = roleMapper.selectById(1L);
        //role 不为空
        Assert.assertNotNull(role);
        //roleName=管理员
        Assert.assertEquals("管理员", role.getRoleName());
    } finally {
        //不要忘记关闭 sqlSession
        sqlSession.close();
    }
}
```

测试输出日志如下。

```
DEBUG [main] - ==> Preparing: select id,role_name roleName, enabled,
                                     create_by createBy,
                                     create_time createTime
                             from sys_role where id = ?
DEBUG [main] - ==> Parameters: 1(Long)
TRACE [main] - <== Columns: id, roleName, enabled, createBy, createTime
TRACE [main] - <== Row: 1, 管理员, 1, 1, 2016-04-01 17:02:14.0
DEBUG [main] - <== Total: 1
```

selectById2 方法的测试代码如下。

```
@Test
public void testSelectById2(){
    //获取 sqlSession
    SqlSession sqlSession = getSqlSession();
    try {
        //获取 RoleMapper 接口
        RoleMapper roleMapper = sqlSession.getMapper(RoleMapper.class);
```

```
        //调用 selectById2 方法，查询 id = 1 的角色
        SysRole role = roleMapper.selectById2(1L);
        //role 不为空
        Assert.assertNotNull(role);
        //roleName=管理员
        Assert.assertEquals("管理员", role.getRoleName());
    } finally {
        //不要忘记关闭 sqlSession
        sqlSession.close();
    }
}
```

测试输出日志如下。

```
DEBUG [main] - ==> Preparing: select id,role_name, enabled, create_by,
                            create_time
                     from sys_role where id = ?
DEBUG [main] - ==> Parameters: 1(Long)
TRACE [main] - <== Columns: id, role_name, enabled, create_by, create_time
TRACE [main] - <== Row: 1, 管理员, 1, 1, 2016-04-01 17:02:14.0
DEBUG [main] - <== Total: 1
```

两个方法的区别是，后者的 SQL 中没有别名，需要通过@Result 注解配置映射。

selectAll 方法的测试代码如下。

```
@Test
public void testSelectAll(){
    SqlSession sqlSession = getSqlSession();
    try {
        RoleMapper roleMapper = sqlSession.getMapper(RoleMapper.class);
        //调用 selectAll 方法查询所有角色
        List<SysRole> roleList = roleMapper.selectAll();
        //结果不为空
        Assert.assertNotNull(roleList);
        //角色数量大于 0 个
        Assert.assertTrue(roleList.size() > 0);
        //验证下画线字段是否映射成功
        Assert.assertNotNull(roleList.get(0).getRoleName());
    } finally {
        //不要忘记关闭 sqlSession
        sqlSession.close();
    }
}
```

测试输出日志如下。

```
DEBUG [main] - ==> Preparing: select * from sys_role
```

```
DEBUG [main] - ==> Parameters:
TRACE [main] - <== Columns: id, role_name, enabled, create_by, create_time
TRACE [main] - <== Row: 1, 管理员, 1, 1, 2016-04-01 17:02:14.0
TRACE [main] - <== Row: 2, 普通用户, 1, 1, 2016-04-01 17:02:34.0
DEBUG [main] - <== Total: 2
```

以上是@Select 注解的使用方式，可以发现，注解方式和 XML 方式可以实现相同的功能，具有相同含义的配置。

3.2 @Insert 注解

@Insert 注解本身是简单的，但如果需要返回主键的值，情况会变得稍微复杂一些。

3.2.1 不需要返回主键

这个方法和 XML 中的 SQL 完全一样，这里不做特别介绍，代码如下。

```
@Insert({"insert into sys_role(id, role_name, enabled, create_by, create_time)",
         "values(#{id}, #{roleName}, #{enabled}, #{createBy},",
                "#{createTime, jdbcType=TIMESTAMP})"})
int insert(SysRole sysRole);
```

3.2.2 返回自增主键

新增 insert2 方法，代码如下。

```
@Insert({"insert into sys_role(role_name, enabled, create_by, create_ time)",
        "values(#{roleName}, #{enabled}, #{createBy},",
               "#{createTime, jdbcType=TIMESTAMP})"})
@Options(useGeneratedKeys = true, keyProperty = "id")
int insert2(SysRole sysRole);
```

和上面的 insert 方法相比，insert2 方法中的 SQL 中少了 id 一列，注解多了一个@Options，我们在这个注解中设置了 useGeneratedKeys 和 keyProperty 属性，用法和 XML 相同，当需要配置多个列时，这个注解也提供了 keyColumn 属性，可以像 XML 中那样配置使用。

3.2.3　返回非自增主键

新增 insert3 方法，代码如下。

```
@Insert({"insert into sys_role(role_name, enabled, create_by, create_time)",
        "values(#{roleName}, #{enabled}, #{createBy},",
            "#{createTime, jdbcType= TIMESTAMP})"})
@SelectKey(statement = "SELECT LAST_INSERT_ID()",
        keyProperty = "id",
        resultType = Long.class,
        before = false)
int insert3(SysRole sysRole);
```

使用@SelectKey 注解，以下代码是前面 XML 中配置的 selectKey。

```
<selectKey keyColumn="id" resultType="long" keyProperty="id" order="AFTER">
    SELECT LAST_INSERT_ID()
</selectKey>
```

来对比一下，配置属性基本上都是相同的，其中 before 为 false 时功能等同于 order="AFTER"，before 为 true 时功能等同于 order="BEFORE"。

在不同的数据库中，order 的配置不同，大家可以参考前面 XML 中的内容，自行编写测试代码进行测试。

3.3　@Update 注解和@Delete 注解

@Update 注解和@Delete 注解的用法可以用以下示例来进行说明。

在 RoleMapper 中新增 updateById 和 deleteById 方法，代码如下。

```
@Update({"update sys_role",
    "set role_name = #{roleName},",
        "enabled = #{enabled},",
        "create_by = #{createBy},",
        "create_time = #{createTime, jdbcType=TIMESTAMP}",
    "where id = #{id}"
    })
int updateById(SysRole sysRole);

@Delete("delete from sys_role where id = #{id}")
int deleteById(Long id);
```

大家可以参考 UserMapperTest 中的例子自行写出相应的测试代码，此处不做详细说明。

3.4 Provider 注解

除了上面 4 种注解可以使用简单的 SQL 外，MyBatis 还提供了 4 种 Provider 注解，分别是 @SelectProvider、@InsertProvider、@UpdateProvider 和 @DeleteProvider。它们同样可以实现查询、插入、更新、删除操作。

下面通过 @SelectProvider 用法来了解 Provider 注解方式的基本用法。

创建 PrivilegeMapper 接口，添加 selectById 方法，代码如下。

```
@SelectProvider(type = PrivilegeProvider.class, method = "selectById")
SysPrivilege selectById(Long id);
```

其中 PrivilegeProvider 类代码如下。

```java
public class PrivilegeProvider {
    public String selectById(final Long id){
        return new SQL(){
            {
                SELECT("id, privilege_name, privilege_url");
                FROM("sys_privilege");
                WHERE("id = #{id}");
            }
        }.toString();
    }
}
```

Provider 的注解中提供了两个必填属性 type 和 method。type 配置的是一个包含 method 属性指定方法的类，这个类必须有空的构造方法，这个方法的值就是要执行的 SQL 语句，并且 method 属性指定的方法的返回值必须是 String 类型。注意观察上面的代码，拼接 SQL 语句时使用了 new SQL(){...} 方法。

还可以直接返回 SQL 字符串，代码如下。

```java
public String selectById(final Long id){
    return "select id, privilege_name, privilege_url"+
        "from sys_privilege where id = #{id}";
}
```

对于以上两种写法，大家可以根据自己的需求来选择其中的任意一种，SQL 较长或需要拼接时推荐使用 new SQL() 的方式。以下是 selectById 方法的测试代码。

```java
@Test
public void testSelectById(){
```

```
//获取 sqlSession
SqlSession sqlSession = getSqlSession();
try {
    //获取 PrivilegeMapper 接口
    PrivilegeMapper privilegeMapper =
            sqlSession.getMapper(PrivilegeMapper.class);
    //调用 selectById 方法，查询 id = 1 的权限
    SysPrivilege privilege = privilegeMapper.selectById(1L);
    //privilege 不为空
    Assert.assertNotNull(privilege);
    //privilegeName=用户管理
    Assert.assertEquals("用户管理", privilege.getPrivilegeName());
} finally {
    //不要忘记关闭 sqlSession
    sqlSession.close();
}
}
```

最常用的注解基本介绍完毕，由于 MyBatis 的注解方式不是主流，因此不做过多讲解。如果大家有需要，可以参考 MyBatis 官方项目中的测试用例（具体参考 11.4 节），通过这些测试用例可以学习注解的基本用法，至于更复杂更高级的用法就需要大家自己去摸索验证了。

3.5　本章小结

在这一章中，我们学习了几个 MyBatis 注解，使用注解可以帮助我们实现一些简单的 SQL 操作。由于注解方式需要手动拼接字符串，需要编写代码重新编译，不方便维护，因此除非在程序简单且数据库表基本不变的情况下，否则都不建议使用。本章讲解注解的目的一方面是希望为有需要的人提供一个基础的入门，更重要的是希望通过和 XML 方式的对比帮助大家更深入地理解 MyBatis 的用法。

第 4 章

MyBatis 动态 SQL

MyBatis 的强大特性之一便是它的动态 SQL。使用过 JDBC 或其他类似框架的人都会知道，根据不同条件拼接 SQL 语句时不仅不能忘了必要的空格，还要注意省略掉列名列表最后的逗号，处理方式麻烦且凌乱。MyBatis 的动态 SQL 则能让我们摆脱这种痛苦。

在 MyBatis 3 之前的版本中，使用动态 SQL 需要学习和了解非常多的标签，现在 MyBatis 采用了功能强大的 OGNL（Object-Graph Navigation Language）表达式语言消除了许多其他标签，以下是 MyBatis 的动态 SQL 在 XML 中支持的几种标签。

- if
- choose（when、otherwise）
- trim（where、set）
- foreach
- bind

本章除了讲解这几种标签的用法外，还会介绍如何在一个 XML 中针对不同的数据库编写不同的 SQL 语句，另外会对这 5 种标签中必须要用到的 OGNL 表达式进行一个简单的介绍。

4.1　if 用法

if 标签通常用于 WHERE 语句中，通过判断参数值来决定是否使用某个查询条件，它也经常用于 UPDATE 语句中判断是否更新某一个字段，还可以在 INSERT 语句中用来判断是否插入某个字段的值。

4.1.1　在 WHERE 条件中使用 if

假设现在有一个新的需求：实现一个用户管理高级查询功能，根据输入的条件去检索用户信息。这个功能还需要支持以下三种情况：当只输入用户名时，需要根据用户名进行模糊查询；当只输入邮箱时，根据邮箱进行完全匹配；当同时输入用户名和邮箱时，用这两个条件去查询匹配的用户。

如果仍然按照前面章节中介绍的方法去编写代码，可能会写出如下方法。

```
<select id="selectByUser" resultType="tk.mybatis.simple.model.SysUser">
    select id,
        user_name userName,
        user_password userPassword,
        user_email userEmail,
        user_info userInfo,
```

```
        head_img headImg,
        create_time createTime
    from sys_user
    where user_name like concat('%', #{userName}, '%')
        and user_email = # {userEmail}
</select>
```

当同时输入 userName 和 userEmail 这两个条件时，能查出正确的结果，但是当只提供 userName 的参数值时，userEmail 默认是 null，这就会导致 user_email = null 也成为查询条件，因而查不出正确的结果。这时就可以使用 if 标签来解决这个问题了，代码如下。

```
<select id="selectByUser" resultType="tk.mybatis.simple.model.SysUser">
    select id,
        user_name userName,
        user_password userPassword,
        user_email userEmail,
        user_info userInfo,
        head_img headImg,
        create_time createTime
    from sys_user
    where 1 = 1
    <if test="userName != null and userName != ''">
    and user_name like concat('%', #{userName}, '%')
    </if>
    <if test="userEmail != null and userEmail != ''">
    and user_email = #{userEmail}
    </if>
</select>
```

if 标签有一个必填的属性 test，test 的属性值是一个符合 OGNL 要求的判断表达式，表达式的结果可以是 true 或 false，除此之外所有的非 0 值都为 true，只有 0 为 false。为了方便理解，在表达式中，建议只用 true 或 false 作为结果。OGNL 的详细用法在 4.7 节中会有比较完整的介绍，这里暂且只关注以下内容。

- 判断条件 property != null 或 property == null：适用于任何类型的字段，用于判断属性值是否为空。

- 判断条件 property != '' 或 property == ''：仅适用于 String 类型的字段，用于判断是否为空字符串。

- and 和 or：当有多个判断条件时，使用 and 或 or 进行连接，嵌套的判断可以使用小

括号分组，and 相当于 Java 中的与（&&），or 相当于 Java 中的或（||）。

上面两个条件的属性类型都是 String，对字符串的判断和 Java 中的判断类似，首先需要判断字段是否为 null，然后再去判断是否为空（在 OGNL 表达式中，这两个判断的顺序不会影响判断的结果，也不会有空指针异常）。在本章所有例子中，字符串的判断几乎都包含 null 和空的判断，这两个条件不是必须写在一起，可以根据实际业务决定是否需要空值判断。

有了 XML 中的方法后，还需要在 UserMapper 接口中增加对应的接口方法，代码如下。

```
/**
 * 根据动态条件查询用户信息
 *
 * @param sysUser
 * @return
 */
List<SysUser> selectByUser(SysUser sysUser);
```

测试方法如下。

```
@Test
public void testSelectByUser(){
    SqlSession sqlSession = getSqlSession();
    try {
        UserMapper userMapper = sqlSession.getMapper(UserMapper.class);
        //只查询用户名时
        SysUser query = new SysUser();
        query.setUserName("ad");
        List<SysUser> userList = userMapper.selectByUser(query);
        Assert.assertTrue(userList.size() > 0);
        //只查询用户邮箱时
        query = new SysUser();
        query.setUserEmail("test@mybatis.tk");
        userList = userMapper.selectByUser(query);
        Assert.assertTrue(userList.size() > 0);
        //当同时查询用户名和邮箱时
        query = new SysUser();
        query.setUserName("ad");
        query.setUserEmail("test@mybatis.tk");
        userList = userMapper.selectByUser(query);
        //由于没有同时符合这两个条件的用户，因此查询结果数为 0
        Assert.assertTrue(userList.size() == 0);
```

```
        } finally {
            //不要忘记关闭 sqlSession
            sqlSession.close();
        }
    }
```

上面的代码针对需求中的 3 种情况分别进行测试，输出的日志内容如下。

```
DEBUG [main] - ==> from sys_user
                    where 1 = 1 and user_name like concat('%', ?, '%')
DEBUG [main] - ==> Parameters: ad(String)
DEBUG [main] - <== Total: 1
DEBUG [main] - ==> Preparing: from sys_user
                    where 1 = 1 and user_email = ?
DEBUG [main] - ==> Parameters: test@mybatis.tk(String)
DEBUG [main] - <== Total: 1
DEBUG [main] - ==> Preparing: from sys_user
                    where 1 = 1
                    and user_name like concat('%', ?, '%')
                    and user_email = ?
DEBUG [main] - ==> Parameters: ad(String), test@mybatis.tk(String)
DEBUG [main] - <== Total: 0
```

由于 SQL 过长，上面的日志仅保留了 from 之后的 SQL，并且查询结果只保留了条数。从日志中可以看到,查询条件的不同组合最终执行的 SQL 和预期一样,这样就实现了动态条件查询。

虽然实现了需求，但是在 XML 的方法中仍然有两个地方需要注意。

- 注意 SQL 中 where 关键字后面的条件

```
where 1 = 1
```

由于两个条件都是动态的，所以如果没有 1=1 这个默认条件，当两个 if 判断都不满足时，最后生成的 SQL 就会以 where 结束，这样不符合 SQL 规范，因此会报错。加上 1=1 这个条件就可以避免 SQL 语法错误导致的异常。这种写法并不美观，在 4.3 节中会介绍 where 标签的用法，可以替代这种写法。

- 注意条件中的 and（或 or）

```
and user_name like concat('%', #{userName}, '%')
```

这里的 and（或 or）需要手动添加，当这部分条件拼接到 where 1 = 1 后面时仍然是合法的 SQL。因为有默认的 1=1 这个条件，我们才不需要判断第一个动态条件是否需要加上 and（或 or），因为这种情况下 and（或 or）是必须有的。

4.1.2　在 UPDATE 更新列中使用 `if`

现在要实现这样一个需求：只更新有变化的字段。需要注意，更新的时候不能将原来有值但没有发生变化的字段更新为空或 `null`。通过 `if` 标签可以实现这种动态列更新。

先在 `UserMapper` 中增加接口，代码如下。

```
/**
 * 根据主键更新
 *
 * @param sysUser
 * @return
 */
int updateByIdSelective(SysUser sysUser);
```

一般情况下，MyBatis 中选择性更新的方法名会以 `Selective` 作为后缀。

接下来在 UserMapper.xml 中添加对应的 SQL 语句，代码如下。

```xml
<update id="updateByIdSelective">
    update sys_user
    set
        <if test="userName != null and userName != ''">
        user_name = #{userName},
        </if>
        <if test="userPassword != null and userPassword != ''">
        user_password = #{userPassword},
        </if>
        <if test="userEmail != null and userEmail != ''">
        user_email = #{userEmail},
        </if>
        <if test="userInfo != null and userInfo != ''">
        user_info = #{userInfo},
        </if>
        <if test="headImg != null">
        head_img = #{headImg, jdbcType=BLOB},
        </if>
        <if test="createTime != null">
        create_time = #{createTime, jdbcType=TIMESTAMP},
        </if>
        id = #{id}
```

```
    where id = #{id}
</update>
```

这里要结合业务层的逻辑判断，确保最终产生的 SQL 语句没有语法错误。需要注意的有两点：第一点是每个 if 元素里面 SQL 语句后面的逗号；第二点就是 where 关键字前面的 id = #{id}这个条件。以下两种情况可以帮助大家理解为什么需要关注这两点。

- 全部的查询条件都是 null 或者空。

如果有 id = #{id}这个条件，最终的 SQL 如下。

```
update sys_user set id = #{id} where id = #{id}
```

如果没有这个条件，最终的 SQL 如下。

```
update sys_user set where id = #{id}
```

这个 SQL 很明显是错误的，set 关键字后面没有内容，直接是 where 关键字，不符合 SQL 语句规范。

- 查询条件只有一个不是 null 也不是空（假设是 userName）。

如果有 id = #{id}这个条件，最终的 SQL 如下。

```
update sys_user set user_name = #{userName},id = #{id} where id = #{id}
```

如果没有这个条件，最终的 SQL 如下。

```
update sys_user set user_name = #{userName}, where id = #{id}
```

where 关键字前面直接是一个逗号，这个 SQL 语句也是错的。

从上面两种情况来看，id = #{id}这个条件可以最大限度保证方法不出错。除了使用这种方式外，还可以结合业务层的逻辑判断调整 XML 文件中的 SQL 来确保最终的 SQL 语句的正确性，也可以通过 where 和 set 标签来解决这些问题。

下面是以上方法的测试代码。

```java
@Test
public void testUpdateByIdSelective(){
    SqlSession sqlSession = getSqlSession();
    try {
        UserMapper userMapper = sqlSession.getMapper(UserMapper.class);
        //创建一个新的 user 对象
        SysUser user = new SysUser();
        //更新 id = 1 的用户
        user.setId(1L);
        //修改邮箱
```

```
        user.setUserEmail("test@mybatis.tk");
        //更新邮箱，特别注意，这里的返回值 result 执行的是 SQL 影响的行数
        int result = userMapper.updateByIdSelective(user);
        //只更新 1 条数据
        Assert.assertEquals(1, result);
        //根据当前 id 查询修改后的数据
        user = userMapper.selectById(1L);
        //修改后的名字保持不变，但是邮箱变成了新的
        Assert.assertEquals("admin", user.getUserName());
        Assert.assertEquals("test@mybatis.tk", user.getUserEmail());
    } finally {
        //为了不影响其他测试，这里选择回滚
        sqlSession.rollback();
        //不要忘记关闭 sqlSession
        sqlSession.close();
    }
}
```

该测试输出的日志代码如下。

```
DEBUG [main] - ==> Preparing: update sys_user set user_email = ?, id = ?
                          where id = ?
DEBUG [main] - ==> Parameters: test@mybatis.tk(String), 1(Long), 1(Long)
DEBUG [main] - <== Updates: 1
DEBUG [main] - ==> Preparing: select * from sys_user where id = ?
DEBUG [main] - ==> Parameters: 1(Long)
TRACE [main] - <== Columns: id, user_name, user_password, user_email,
                          user_info, head_img, create_time
TRACE [main] - <== Row: 1, admin, 123456, test@mybatis.tk,
                          <<BLOB>>, <<BLOB>>, 2016-06-07 00:00:00.0
DEBUG [main] - <== Total: 1
```

4.1.3　在 INSERT 动态插入列中使用 `if`

在数据库表中插入数据的时候，如果某一列的参数值不为空，就使用传入的值，如果传入参数为空，就使用数据库中的默认值（通常是空），而不使用传入的空值。使用 if 就可以实现这种动态插入列的功能。

先修改 sys_user 表，在数据库中执行如下的 SQL 语句给 user_email 列增加默认值 test@mybatis.tk。

```
ALTER TABLE `sys_user`
MODIFY COLUMN `user_email` varchar(50) NULL DEFAULT 'test@mybatis.tk'
    COMMENT '邮箱'
    AFTER `user_password`;
```

下面直接修改 SysUserMapper.xml 中的 insert2 方法。

```
<insert id="insert2" useGeneratedKeys="true" keyProperty="id">
    insert into sys_user(
        user_name, user_password,
        <if test="userEmail != null and userEmail != ''">
        user_email,
        </if>
        user_info, head_img, create_time)
    values(
        #{userName}, #{userPassword},
        <if test="userEmail != null and userEmail != ''">
        #{userEmail},
        </if>
        #{userInfo}, #{headImg, jdbcType=BLOB},
        #{createTime, jdbcType= TIMESTAMP})
</insert>
```

在 INSERT 中使用时要注意，若在列的部分增加 if 条件，则 values 的部分也要增加相同的 if 条件，必须保证上下可以互相对应，完全匹配。

该方法的测试代码如下。

```
@Test
public void testInsert2Selective(){
    SqlSession sqlSession = getSqlSession();
    try {
        UserMapper userMapper = sqlSession.getMapper(UserMapper.class);
        //创建一个 user 对象
        SysUser user = new SysUser();
        user.setUserName("test-selective");
        user.setUserPassword("123456");
        user.setUserInfo("test info");
        user.setCreateTime(new Date());
        //插入数据库
        userMapper.insert2(user);
        //获取插入的这条数据
        user = userMapper.selectById(user.getId());
        Assert.assertEquals("test@mybatis.tk", user.getUserEmail());
```

```
        } finally {
          sqlSession.rollback();
          //不要忘记关闭 sqlSession
          sqlSession.close();
        }
    }
```

在新增的 user 中,我们并没有给 userEmail 属性赋值 ,这样就会使用数据库的默认值,
执行测试后,输出日志如下。

```
DEBUG [main] - ==> Preparing: insert into sys_user( user_name, user_password,
                                                    user_info, head_img,
                                                    create_time)
                            values( ?, ?, ?, ?, ?)
DEBUG [main] - ==> Parameters: test-selective(String), 123456(String),
                               test info(String), null,
                               2016-11-06 12:57:15.032(Timestamp)
DEBUG [main] - <== Updates: 1
DEBUG [main] - ==> Preparing: select * from sys_user where id = ?
DEBUG [main] - ==> Parameters: 1009(Long)
TRACE [main] - <== Columns: id, user_name, user_password, user_email,
                            user_info, head_img, create_time
TRACE [main] - <== Row: 1009, test-selective, 123456, test@mybatis.tk,
                        <<BLOB>>, <<BLOB>>, 2016-11-06 12:57:15.0
DEBUG [main] - <== Total: 1
```

观察日志输出的 SQL 语句和查询结果,INSERT 语句中并没有插入 user_email 列,查询
的结果中 user_email 的值就是我们设置的默认值 test@mybatis.tk。

4.2 choose 用法

上一节的 if 标签提供了基本的条件判断,但是它无法实现 if...else、if...else...
的逻辑,要想实现这样的逻辑,就需要用到 choose when otherwise 标签。choose 元素
中包含 when 和 otherwise 两个标签,一个 choose 中至少有一个 when,有 0 个或者 1 个
otherwise。在已有的 sys_user 表中,除了主键 id 外,我们认为 user_name(用户名)
也是唯一的,所有的用户名都不可以重复。现在进行如下查询:当参数 id 有值的时候优先使
用 id 查询,当 id 没有值时就去判断用户名是否有值,如果有值就用用户名查询,如果用户名
也没有值,就使 SQL 查询无结果。

首先在 UserMapper 中添加如下接口。

```
/**
 * 根据用户 id 或用户名查询
```

```
     *
     * @param sysUser
     * @return
     */
    SysUser selectByIdOrUserName(SysUser sysUser);
```

然后在 **UserMapper.xml** 中添加如下 SQL。

```xml
<select id="selectByIdOrUserName" resultType="tk.mybatis.simple.model.SysUser">
    select id,
        user_name userName,
        user_password userPassword,
        user_email userEmail,
        user_info userInfo,
        head_img headImg,
        create_time createTime
    from sys_user
    where 1 = 1
    <choose>
        <when test="id != null">
        and id = #{id}
        </when>
        <when test="userName != null and userName != ''">
        and user_name = #{userName}
        </when>
        <otherwise>
        and 1 = 2
        </otherwise>
    </choose>
</select>
```

使用 choose when otherwise 的时候逻辑要严密，避免由于某些值出现问题导致 SQL 出错。

> **提示！**
>
> 在以上查询中，如果没有 otherwise 这个限制条件，所有的用户都会被查询出来，因为我们在对应的接口方法中使用了 SysUser 作为返回值，所以当实际查询结果是多个时就会报错。添加 otherwise 条件后，由于 where 条件不满足，因此在这种情况下就查询不到结果。

针对这个方法，编写如下测试。

```java
@Test
public void testSelectByIdOrUserName(){
    SqlSession sqlSession = getSqlSession();
    try {
```

```
        UserMapper userMapper = sqlSession.getMapper(UserMapper.class);
        //只查询用户名时
        SysUser query = new SysUser();
        query.setId(1L);
        query.setUserName("admin");
        SysUser user = userMapper.selectByIdOrUserName(query);
        Assert.assertNotNull(user);
        //当没有 id 时
        query.setId(null);
        user = userMapper.selectByIdOrUserName(query);
        Assert.assertNotNull(user);
        //当 id 和 name 都为空时
        query.setUserName(null);
        user = userMapper.selectByIdOrUserName(query);
        Assert.assertNull(user);
    } finally {
        //不要忘记关闭 sqlSession
        sqlSession.close();
    }
}
```

测试输出日志如下。

```
DEBUG [main] - ==> Preparing: select id, user_name userName,
                                 user_password userPassword,
                                 user_email userEmail,
                                 user_info userInfo,
                                 head_img headImg,
                                 create_time createTime
                        from sys_user
                        where 1 = 1 and id = ?
DEBUG [main] - ==> Parameters: 1(Long)
TRACE [main] - <== Columns: id, userName, userPassword, userEmail,
                        userInfo, headImg, createTime
TRACE [main] - <== Row: 1, admin, 123456, admin@mybatis.tk,
                        <<BLOB>>, <<BLOB>>, 2016-06-07 00:00:00.0
DEBUG [main] - <== Total: 1
DEBUG [main] - ==> Preparing: select id, user_name userName,
                                 user_password userPassword,
                                 user_email userEmail,
                                 user_info userInfo,
                                 head_img headImg,
                                 create_time createTime
                        from sys_user
                        where 1 = 1 and user_name = ?
```

```
DEBUG [main] - ==> Parameters: admin(String)
TRACE [main] - <== Columns: id, userName, userPassword, userEmail,
                            userInfo, headImg, createTime
TRACE [main] - <== Row: 1, admin, 123456, admin@mybatis.tk,
                         <<BLOB>>, <<BLOB>>, 2016-06-07 00:00:00.0
DEBUG [main] - <== Total: 1
DEBUG [main] - ==> Preparing: select id, user_name userName,
                             user_password userPassword,
                             user_email userEmail,
                             user_info userInfo,
                             head_img headImg,
                             create_time createTime
                         from sys_user
                         where 1 = 1 and 1 = 2
DEBUG [main] - ==> Parameters:
DEBUG [main] - <== Total: 0
```

choose 用法并不复杂，通过这个例子以及 if 中的多个例子，相信大家应该很容易掌握 choose 的用法。

4.3　where、set、trim 用法

这 3 个标签解决了类似的问题，并且 where 和 set 都属于 trim 的一种具体用法。下面分别来看这 3 个标签。

4.3.1　where 用法

where 标签的作用：如果该标签包含的元素中有返回值，就插入一个 where；如果 where 后面的字符串是以 AND 和 OR 开头的，就将它们剔除。

首先修改 UserMapper.xml 中的 selectByUser 方法，注意这个方法在 4.1.1 节中的用法。此处将这个方法改成使用 where 标签，代码如下。

```xml
<select id="selectByUser" resultType="tk.mybatis.simple.model.SysUser">
    select id,
        user_name userName,
        user_password userPassword,
        user_email userEmail,
        user_info userInfo,
        head_img headImg,
        create_time createTime
    from sys_user
```

```
<where>
    <if test="userName != null and userName != ''">
    and user_name like concat('%', #{userName}, '%')
    </if>
    <if test="userEmail != '' and userEmail != null">
    and user_email = #{userEmail}
    </if>
</where>
</select>
```

当 if 条件都不满足的时候，where 元素中没有内容，所以在 SQL 中不会出现 where，也就不存在 4.1.1 节中 SQL 错误的问题。如果 if 条件满足，where 元素的内容就是以 and 开头的条件，where 会自动去掉开头的 and，这也能保证 where 条件正确。和 4.1.1 节中相比，这种情况下生成的 SQL 更干净、更贴切，不会在任何情况下都有 where 1 = 1 这样的条件。

4.3.2　set 用法

set 标签的作用：如果该标签包含的元素中有返回值，就插入一个 set；如果 set 后面的字符串是以逗号结尾的，就将这个逗号剔除。

修改 UserMapper.xml 中的 updateByIdSelective 方法，注意和 4.1.2 节中的区别，代码如下。

```
<update id="updateByIdSelective">
    update sys_user
    <set>
        <if test="userName != null and userName != ''">
        user_name = #{userName},
        </if>
        <if test="userPassword != null and userPassword != ''">
        user_password = #{userPassword},
        </if>
        <if test="userEmail != null and userEmail != ''">
        user_email = #{userEmail},
        </if>
        <if test="userInfo != null and userInfo != ''">
        user_info = #{userInfo},
        </if>
        <if test="headImg != null">
        head_img = #{headImg, jdbcType=BLOB},
        </if>
```

```
            <if test="createTime != null">
            create_time = #{createTime, jdbcType=TIMESTAMP},
            </if>
            id = #{id},
        </set>
        where id = #{id}
</update>
```

在 set 标签的用法中，SQL 后面的逗号没有问题了，但是如果 set 元素中没有内容，照样会出现 SQL 错误，所以为了避免错误产生，类似 id = #{id}这样必然存在的赋值仍然有保留的必要。从这一点来看，set 标签并没有解决全部的问题，使用时仍然需要注意。

4.3.3　trim 用法

where 和 set 标签的功能都可以用 trim 标签来实现，并且在底层就是通过 TrimSqlNode 实现的。

where 标签对应 trim 的实现如下。

```
<trim prefix="WHERE" prefixOverrides="AND |OR ">
...
</trim>
```

> **提示！**
> 这里的 AND 和 OR 后面的空格不能省略，为了避免匹配到 andes、orders 等单词。
> 实际的 prefixeOverrides 包含"AND"、"OR"、"AND\n"、"OR\n"、"AND\r"、"OR\r"、"AND\t"、"OR\t"，不仅仅是上面提到的两个带空格的前缀。

set 标签对应的 trim 实现如下。

```
<trim prefix="SET" suffixOverrides=",">
...
</trim>
```

trim 标签有如下属性。

- prefix：当 trim 元素内包含内容时，会给内容增加 prefix 指定的前缀。
- prefixOverrides：当 trim 元素内包含内容时，会把内容中匹配的前缀字符串去掉。
- suffix：当 trim 元素内包含内容时，会给内容增加 suffix 指定的后缀。
- suffixOverrides：当 trim 元素内包含内容时，会把内容中匹配的后缀字符串去掉。

4.4　foreach 用法

SQL 语句中有时会使用 IN 关键字，例如 id in (1,2,3)。可以使用${ids}方式直接获取值，但这种写法不能防止 SQL 注入，想避免 SQL 注入就需要用#{}的方式，这时就要配合使用 foreach 标签来满足需求。

foreach 可以对数组、Map 或实现了 Iterable 接口（如 List、Set）的对象进行遍历。数组在处理时会转换为 List 对象，因此 foreach 遍历的对象可以分为两大类：Iterable 类型和 Map 类型。这两种类型在遍历循环时情况不一样，这一节会通过 3 个例子来讲解 foreach 的用法。

4.4.1　foreach 实现 in 集合

foreach 实现 in 集合（或数组）是最简单和常用的一种情况，下面介绍如何根据传入的用户 id 集合查询出所有符合条件的用户。首先在 UserMapper 接口中增加如下方法。

```
/**
 * 根据用户 id 集合查询
 *
 * @param idList
 * @return
 */
List<SysUser> selectByIdList(List<Long> idList);
```

在 **UserMapper.xml** 中增加如下代码。

```xml
<select id="selectByIdList" resultType="tk.mybatis.simple.model.SysUser">
    select id,
        user_name userName,
        user_password userPassword,
        user_email userEmail,
        user_info userInfo,
        head_img headImg,
        create_time createTime
    from sys_user
    where id in
    <foreach collection="list" open="(" close=")" separator=","
            item="id" index="i">
        #{id}
```

```
    </foreach>
</select>
```

foreach 包含以下属性。

- collection：必填，值为要迭代循环的属性名。这个属性值的情况有很多。

- item：变量名，值为从迭代对象中取出的每一个值。

- index：索引的属性名，在集合数组情况下值为当前索引值，当迭代循环的对象是 Map 类型时，这个值为 Map 的 key（键值）。

- open：整个循环内容开头的字符串。

- close：整个循环内容结尾的字符串。

- separator：每次循环的分隔符。

collection 的属性要如何设置呢？来看一下 **MyBatis** 是如何处理这种类型的参数的。

1. 只有一个数组参数或集合参数

以下代码是 DefaultSqlSession 中的方法，也是默认情况下的处理逻辑。

```java
private Object wrapCollection(final Object object) {
    if (object instanceof Collection) {
        StrictMap<Object> map = new StrictMap<Object>();
        map.put("collection", object);
        if (object instanceof List) {
            map.put("list", object);
        }
        return map;
    } else if (object != null && object.getClass().isArray()) {
        StrictMap<Object> map = new StrictMap<Object>();
        map.put("array", object);
        return map;
    }
    return object;
}
```

当参数类型为集合的时候，默认会转换为 Map 类型，并添加一个 key 为 collection 的值（MyBatis 3.3.0 版本中增加），如果参数类型是 List 集合，那么就继续添加一个 key 为 list 的值（MyBatis 3.2.8 及低版本中只有这一个 key），这样，当 collection="list"时，就能得到这个集合，并对它进行循环操作。

当参数类型为数组的时候，也会转换成 Map 类型，默认的 key 为 array。当采用如下方法使用数组参数时，就需要把 foreach 标签中的 collection 属性值设置为 array。

```
/**
 * 根据用户 id 集合查询
 *
 * @param idArray
 * @return
 */
List<SysUser> selectByIdList(Long[] idArray);
```

上面提到的是数组或集合类型的参数默认的名字。推荐使用@Param 来指定参数的名字，这时 collection 就设置为通过@Param 注解指定的名字。

2．有多个参数

第 2 章中讲过，当有多个参数的时候，要使用@Param 注解给每个参数指定一个名字，否则在 SQL 中使用参数时就会不方便，因此将 collection 设置为@Param 注解指定的名字即可。

3．参数是 Map 类型

使用 Map 和使用@Param 注解方式类似，将 collection 指定为对应 Map 中的 key 即可。如果要循环所传入的 Map，推荐使用@Param 注解指定名字，此时可将 collection 设置为指定的名字，如果不想指定名字，就使用默认值_parameter。

4．参数是一个对象

这种情况下指定为对象的属性名即可。当使用对象内多层嵌套的对象时，使用属性.属性（集合和数组可以使用下标取值）的方式可以指定深层的属性值。

先来看一个简单的测试代码，验证以上说法。

```
@Test
public void testSelectByIdList(){
    SqlSession sqlSession = getSqlSession();
    try {
        UserMapper userMapper = sqlSession.getMapper(UserMapper.class);
        List<Long> idList = new ArrayList<Long>();
        idList.add(1L);
        idList.add(1001L);
        //业务逻辑中必须校验 idList.size() > 0
        List<SysUser> userList = userMapper.selectByIdList(idList);
        Assert.assertEquals(2, userList.size());
    } finally {
        //不要忘记关闭 sqlSession
        sqlSession.close();
```

```
        }
    }
```

该测试输出的日志如下。

```
DEBUG [main] - ==> Preparing: select id, user_name userName,
                                user_password userPassword,
                                user_email userEmail,
                                user_info userInfo,
                                head_img headImg,
                                create_time createTime
                             from sys_user
                             where id in ( ? , ? )
DEBUG [main] - ==> Parameters: 1(Long), 1001(Long)
TRACE [main] - <== Columns: id, userName, userPassword, userEmail,
                        userInfo, headImg, createTime
TRACE [main] - <== Row: 1, admin, 123456, admin@mybatis.tk,
                        <<BLOB>>, <<BLOB>>, 2016-06-07 00:00:00.0
TRACE [main] - <== Row: 1001, test, 123456, test@mybatis.tk,
                        <<BLOB>>, <<BLOB>>, 2016-06-07 00:00:00.0
DEBUG [main] - <== Total: 2
```

可以观察日志打印的 SQL 语句，foreach 元素中的内容最终成为了 in (? , ?)，根据这部分内容很容易就能理解 open、item、separator 和 close 这些属性的作用。

关于不同集合类型参数的相关内容，建议大家利用上面的基础方法多去尝试，帮助更好地理解。

4.4.2　foreach 实现批量插入

如果数据库支持批量插入，就可以通过 foreach 来实现。批量插入是 SQL-92 新增的特性，目前支持的数据库有 DB2、SQL Server 2008 及以上版本、PostgreSQL 8.2 及以上版本、MySQL、SQLite 3.7.11 及以上版本、H2。批量插入的语法如下。

```
INSERT INTO tablename (column-a, [column-b, ...])
VALUES ('value-1a', ['value-1b', ...]),
       ('value-2a', ['value-2b', ...]),
       ...
```

从待处理部分可以看出，后面是一个值的循环，因此可以通过 foreach 实现循环插入。

在 UserMapper 接口中增加如下方法。

```
/**
 * 批量插入用户信息
```

```
*
* @param userList
* @return
*/
int insertList(List<SysUser> userList);
```

在 UserMapper.xml 中添加如下 SQL。

```xml
<insert id="insertList">
    insert into sys_user(
        user_name, user_password,user_email,
        user_info, head_img, create_time)
    values
    <foreach collection="list" item="user" separator=",">
        (
        #{user.userName}, #{user.userPassword},#{user.userEmail},
        #{user.userInfo}, #{user.headImg, jdbcType=BLOB},
        #{user.createTime, jdbcType=TIMESTAMP})
    </foreach>
</insert>
```

> 🔍 **注意！**
>
> 通过 item 指定了循环变量名后，在引用值的时候使用的是 "属性.属性" 的方式，如 user.userName。

针对该方法编写如下测试。

```java
@Test
public void testInsertList(){
    SqlSession sqlSession = getSqlSession();
    try {
        UserMapper userMapper = sqlSession.getMapper(UserMapper.class);
        //创建一个 user 对象
        List<SysUser> userList = new ArrayList<SysUser>();
        for(int i = 0; i < 2; i++){
            SysUser user = new SysUser();
            user.setUserName("test" + i);
            user.setUserPassword("123456");
            user.setUserEmail("test@mybatis.tk");
            userList.add(user);
        }
        //将新建的对象批量插入数据库中
        //特别注意，这里的返回值 result 是执行 SQL 影响的行数
```

```
        int result = userMapper.insertList(userList);
        Assert.assertEquals(2, result);
    } finally {
        //为了不影响其他测试，这里选择回滚
        sqlSession.rollback();
        //不要忘记关闭 sqlSession
        sqlSession.close();
    }
}
```

为了使输出的日志不那么冗长，这里只测试插入两条数据的情况，输出的日志如下。

```
DEBUG [main] - ==>  Preparing: insert into sys_user(
                                user_name, user_ password,
                                user_email, user_info,
                                head_img, create_time)
                            values ( ?, ?,?, ?, ?, ?) ,
                                ( ?, ?,?, ?, ?, ?)
DEBUG [main] - ==> Parameters: test0(String), 123456(String),
                                test@mybatis.tk(String),
                                null, null, null,
                                test1(String), 123456(String),
                                test@mybatis.tk(String),
                                null, null, null
DEBUG [main] - <==    Updates: 2
```

从日志中可以看到通过批量 SQL 语句插入了两条数据。

从 MyBatis 3.3.1 版本开始，MyBatis 开始支持批量新增回写主键值的功能（该功能由本书作者提交），这个功能首先要求数据库主键值为自增类型，同时还要求该数据库提供的 JDBC 驱动可以支持返回批量插入的主键值（JDBC 提供了接口，但并不是所有数据库都完美实现了该接口），因此到目前为止，可以完美支持该功能的仅有 MySQL 数据库。由于 SQL Server 数据库官方提供的 JDBC 只能返回最后一个插入数据的主键值，所以不能支持该功能。

如果要在 MySQL 中实现批量插入返回自增主键值，只需要在原来代码基础上进行如下修改即可。

```
<insert id="insertList" useGeneratedKeys="true" keyProperty="id">
```

和单表一样，此处增加了 useGeneratedKeys 和 keyProperty 两个属性，增加这两个属性后，简单修改测试类，输出 id 值。

```
//在调用 insertList 之后
for(SysUser user : userList){
    System.out.println(user.getId());
}
```

执行测试后，可以看到 id 部分的日志如下。

```
1023
1024
```

关于批量插入的内容就介绍这么多，对于不支持该功能的数据库，许多人会通过
select...union all select...的方式去实现，这种方式在不同数据库中实现也不同，
并且这种实现也不安全，因此本书中不再提供示例。

4.4.3　foreach 实现动态 UPDATE

这一节主要介绍当参数类型是 Map 时，foreach 如何实现动态 UPDATE 。

当参数是 Map 类型的时候，foreach 标签的 index 属性值对应的不是索引值，而是 Map
中的 key，利用这个 key 可以实现动态 UPDATE。

现在需要通过指定的列名和对应的值去更新数据，实现代码如下。

```
<update id="updateByMap">
    update sys_user
    set
    <foreach collection="_parameter" item="val" index="key" separator=",">
        ${key} = #{val}
    </foreach>
    where id = #{id}
</update>
```

这里的 key 作为列名，对应的值作为该列的值，通过 foreach 将需要更新的字段拼接在
SQL 语句中。

该 SQL 对应在 UserMapper 接口中的方法如下。

```
/**
 * 通过 Map 更新列
 *
 * @param map
 * @return
 */
int updateByMap(Map<String, Object> map);
```

这里没有通过@Param 注解指定参数名，因而 MyBatis 在内部的上下文中使用了默认值
_parameter 作为该参数的 key，所以在 XML 中也使用了 _parameter。编写测试代码如下。

```
@Test
public void testUpdateByMap(){
```

```
SqlSession sqlSession = getSqlSession();
try {
    UserMapper userMapper = sqlSession.getMapper(UserMapper.class);
    Map<String, Object> map = new HashMap<String, Object>();
    //查询条件，同样也是更新字段，必须保证该值存在
    map.put("id", 1L);
    //要更新的其他字段
    map.put("user_email", "test@mybatis.tk");
    map.put("user_password", "12345678");
    //更新数据
    userMapper.updateByMap(map);
    //根据当前 id 查询修改后的数据
    SysUser user = userMapper.selectById(1L);
    Assert.assertEquals("test@mybatis.tk", user.getUserEmail());
} finally {
    //为了不影响其他测试，这里选择回滚
    sqlSession.rollback();
    //不要忘记关闭 sqlSession
    sqlSession.close();
}
}
```

测试代码输出日志如下。

```
DEBUG [main] - ==> Preparing: update sys_user
                            set user_email = ? ,
                                user_password = ? ,
                                id = ?
                            where id = ?
DEBUG [main] - ==> Parameters: test@mybatis.tk(String),
                            12345678(String),
                            1(Long),
                            1(Long)
DEBUG [main] - <== Updates: 1
DEBUG [main] - ==> Preparing: select * from sys_user where id = ?
DEBUG [main] - ==> Parameters: 1(Long)
TRACE [main] - <== Columns: id, user_name, user_password, user_email,
                            user_info, head_img, create_time
TRACE [main] - <== Row: 1, admin, 12345678, test@mybatis.tk,
                            <<BLOB>>, <<BLOB>>, 2016-06-07 00:00:00.0
DEBUG [main] - <== Total: 1
```

到这里，foreach 的全部内容就介绍完了，下一节将介绍 bind 的用法。

4.5 **bind** 用法

bind 标签可以使用 OGNL 表达式创建一个变量并将其绑定到上下文中。在前面的例子中，UserMapper.xml 有一个 selectByUser 方法，这个方法用到了 like 查询条件，部分代码如下。

```
<if test="userName != null and userName != ''">
and user_name like concat('%', #{userName}, '%')
</if>
```

使用 concat 函数连接字符串，在 MySQL 中，这个函数支持多个参数，但在 Oracle 中只支持两个参数。由于不同数据库之间的语法差异，如果更换数据库，有些 SQL 语句可能就需要重写。针对这种情况，可以使用 bind 标签来避免由于更换数据库带来的一些麻烦。将上面的方法改为 bind 方式后，代码如下。

```
<if test="userName != null and userName != ''">
    <bind name="userNameLike" value="'%' + userName + '%'"/>
    and user_name like #{userNameLike}
</if>
```

bind 标签的两个属性都是必选项，name 为绑定到上下文的变量名，value 为 OGNL 表达式。创建一个 bind 标签的变量后，就可以在下面直接使用，使用 bind 拼接字符串不仅可以避免因更换数据库而修改 SQL，也能预防 SQL 注入。大家可以根据需求，灵活使用 OGNL 表达式来实现功能，关于更多常用的 OGNL 表达式，我们会在 4.7 节中详细介绍。

4.6 多数据库支持

bind 标签并不能解决更换数据库带来的所有问题，那么还可以通过什么方式支持不同的数据库呢？这需要用到 if 标签以及由 MyBatis 提供的 databaseIdProvider 数据库厂商标识配置。

MyBatis 可以根据不同的数据库厂商执行不同的语句，这种多厂商的支持是基于映射语句中的 databaseId 属性的。MyBatis 会加载不带 databaseId 属性和带有匹配当前数据库 databaseId 属性的所有语句。如果同时找到带有 databaseId 和不带 databaseId 的相同语句，则后者会被舍弃。为支持多厂商特性，只要像下面这样在 mybatis-config.xml 文件中加入 databaseIdProvider 配置即可。

```
<databaseIdProvider type="DB_VENDOR" />
```

这里的 DB_VENDOR 会通过 DatabaseMetaData#getDatabaseProductName() 返回的字符串进行设置。由于通常情况下这个字符串都非常长而且相同产品的不同版本会返回不同的值，所以通常会通过设置属性别名来使其变短，代码如下。

```
<databaseIdProvider type="DB_VENDOR">
  <property name="SQL Server" value="sqlserver"/>
  <property name="DB2" value="db2"/>
  <property name="Oracle" value="oracle" />
  <property name="MySQL" value="mysql" />
  <property name="PostgreSQL" value="postgresql" />
  <property name="Derby" value="derby" />
  <property name="HSQL" value="hsqldb" />
  <property name="H2" value="h2" />
</databaseIdProvider>
```

　　上面列举了常见的数据库产品名称，在有 property 配置时，databaseId 将被设置为第一个能匹配数据库产品名称的属性键对应的值，如果没有匹配的属性则会被设置为 null。在这个例子中，如果 getDatabaseProductName() 返回 Microsoft SQL Server，databaseId 将被设置为 sqlserver。

> **提示！**
>
> 　　DB_VENDOR 的匹配策略为，DatabaseMetaData#getDatabaseProductName() 返回的字符串包含 property 中 name 部分的值即可匹配，所以虽然 SQL Server 的产品全名一般为 Microsoft SQL Server，但这里只要设置为 SQL Server 就可以匹配。
>
> 　　数据库产品名一般由所选择的当前数据库的 JDBC 驱动所决定，只要找到对应数据库 DatabaseMetaData 接口的实现类，一般在 getDatabaseProductName() 方法中就可以直接找到该值。任何情况下都可以通过调用 DatabaseMetaData#getDatabaseProductName() 方法获取具体的值。

　　除了增加上面的配置外，映射文件也是要变化的，关键在于以下几个映射文件的标签中含有的 databaseId 属性。

- select
- insert
- delete
- update
- selectKey
- sql

举一个简单例子来介绍 databaseId 属性如何使用。针对 MySQL 和 Oracle 数据库提供下面两个不同版本的 like 查询方法。

```xml
<select id="selectByUser" databaseId="mysql"
        resultType="tk.mybatis. simple.model.SysUser">
    select * from sys_userand where user_name like concat('%', #{userName}, '%')
</select>


<select id="selectByUser" databaseId="oracle"
        resultType="tk.mybatis. simple.model.SysUser">
    select * from sys_user
    where user_name like '%'||#{userName}||'%'
</select>
```

当基于不同数据库运行时，MyBatis 会根据配置找到合适的 SQL 去执行，用法就是这么简单。

数据库的更换可能只会引起某个 SQL 语句的部分不同，所以也没有必要使用上面的写法，而可以使用 if 标签配合默认的上下文中的 _databaseId 参数这种写法去实现。这样可以避免大量重复的 SQL 出现，方便修改。

selectByUser 方法可以修改如下。这样就可以针对局部来适配不同的数据库了。

```xml
<select id="selectByUser" resultType="tk.mybatis.simple.model.SysUser">
    select id,
        user_name userName,
        user_password userPassword,
        user_email userEmail,
        user_info userInfo,
        head_img headImg,
        create_time createTime
    from sys_user
    <where>
        <if test="userName != null and userName != ''">
            <if test="_databaseId == 'mysql'">
            and user_name like concat('%', #{userName}, '%')
            </if>
            <if test="_databaseId == 'oracle'">
            and user_name like '%'||#{userName}||'%'
            </if>
        </if>
        <if test="userEmail != '' and userEmail != null">
        and user_email = #{userEmail}
        </if>
```

```
    </where>
</select>
```

4.7　OGNL 用法

在 MyBatis 的动态 SQL 和 `${}` 形式的参数中都用到了 OGNL 表达式，所以我们有必要了解一下 OGNL 的简单用法。MyBatis 常用的 OGNL 表达式如下。

1. `e1 or e2`

2. `e1 and e2`

3. `e1 == e2` 或 `e1 eq e2`

4. `e1 != e2` 或 `e1 neq e2`

5. `e1 lt e2`：小于

6. `e1 lte e2`：小于等于，其他表示为 gt（大于）、gte（大于等于）

7. `e1 + e2`、`e1 * e2`、`e1/e2`、`e1 - e2`、`e1%e2`

8. `!e` 或 `not e`：非，取反

9. `e.method(args)`：调用对象方法

10. `e.property`：对象属性值

11. `e1[ e2 ]`：按索引取值（List、数组和 Map）

12. `@class@method(args)`：调用类的静态方法

13. `@class@field`：调用类的静态字段值

表达式 1~4 是最常用的 4 种情况。另外有些时候当需要判断一个集合是否为空时，可能会出现如下判断。

```
<if test="list != null and list.size() > 0">
<!--其他-->
</if>
```

在这种用法中，`list.size()` 是调用对象的方法，`> 0` 是和数字进行比较。

表达式 10、11 两种情况也特别常见，而且可以多层嵌套使用。假设 User 类型的属性 user 中有一个 Address 类型的属性名为 addr，在 Address 中还有一个属性 zipcode，可以通过 `user.addr.zipcode` 直接使用 zipcode 的值。假设 Map 类型的属性为 map，我们可以通过 `map['userName']` 或 `map.userName` 来获取 map 中 key 为 userName 的值，这里一定要注意，不管 userName 的值是不是 null，必须保证 userName 这个 key 存在，否则就会报错。

表达式 12 通常用于简化一些校验，或者进行更特殊的校验，例如 if 中常见的判断可以写成如下这样。

```
<if test="@tk.mybatis.util.StringUtil@isNotEmpty(userName)">
    and user_name like concat('%', #{userName}, '%')
</if>
```

其中 StringUtil 类如下。

```
public class StringUtil {
    public static boolean isEmpty(String str){
        return str == null || str.length() == 0;
    }
    public static boolean isNotEmpty(String str){
        return !isEmpty(str);
    }
}
```

下面举一个特殊一点的例子。假设只是在测试的时候想知道映射 XML 中方法执行的参数，可以先在上面的 StringUtil 中添加如下静态方法。

```
public static void print(Object parameter){
    System.out.println(parameter);
}
```

然后在映射文件中的方法标签内添加如下方法。

```
<bind name="print" value="@tk.mybatis.util.StringUtil@print(_parameter)"/>
```

通过这种方式就能实现一些特殊的功能，这个例子只是为了启发大家，在有些情况下可能会起到非常好的效果，但是要避免乱用，以免给其他人造成混乱。

4.8 本章小结

本章通过大量示例详细讲解了 MyBatis 支持的所有动态 SQL。通过动态 SQL 可以避免在 Java 代码中处理繁琐的业务逻辑，通过将大量的判断写入到 MyBatis 的映射层可以极大程度上提高我们的逻辑应变能力。当有一般的业务逻辑改动时，通常只需要在映射层通过动态 SQL 即可实现。

5
chapter

第 5 章
Mybatis 代码生成器

在学习第 2 章 MyBatis 的基本用法时，我们写了很多单表的增、删、改、查方法，基本上每个表都要有这些方法，这些方法都很规范并且也比较类似。

当数据库表的字段比较少的时候，写起来还能接受，一旦字段过多或者需要在很多个表中写这些基本方法时，就会很麻烦，不仅需要很大的代码量，而且字段过多时很容易出现错乱。尤其在新开始一个项目时，如果有几十个甚至上百个表需要从头编写，这将会带来很大的工作量，这样的工作除了能让我们反复熟练这些基本方法外，完全就是重复的体力劳动。

作为一个优秀的程序员，"懒"是很重要的优点。我们不仅要会写代码，还要会利用（或自己实现）工具生成代码。MyBatis 的开发团队提供了一个很强大的代码生成器——MyBatis Generator，后文中会使用缩写 MBG 来代替。

MBG 通过丰富的配置可以生成不同类型的代码，代码包含了数据库表对应的实体类、Mapper 接口类、Mapper XML 文件和 Example 对象等，这些代码文件中几乎包含了全部的单表操作方法，使用 MBG 可以极大程度上方便我们使用 MyBatis，还可以减少很多重复操作。这一章会详细介绍常用的配置信息和一些重要的配置信息，涉及不全面的地方可以通过官方文档进行深入学习，链接是 http://www.mybatis.org/generator/。如果大家更喜欢看中文文档，也可以查看由作者组织翻译的中文文档，链接是 http://mbg.cndocs.tk。

> **特别说明！**
>
> MBG 的版本和 MyBatis 的版本没有直接关系，本章使用的 MBG 版本为 1.3.3，不同的 MBG 版本包含的参数可能不一样，所以在学习本章的时候，建议使用 1.3.3 版本。
>
> MBG 可以生成 MyBatis 和 iBATIS 的代码，本章不会涉及和 iBATIS 有关的配置。

5.1 XML 配置详解

MBG 具有丰富的配置可供使用，这些配置需要以 XML 形式的标签和属性来实现，所以本节就对 MBG 的 XML 配置进行详细介绍。如果从来没有接触过 MBG，并且想在学习过程中尝试 XML 中的各种配置，建议先阅读 5.2 节提供的一个简单配置和 5.3 节中关于如何运行 MBG 的内容，当可以正常运行 MBG 时，再从 5.1 节看起。如果使用过 MBG，也可以直接从 5.1 节开始阅读。

首先按照 MBG 的要求添加 XML 的文件头。

```
<?xml version="1.0" encoding="UTF-8"?>
<!DOCTYPE generatorConfiguration
        PUBLIC "-//mybatis.org//DTD MyBatis Generator Configuration 1.0//EN"
        "http://mybatis.org/dtd/mybatis-generator-config_1_0.dtd">
```

这个文件头中的 **mybatis-generator-config_1_0.dtd** 用于定义该配置文件中所有标签和属性的

用法及限制，在文件头之后，需要写上 XML 文件的根节点 generatorConfiguration。

```
<generatorConfiguration>
<!--具体配置内容-->
</generatorConfiguration>
```

上面这两部分内容是 MBG 必备的基本信息，后面是 MBG 中的自定义配置部分。下面先介绍 generatorConfiguration 标签下的 3 个子级标签，分别是 properties、classPathEntry 和 context。在配置这 3 个标签的时候，必须注意它们的顺序，要和这里列举的顺序一致，在后面列举其他标签的时候，也必须严格按照列举这些标签的顺序进行配置。

第一个是 properties 标签。这个标签用来指定外部的属性元素，最多可以配置 1 个，也可以不配置。

properties 标签用于指定一个需要在配置中解析使用的外部属性文件，引入属性文件后，可以在配置中使用${property}这种形式的引用，通过这种方式引用属性文件中的属性值，对于后面需要配置的 JDBC 信息会很有用。

properties 标签包含 resource 和 url 两个属性，只能使用其中一个属性来指定，同时出现则会报错。

- resource：指定 classpath 下的属性文件，类似 com/myproject/generatorConfig. properties 这样的属性值。
- url：指定文件系统上的特定位置，例如 file:///C:/myfolder/generatorConfig. properties。

第二个是 classPathEntry 标签。这个标签可以配置多个，也可以不配置。

classPathEntry 标签最常见的用法是通过属性 location 指定驱动的路径，代码如下。

```
<classPathEntry location="E:\mysql\mysql-connector-java-5.1.29.jar"/>
```

特别提示！
这个标签还可以用于 5.1.6 节中，通过使用这种方式指定 rootClass 属性配置类所在的 jar 包。

第三个是 context 标签。这个标签是要重点讲解的，该标签至少配置 1 个，可以配置多个。

context 标签用于指定生成一组对象的环境。例如指定要连接的数据库，要生成对象的类型和要处理的数据库中的表。运行 MBG 的时候还可以指定要运行的 context。

context 标签只有一个必选属性 id，用来唯一确定该标签，该 id 属性可以在运行 MBG 时使用。此外还有几个可选属性。

- defaultModelType：这个属性很重要，定义了 MBG 如何生成实体类。该属性有以下可选值。

> ➤ conditional：默认值，和下面的 hierarchical 类似，如果一个表的主键只有一个字段，那么不会为该字段生成单独的实体类，而是会将该字段合并到基本实体类中。

> ➤ flat：该模型只为每张表生成一个实体类。这个实体类包含表中的所有字段。这种模型最简单，推荐使用。

> ➤ hierarchical：如果表有主键，那么该模型会产生一个单独的主键实体类，如果表还有 BLOB 字段，则会为表生成一个包含所有 BLOB 字段的单独的实体类，然后为所有其他的字段另外生成一个单独的实体类。MBG 会在所有生成的实体类之间维护一个继承关系。

- targetRuntime：此属性用于指定生成的代码的运行时环境，支持以下可选值。

  > ➤ MyBatis3：默认值。

  > ➤ MyBatis3Simple：这种情况不会生成与 Example 相关的方法。

- introspectedColumnImpl：该参数可以指定扩展 org.mybatis.generator.api. Introspected Column 类的实现类。

一般情况下，使用如下配置即可。

```
<context id="Mysql" defaultModelType="flat">
```

如果不希望生成和 Example 查询有关的内容，则可以按照如下方法进行配置。

```
<context id="Mysql" targetRuntime="MyBatis3Simple" defaultModelType="flat">
```

MBG 配置中的其他几个标签基本上都是 context 的子标签，这些子标签（有严格的配置顺序，后面括号中的内容为这些标签可以配置的个数）包括以下几个。

- property（0 个或多个）
- plugin（0 个或多个）
- commentGenerator（0 个或 1 个）
- jdbcConnection（1 个）
- javaTypeResolver（0 个或 1 个）
- javaModelGenerator（1 个）
- sqlMapGenerator（0 个或 1 个）
- javaClientGenerator（0 个或 1 个）
- table（1 个或多个）

下面逐条介绍这些重要的标签。

5.1.1　**property** 标签

在开始介绍 property 标签前，先来了解一下数据库中的**分隔符**。

举一个简单的例子，假设数据库中有一个表，名为 user info，注意这个名字，user 和 info 中间存在一个空格。如果直接写如下查询，在数据库执行这个查询时会报错。

```
select * from user info
```

可能会提示 user 表不存在或者 user 附近有语法错误，这种情况下该怎么写 user info 表呢？

这时就会用到分隔符，在 MySQL 中可以使用反单引号"`"作为分隔符，例如`user info`，在 SQL Server 中则是[user info]。通过分隔符可以将其中的内容作为一个整体的字符串进行处理，当 SQL 中有数据库关键字时，使用反单引号括住关键字，可以避免数据库产生错误。

这里之所以先介绍分隔符，就是因为 property 标签中包含了以下 3 个和分隔符相关的属性。

- autoDelimitKeywords
- beginningDelimiter
- endingDelimiter

从名字可以看出，第一个是自动给关键字添加分隔符的属性。MBG 中维护了一个关键字列表，当数据库的字段或表与这些关键字一样时，MBG 会自动给这些字段或表添加分隔符。关键字列表可以查看 MBG 中的 org.mybatis.generator.internal.db.SqlReservedWords 类。

后面两个属性很简单，一个是配置前置分隔符的属性，一个是配置后置分隔符的属性。在 MySQL 中，两个分隔符都是"`"，在 SQL Server 中分别为"["和"]"，MySQL 中的 property 配置写法如下。

```
<context id="Mysql" targetRuntime="MyBatis3Simple" defaultModelType="flat">
    <property name="autoDelimitKeywords" value="true"/>
    <property name="beginningDelimiter" value="`"/>
    <property name="endingDelimiter" value="`"/>
</context>
```

除了上面 3 个和分隔符相关的属性外，还有以下 3 个属性。

- javaFileEncoding
- javaFormatter
- xmlFormatter

属性 javaFileEncoding 设置要使用的 Java 文件的编码，例如 GBK 或 UTF-8。默认使用当前运行环境的编码。后面两个 Formatter 相关的属性并不常用，这里不做详细介绍。

5.1.2 plugin 标签

plugin 标签可以配置 0 个或者多个，个数不受限制。

plugin 标签用来定义一个插件，用于扩展或修改通过 MBG 生成的代码。该插件将按在配置中配置的顺序执行。MBG 插件使用的情况并不多，如果对开发插件有兴趣，可以参考 MBG 文档，或者参考下面要介绍的缓存插件的例子，这个例子包含在 MBG 插件中。

下面要介绍的缓存插件的全限定名称为 org.mybatis.generator.plugins. CachePlugin。

这个插件可以在生成的 SQL XML 映射文件中增加一个 cache 标签。只有当 targetRuntime 为 MyBatis3 时，该插件才有效。

该插件接受下列可选属性。

- cache_eviction
- cache_flushInterval
- cache_readOnly
- cache_size
- cache_type

配置方法如下。

```
<plugin type="org.mybatis.generator.plugins.CachePlugin">
    <property name="cache_eviction" value="LRU"/>
    <property name="cache_size" value="1024"/>
</plugin>
```

增加这个配置后，生成的 Mapper.xml 文件中会增加如下的缓存相关配置。

```
<cache eviction="LRU" size="1024">
<!--
  WARNING - @mbggenerated
  This element is automatically generated by MyBatis Generator, do not modify.
-->
</cache>
```

这一节主要介绍如何配置插件，和缓存相关的内容会在第 7 章中介绍。

在 MBG 默认包含的插件中，除了缓存插件外，还有序列化插件、RowBounds 插件、ToString 插件等，关于这些插件的介绍可以查看 MBG 文档。查看英文文档：http://www.mybatis.org/generator/reference/plugins.html。查看中文文档：http://mbg.cndocs.tk/reference/plugins.html。

5.1.3 commentGenerator 标签

该标签用来配置如何生成注释信息，最多可以配置 1 个。

该标签有一个可选属性 type，可以指定用户的实现类，该类需要实现 org.mybatis.generator.api.CommentGenerator 接口，而且必有一个默认空的构造方法。type 属性接收默认的特殊值 DEFAULT，使用默认的实现类 org.mybatis.generator.internal.DefaultCommentGenerator。

默认的实现类中提供了三个可选属性，需要通过 property 属性进行配置。

- suppressAllComments：阻止生成注释，默认为 false。
- suppressDate：阻止生成的注释包含时间戳，默认为 false。
- addRemarkComments：注释是否添加数据库表的备注信息，默认为 false。

一般情况下，由于 MBG 生成的注释信息没有任何价值，而且有时间戳的情况下每次生成的注释都不一样，使用版本控制的时候每次都会提交，因而一般情况下都会屏蔽注释信息，可以如下配置。

```
<commentGenerator>
    <property name="suppressDate" value="true"/>
    <property name="addRemarkComments" value="true"/>
</commentGenerator>
```

在数据库表字段包含备注信息的情况下生成的 Java 对象代码的注释如下。

```
/**
 * Database Column Remarks:
 *   角色名
 *
 * This field was generated by MyBatis Generator.
 * This field corresponds to the database column sys_role.role_name
 *
 * @mbggenerated
 */
private String roleName;
```

如果对上面的注释不满意或者想实现自己的注释形式，可以实现 CommentGenerator，参考 MBG 中的 DefaultCommentGenerator 即可。这里提供一个简单例子供参考，假设实现类为 tk.mybatis.generator.MyCommentGenerator，代码如下。

```
/**
 * 自己实现的注释生成器
```

```java
    */
public class MyCommentGenerator extends DefaultCommentGenerator {
    /**
     * 由于默认实现类中的可配参数都没有提供给子类可以访问的方法，这里要定义一遍
     */
    private boolean suppressAllComments;

    /**
     * 同上
     */
    private boolean addRemarkComments;

    /**
     * 设置用户配置的参数
     */
    public void addConfigurationProperties(Properties properties) {
        //先调用父类方法保证父类方法可以正常使用
        super.addConfigurationProperties(properties);
        //获取 suppressAllComments 参数值
        suppressAllComments = isTrue(properties.getProperty(
                PropertyRegistry.COMMENT_GENERATOR_SUPPRESS_ALL_COMMENTS));
        //获取 addRemarkComments 参数值
        addRemarkComments = isTrue(properties.getProperty(
                PropertyRegistry.COMMENT_GENERATOR_ADD_REMARK_COMMENTS));
    }


    /**
     * 给字段添加注释信息
     */
    public void addFieldComment(Field field,
            IntrospectedTable introspectedTable,
            IntrospectedColumn introspectedColumn) {
        //如果阻止生成所有注释，直接返回
        if (suppressAllComments) {
            return;
        }
        //文档注释开始
        field.addJavaDocLine("/**");
```

```
//获取数据库字段的备注信息
String remarks = introspectedColumn.getRemarks();
//根据参数和备注信息判断是否添加备注信息
if (addRemarkComments && StringUtility.stringHasValue(remarks)) {
    String[] remarkLines = remarks.split(
            System.getProperty("line. separator"));
    for (String remarkLine : remarkLines) {
        field.addJavaDocLine(" * " + remarkLine);
    }
}
//由于 Java 对象名和数据库字段名可能不一样，注释中保留数据库字段名
field.addJavaDocLine(" * " + introspectedColumn.getActualColumnName());
field.addJavaDocLine(" */");
    }
}
```

有了自己的注释生成器后，可以在配置文件中如下进行配置。

```
<commentGenerator type="tk.mybatis.generator.MyCommentGenerator">
    <property name="suppressDate" value="true"/>
    <property name="addRemarkComments" value="true"/>
</commentGenerator>
```

重写注释后，生成代码中的注释如下。

```
/**
 * 角色名
 * role_name
 */
private String roleName;
```

大家可以参考上面的例子编写自己的注释生成器。

> **提醒！**
> MBG 是通过 JDBC 的 DatabaseMetaData 方式来获取数据库表和字段的备注信息的，大多数的 JDBC 驱动并不支持，常用数据库中 MySQL 支持，SQL Server 不支持。Oracle 特殊配置后可以支持，配置方式见下一节关于 jdbcConnection 标签的介绍。

5.1.4　**jdbcConnection** 标签

jdbcConnection 用于指定 MBG 要连接的数据库信息，该标签必选，并且只能有一个。

配置该标签需要注意，如果 JDBC 驱动不在 classpath 下，就要通过 classPathEntry 标签引入 jar 包，这里推荐将 jar 包放到 classpath 下，或者参考前面 classPathEntry 配置 JDBC 驱动的方法。

该标签有两个必选属性。

- driverClass：访问数据库的 JDBC 驱动程序的完全限定类名。
- connectionURL：访问数据库的 JDBC 连接 URL。

该标签还有两个可选属性。

- userId：访问数据库的用户 ID。
- password：访问数据库的密码。

此外，该标签还可以接受多个 property 子标签，这里配置的 property 属性都会添加到 JDBC 驱动的属性中（使用 proprety 标签的 name 属性反射赋值）。

这个标签配置起来非常容易，基本配置如下。

```
<jdbcConnection driverClass="com.mysql.jdbc.Driver"
            connectionURL="jdbc:mysql://localhost:3306/mybatis"
            userId="root"
            password="">
</jdbcConnection>
```

在上一节提醒过，Oracle 可以通过特殊配置使 JDBC 方式能够获取到列的注释信息，配置方式如下。

```
<jdbcConnection driverClass="oracle.jdbc.driver.OracleDriver"
            connectionURL="jdbc:oracle:thin:@//localhost:1521/orcl"
            userId="mybatis"
            password="mybatis">
    <property name="remarksReporting" value="true"/>
</jdbcConnection>
```

这种方式就是通过 property 标签配置了 Oracle 的 remarksReporting 属性，使得 JDBC 方式可以获取注释信息。

5.1.5　javaTypeResolver 标签

该标签的配置用来指定 JDBC 类型和 Java 类型如何转换，最多可以配置一个。

该标签提供了一个可选的属性 type。另外，和 commentGenerator 类似，该标签提供了默认的实现 DEFAULT，一般情况下使用默认即可，需要特殊处理的情况可以通过其他标签配置来解决，不建议修改该属性。

　　该属性还有一个可以配置的 property 标签，可以配置的属性为 forceBigDecimals，该属性可以控制是否强制将 DECIMAL 和 NUMERIC 类型的 JDBC 字段转换为 Java 类型的 java.math.BigDecimal，默认值为 false，一般不需要配置。

　　默认情况下的转换规则如下。

- 如果精度>0 或者长度>18，就使用 java.math.BigDecimal。
- 如果精度=0 并且 10<=长度<=18，就使用 java.lang.Long。
- 如果精度=0 并且 5<= 长度<=9，就使用 java.lang.Integer。
- 如果精度=0 并且长度<5，就使用 java.lang.Short。

　　如果将 forceBigDecimals 设置为 true，那么一定会使用 java.math.BigDecimal 类型。

　　javaTypeResolver 标签配置如下。

```
<javaTypeResolver>
    <property name="forceBigDecimals" value="false" />
</javaTypeResolver>
```

5.1.6　**javaModelGenerator** 标签

　　该标签用来控制生成的实体类，根据 context 标签中配置的 defaultModelType 属性值的不同，一个表可能会对应生成多个不同的实体类。一个表对应多个类时使用并不方便，所以前面推荐使用 flat，保证一个表对应一个实体类。该标签必须配置一个，并且最多配置一个。

　　该标签只有两个必选属性。

- targetPackage：生成实体类存放的包名。一般就是放在该包下，实际还会受到其他配置的影响。
- targetProject：指定目标项目路径，可以使用相对路径或绝对路径。

该标签还支持以下几个 property 子标签属性。

- constructorBased：该属性只对 MyBatis3 有效，如果为 true 就会使用构造方法入参，如果为 false 就会使用 setter 方式。默认为 false。
- enableSubPackages：如果为 true，MBG 会根据 catalog 和 schema 来生成子包。如果为 false 就会直接使用 targetPackage 属性。默认为 false。
- immutable：用来配置实体类属性是否可变。如果设置为 true，那么 constructorBased

不管设置成什么，都会使用构造方法入参，并且不会生成 setter 方法。如果为 false，实体类属性就可以改变。默认为 false。

- rootClass：设置所有实体类的基类。如果设置，则需要使用类的全限定名称。并且，如果 MBG 能够加载 rootClass（可以通过 classPathEntry 引入 jar 包，或者 classpath 方式），那么 MBG 不会覆盖和父类中完全匹配的属性。匹配规则如下。

  > 属性名完全相同
  > 属性类型相同
  > 属性有 getter 方法
  > 属性有 setter 方法

- trimStrings：判断是否对数据库查询结果进行 trim 操作，默认值为 false。如果设置为 true 就会生成如下代码。

```java
public void setUsername(String username) {
    this.username = username == null ? null : username.trim();
}
```

javaModelGenerator 配置示例如下。

```xml
<javaModelGenerator targetPackage="test.model"
                    targetProject="src\main\java">
   <property name="enableSubPackages" value="false" />
   <property name="trimStrings" value="false" />
</javaModelGenerator>
```

5.1.7　sqlMapGenerator 标签

该标签用于配置 SQL 映射生成器（Mapper.xml 文件）的属性，该标签可选，最多配置一个。如果 targetRuntime 设置为 MyBatis3，则只有当 javaClientGenerator 配置需要 XML 时，该标签才必须配置一个。如果没有配置 javaClientGenerator，则使用以下规则。

- 如果指定了一个 sqlMapGenerator，那么 MBG 将只生成 XML 的 SQL 映射文件和实体类。
- 如果没有指定 sqlMapGenerator，那么 MBG 将只生成实体类。

该标签只有两个必选属性。

- targetPackage：生成 SQL 映射文件（XML 文件）存放的包名。一般就是放在该包下，实际还会受到其他配置的影响。

- `targetProject`：指定目标项目路径，可以使用相对路径或绝对路径。

该标签还有一个可选的 `property` 子标签属性 `enableSubPackages`，如果为 `true`，MBG 会根据 `catalog` 和 `schema` 来生成子包。如果为 `false` 就会直接用 `targetPackage` 属性，默认为 `false`。

`sqlMapGenerator` 配置示例如下。

```
<sqlMapGenerator targetPackage="test.xml"
                 targetProject="E:\MyProject\src\main\resources">
    <property name="enableSubPackages" value="false" />
</sqlMapGenerator>
```

5.1.8 `javaClientGenerator` 标签

该标签用于配置 Java 客户端生成器（Mapper 接口）的属性，该标签可选，最多配置一个。如果不配置该标签，就不会生成 Mapper 接口。

该标签有以下 3 个必选属性。

- `type`：用于选择客户端代码（Mapper 接口）生成器，用户可以自定义实现，需要继承 `org.mybatis.generator.codegen.AbstractJavaClientGenerator` 类，必须有一个默认空的构造方法。该属性提供了以下预设的代码生成器，首先根据 `context` 的 `targetRuntime` 分成两类（不考虑 iBATIS）。

  ➢ MyBatis3

    ✓ ANNOTATEDMAPPER：基于注解的 Mapper 接口，不会有对应的 XML 映射文件。

    ✓ MIXEDMAPPER：XML 和注解的混合形式，上面这种情况中的 SQL Provider 注解方法会被 XML 方式替代。

    ✓ XMLMAPPER：所有的方法都在 XML 中，接口调用依赖 XML 文件。

  ➢ MyBatis3Simple

    ✓ ANNOTATEDMAPPER：基于注解的 Mapper 接口，不会有对应的 XML 映射文件。

    ✓ XMLMAPPER：所有的方法都在 XML 中，接口调用依赖 XML 文件。

- `targetPackage`：生成 Mapper 接口存放的包名。一般就是放在该包下，实际还会受到其他配置的影响。

- `targetProject`：指定目标项目路径，可以使用相对路径或绝对路径。

该标签还有一个可选属性 `implementationPackage`，如果指定了该属性，Mapper 接口的实现类就会生成在这个属性指定的包中。

该标签还支持几个 property 子标签，由于这些属性不常用，因此不做介绍。

javaClientGenerator 标签中的 type 属性非常重要，此处提供一些选择的建议。

- XMLMAPPER：推荐使用，将接口和 XML 完全分离，容易维护，接口中不出现 SQL 语句，只在 XML 中配置 SQL，修改 SQL 时不需要重新编译。
- ANNOTATEDMAPPER：不推荐使用，纯注解方式的好处是，SQL 都在 Java 代码中，基本上只在一处写代码，看着方便。但是实际上维护不容易，写 SQL 过程中需要大量字符串拼接操作，复杂情况需要大量的 Java 判断，代码很乱，不容易维护。
- MIXEDMAPPER：不推荐使用，这种情况下注解和 XML 混合使用会很乱，不利于维护。

javaClientGenerator 标签配置示例如下。

```
<javaClientGenerator type="XMLMAPPER" targetPackage="test.dao"
                     targetProject="src\main\java"/>
```

5.1.9 table 标签

table 是最重要的一个标签，该标签用于配置需要通过内省数据库的表，只有在 table 中配置过的表，才能经过上述其他配置生成最终的代码，该标签至少要配置一个，可以配置多个。

table 标签有一个必选属性 tableName，该属性指定要生成的表名，可以使用 SQL 通配符匹配多个表。

例如要生成全部的表，可以如下配置。

```
<table tableName="%" />
```

table 标签包含多个可选属性。

- schema：数据库的 schema，可以使用 SQL 通配符匹配。如果设置了该值，生成 SQL 的表名会变成如 schema.tableName 的形式。
- catalog：数据库的 catalog，如果设置了该值，生成 SQL 的表名会变成如 catalog.tableName 的形式。
- alias：如果指定，这个值会用在生成的 select 查询 SQL 表的别名和列名上，例如 alias_actualColumnName（别名_实际列名）。
- domainObjectName：生成对象的基本名称。如果没有指定，MBG 会自动根据表名来生成名称。
- enableXXX：XXX 代表多种 SQL 方法，该属性用来指定是否生成对应的 XXX 语句。
- selectByPrimaryKeyQueryId：DBA 跟踪工具中会用到，具体请参考详细文档。

- selectByExampleQueryId：DBA 跟踪工具中会用到，具体请参考详细文档。
- modelType：和 context 的 defaultModelType 含义一样，这里可以针对表进行配置，配置会覆盖 context 的 defaultModelType 配置。
- escapeWildcards：表示查询列是否对 schema 和表名中的 SQL 通配符（_和%）进行转义。对于某些驱动，当 schema 或表名中包含 SQL 通配符时，转义是必须的。有一些驱动则需要将下画线进行转义，例如 MY_TABLE。默认值是 false。
- delimitIdentifiers：是否给标识符增加分隔符。默认为 false。当 catalog、schema 或 tableName 中包含空白时，默认为 true。
- delimitAllColumns：是否对所有列添加分隔符。默认为 false。

table 标签包含多个可用的 property 子标签，可选属性如下。

- constructorBased：和 javaModelGenerator 中的属性含义一样。
- ignoreQualifiersAtRuntime：生成的 SQL 中的表名将不会包含 schema 和 catalog 前缀。
- immutable：和 javaModelGenerator 中的属性含义一样。
- modelOnly：用于配置是否只生成实体类。如果设置为 true，就不会有 Mapper 接口，同时还会覆盖属性中的 enableXXX 方法，并且不会生成任何 CRUD 方法。如果配置了 sqlMapGenerator，并且 modelOnly 为 true，那么 XML 映射文件中只有实体对象的映射标签（resultMap）。
- rootClass：和 javaModelGenerator 中的属性含义一样。
- rootInterface：和 javaClientGenerator 中的属性含义一样。
- runtimeCatalog：运行时的 catalog，当生成表和运行环境表的 catalog 不一样时，可以使用该属性进行配置。
- runtimeSchema：运行时的 schema，当生成表和运行环境表的 schema 不一样时，可以使用该属性进行配置。
- runtimeTableName：运行时的 tableName，当生成表和运行环境表的 tableName 不一样时，可以使用该属性进行配置。
- selectAllOrderByClause：该属性值会追加到 selectAll 方法后的 SQL 中，直接与 order by 拼接后添加到 SQL 末尾。
- useActualColumnNames：如果设置为 true，那么 MBG 会使用从数据库元数据获取的列名作为生成的实体对象的属性。如果为 false（默认值为 false），MGB 将会尝试将返回的名称转换为驼峰形式。在这两种情况下，可以通过 columnOverride 标签显式指定，此时将会忽略该属性。

- useColumnIndexes：如果为 true，MBG 生成 resultMaps 时会使用列的索引，而不是结果中列名的顺序。
- useCompoundPropertyNames：如果为 true，MBG 生成属性名的时候会将列名和列备注连接起来。这对于那些通过第四代语言自动生成列（例如 FLD22237）但是备注包中含有用信息（例如 "customer id"）的数据库来说很有用。在这种情况下，MBG 会生成属性名 FLD2237_CustomerId。

除了 property 子标签外，table 还包含以下子标签。

- generatedKey（0 个或 1 个）
- columnRenamingRule（0 个或 1 个）
- columnOverride（0 个或多个）
- ignoreColumn（0 个或多个）

下面对这 4 个子标签进行详细讲解。

5.1.9.1 **generatedKey** 标签

该标签用来指定自动生成主键的属性（identity 字段或者 sequences 序列）。如果指定这个标签，MBG 将在生成 insert 的 SQL 映射文件中插入一个 selectKey 标签。这个标签非常重要，而且只能配置一个。

该标签包含以下两个必选属性。

- column：生成列的列名。
- sqlStatement：返回新值的 SQL 语句。如果这是一个 identity 列，则可以使用其中一个预定义的的特殊值，预定义值如下。

  - ➤ Cloudscape
  - ➤ DB2
  - ➤ DB2_MF
  - ➤ Derby
  - ➤ HSQLDB
  - ➤ Informix
  - ➤ MySQL
  - ➤ SQL Server
  - ➤ SYBASE

> ➤ JDBC：使用该值时，MyBatis 会使用 JDBC 标准接口来获取值，这是一个独立于数据库获取标识列中的值的方法。

该标签还包含两个可选属性。

- identity：当设置为 true 时，该列会被标记为 identity 列，并且 selectKey 标签会被插入在 insert 后面。当设置为 false 时，selectKey 会插入到 insert 之前（通常是序列）。**切记**：即使 type 属性指定为 post，仍然需要将 identity 列设置为 true，这会作为 MBG 从插入列表中删除该列的标识。该属性默认值是 false。

- type：type=post 且 identity=true 时，生成的 selectKey 中 order=AFTER；当 type=pre 时，identity 只能为 false，生成的 selectKey 中 order=BEFORE。可以这么理解，自动增长的列只有插入到数据库后才能得到 ID，所以是 AFTER；使用序列时，只有先获取序列之后才能插入数据库，所以是 BEFORE。

table **配置示例一**（针对 MySQL、SQL Server 等自增类型主键）。

```
<table tableName="user login info" domainObjectName="UserLoginInfo">
    <generatedKey column="id" sqlStatement="MySql"/>
</table>
```

该配置生成的对应的 insert 方法如下。

```
<insert id="insert" parameterType="test.model.UserLoginInfo">
    <selectKey keyProperty="id" order="AFTER" resultType="java.lang.Integer">
        SELECT LAST_INSERT_ID()
    </selectKey>
    insert into `user login info` (Id, username, logindate, loginip)
    values (#{id,jdbcType=INTEGER}, #{username,jdbcType=VARCHAR},
            #{logindate,jdbcType=TIMESTAMP},
            #{loginip,jdbcType=VARCHAR})
</insert>
```

table **配置示例二**（针对 Oracle 序列）。

```
<table tableName="user login info" domainObjectName="UserLoginInfo">
    <generatedKey column="id"
                  sqlStatement="select SEQ_ID.nextval from dual"/>
</table>
```

该配置生成的对应的 insert 方法如下。

```
<insert id="insert" parameterType="test.model.UserLoginInfo">
    <selectKey keyProperty="id" order="BEFORE"
               resultType="java.lang.Integer">
        select SEQ_ID.nextval from dual
    </selectKey>
```

```
           insert into `user login info` (Id, username, logindate, loginip)
       values (#{id,jdbcType=INTEGER}, #{username,jdbcType=VARCHAR},
               #{logindate,jdbcType=TIMESTAMP},
               #{loginip,jdbcType=VARCHAR})
   </insert>
```

5.1.9.2 columnRenamingRule 标签

该标签最多可以配置一个，使用该标签可以在生成列之前对列进行重命名。这对于那些由于存在同一前缀的字段因此想在生成属性名时去除前缀的表非常有用。假设一个表包含以下列。

- CUST_BUSINESS_NAME
- CUST_STREET_ADDRESS
- CUST_CITY
- CUST_STATE

生成的所有属性名中如果都包含 CUST 的前缀可能会让人感觉不舒服。这些前缀可以通过如下方式定义重命名规则。

```
<columnRenamingRule searchString="^CUST_" replaceString="" />
```

注意，MBG 内部使用 java.util.regex.Matcher.replaceAll 方法实现这个功能。请参阅有关该方法的文档和在 Java 中使用正则表达式的例子。

当 columnOverride 匹配一列时，columnRenamingRule 标签会被忽略。columnOverride 优先于重命名的规则。

该标签有一个必选属性 searchString，用于定义将要被替换的字符串的正则表达式。

该标签有一个可选属性 replaceString，用于替换搜索字符串列每一个匹配项的字符串。如果没有指定，就使用空字符串。

关于 table 的 property 属性 useActualColumnNames 对此标签的影响，可以查看完整文档。

5.1.9.3 columnOverride 标签

该标签用于将某些默认计算的属性值更改为指定的值，标签可选，可以配置多个。

该标签有一个必选属性 column，表示要重写的列名。

该标签有多个可选属性，具体如下。

- property：要使用的 Java 属性的名称。如果没有指定，MBG 会根据列名生成。例如，如果一个表的一列名为 STRT_DTE，MBG 会根据 table 的 useActualColumnNames 属性生成 STRT_DTE 或 strtDte。

- javaType：列的属性值为完全限定的 Java 类型。如果需要，可以覆盖由 JavaTypeResolver 计算出的类型。

- jdbcType：列的 JDBC 类型（如 INTEGER、DECIMAL、NUMERIC、VARCHAR 等）。如果需要，可以覆盖由 JavaTypeResolver 计算出的类型。

- typeHandler：根据用户定义的需要用来处理列的类型处理器。必须是一个继承自 TypeHandler 接口的全限定的类名。如果没有指定或者是空白，MyBatis 会用默认的类型处理器来处理类型。**切记**：MBG 不会校验这个类型处理器是否存在或可用，MGB 只是简单地将值插入到已生成的 SQL 映射的配置文件中。

- delimitedColumnName：指定是否应在生成的 SQL 的列名称上增加分隔符。如果列的名称中包含空格，MGB 会自动添加分隔符，所以只有当列名需要被强制为一个合适的名字或者列名是数据库中的保留字时，才是必要的。

columnOverride 配置示例如下。

```
<table schema="DB2ADMIN" tableName="ALLTYPES" >
  <columnOverride column="LONG_VARCHAR_FIELD"
                  javaType="java.lang.String"
                  jdbcType="VARCHAR" />
</table>
```

5.1.9.4 **ignoreColumn** 标签

该标签可以用来屏蔽不需要生成的列，该标签可选，可以配置多个。

该标签有一个必选属性 column，表示要忽略的列名。

该标签还有一个可选属性 delimitedColumnName，标识匹配列名的时候是否区分大小写。如果为 true 则区分，默认值为 false，表示不区分大小写。

5.2 一个配置参考示例

为了方便学习 MBG，此处针对前面章节中提到的项目创建一个 MBG 的配置供大家参考。

在项目的 src/main/resources 中创建一个 generator 目录，在该目录下创建一个 generatorConfig.xml 文件，文件内容如下。

```
<?xml version="1.0" encoding="UTF-8"?>
<!DOCTYPE generatorConfiguration
      PUBLIC "-//mybatis.org//DTD MyBatis Generator Configuration 1.0//EN"
      "http://mybatis.org/dtd/mybatis-generator-config_1_0.dtd">
```

```xml
<generatorConfiguration>
    <context id="MySqlContext" targetRuntime="MyBatis3Simple"
            defaultModelType="flat">
        <property name="beginningDelimiter" value="`"/>
        <property name="endingDelimiter" value="`"/>

        <commentGenerator>
            <property name="suppressDate" value="true"/>
            <property name="addRemarkComments" value="true"/>
        </commentGenerator>

        <jdbcConnection driverClass="com.mysql.jdbc.Driver"
                    connectionURL="jdbc:mysql://localhost:3306/mybatis"
                    userId="root"
                    password="">
        </jdbcConnection>

        <javaModelGenerator targetPackage="test.model"
                        targetProject="src\main\java">
            <property name="trimStrings" value="true" />
        </javaModelGenerator>

        <sqlMapGenerator targetPackage="test.xml"
                    targetProject="src\main\resources"/>

        <javaClientGenerator type="XMLMAPPER" targetPackage="test.dao"
                        targetProject="src\main\java"/>

        <table tableName="%">
            <generatedKey column="id" sqlStatement="MySql"/>
        </table>
    </context>
</generatorConfiguration>
```

有关该配置有几点重要说明。

1．context 属性 targetRuntime 设置为 MyBatis3Simple，主要是为了避免生成与 Example 相关的代码和方法，如果需要 Example 相关的代码，也可以设置为 MyBatis3。

2．context 属性 defaultModelType 设置为 flat，目的是使每个表只生成一个实体类，当没有复杂的类继承时，使用起来更方便。

3．因为此处使用的数据库为 MySQL，所以前后分隔符都设置为 "`"。

4. 注释生成器 commentGenerator 中配置了生成数据库的注释信息，并且禁止在注释中生成日期。

5. jdbcConnection 简单地配置了要连接的数据源信息。

6. javaModelGenerator 配置生成的包名为 test.model，这个包名可以根据自己代码的规范进行修改，targetProject 设置在 src\main\java 中。

7. sqlMapGenerator 配置生成的 Mapper.xml 文件的位置，这里的 targetProject 设置为 src\main\resources，没有放在 src\main\java 中。

8. javaClientGenerator 配置生成 Mapper 接口的位置，这里采用的 XMLMAPPER 类型，接口和 XML 完全分离。

9. 最后的 table 使用通配符 "%" 匹配数据库中所有的表，所有表都有主键自增的 id 字段，sqlStatement 针对当前数据库配置 MySQL。

熟悉了 5.1 节中的配置后，可以根据自己的需要尝试修改这里的配置。有了配置文件后，下一节就可以开始学习如何执行 MBG 生成我们需要的类了。

5.3　运行 MyBatis Generator

MBG 提供了很多种运行方式，常用的有以下几种。

- 使用 Java 编写代码运行
- 从命令提示符运行
- 使用 Maven Plugin 运行
- 使用 Eclipse 插件运行

这几种方式都有各自的优点和缺点，大家在看完下面的详细介绍后，可以根据自己的情况选择合适的方式，下面按顺序详细介绍这几种运行方式。

5.3.1　使用 Java 编写代码运行

在写代码前，需要先把 MBG 的 jar 包添加到项目当中。

第一种方式是，从地址 https://github.com/mybatis/generator/releases 下载 jar 包。

第二种方式是，使用 Maven 方式直接引入依赖，在 pom.xml 中添加如下依赖。

```
<!--MyBatis 生成器-->
<dependency>
    <groupId>org.mybatis.generator</groupId>
```

```
    <artifactId>mybatis-generator-core</artifactId>
    <version>1.3.3</version>
</dependency>
```

在 MyBatis 项目中添加 tk.mybatis.generator 包，创建 Generator.java 类。

```
/**
 * 读取 MBG 配置生成代码
 */
public class Generator {

    public static void main(String[] args) throws Exception {
        //MBG 执行过程中的警告信息
        List<String> warnings = new ArrayList<String>();
        //当生成的代码重复时，覆盖原代码
        boolean overwrite = true;
        //读取 MBG 配置文件
        InputStream is = Generator.class.getResourceAsStream(
                "/generator/generatorConfig.xml");
        ConfigurationParser cp = new ConfigurationParser(warnings);
        Configuration config = cp.parseConfiguration(is);
        is.close();

        DefaultShellCallback callback
                = new DefaultShellCallback(overwrite);
        //创建 MBG
        MyBatisGenerator myBatisGenerator
                = new MyBatisGenerator(config, callback, warnings);
        //执行生成代码
        myBatisGenerator.generate(null);
        //输出警告信息
        for(String warning : warnings){
            System.out.println(warning);
        }
    }
}
```

使用 Java 编码方式运行的好处是，generatorConfig.xml 配置的一些特殊的类（如 commentGenerator 标签中 type 属性配置的 MyCommentGenerator 类）只要在当前项目中，或者在当前项目的 classpath 中，就可以直接使用。使用其他方式时都需要特别配置才能在

MBG 执行过程中找到 `MyCommentGenerator` 类并实例化，否则都会由于找不到这个类而抛出异常。

　　使用 Java 编码不方便的地方在于，它和当前项目是绑定在一起的，在 Maven 多子模块的情况下，可能需要增加编写代码量和配置量，配置多个，管理不方便。但是综合来说，这种方式出现的问题最少，配置最容易，因此推荐使用。

5.3.2　从命令提示符运行

　　从命令提示符运行就必须使用 jar 包，按照 5.3.1 节中提供的地址下载 MBG 的压缩包，解压后从 lib 目录中找到 mybatis-generator-core-1.3.3.jar 文件。

　　将这个 jar 文件和 generatorConfig.xml 文件放到一起。从这里就可以体会到为什么说这种配置方式不方便了，因为需要修改 generatorConfig.xml 配置文件。

　　将 MySQL 的 JDBC 驱动（如 mysql-connector-java-5.1.38.jar）放到当前目录中，然后再配置文件中添加 `classPathEntry`，代码如下。

```
<generatorConfiguration>
    <classPathEntry location="mysql-connector-java-5.1.38.jar"/>
    <context id="MySqlContext" targetRuntime="MyBatis3Simple"
            defaultModelType="flat">
        <!--其他原有配置-->
    </context>
</generatorConfiguration>
```

　　除此之外，在当前目录中添加 src 文件夹，在 src 中再添加 main 文件夹，main 文件夹中添加 java 和 resources 文件夹。此时，当前目录的结构如图 5-1 所示。

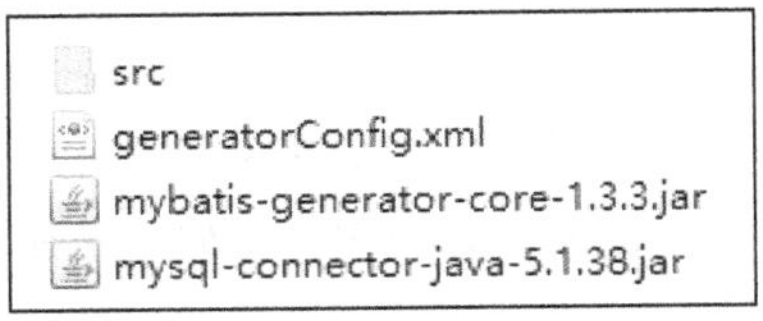

　　下面介绍一下 MBG 命令行可以接受的几个参数。

图 5-1　目录结构

- `-configfile fileName`：指定配置文件的名称。
- `-overwrite`（可选）：指定了该参数后，如果生成的 Java 文件存在已经同名的文件，新生成的文件则会覆盖原有的文件。 没有指定该参数的情况下，如果存在同名的文件，MBG 会为新生成的代码文件指定一个唯一的名字（如 MyClass.java.1、MyClass.java.2 等）。
- `-verbose`（可选）：指定该参数，执行过程会输出到控制台。
- `-forceJavaLogging`（可选）：指定该参数，MBG 将会使用 Java 日志记录而不会使用 Log4J，即使 Log4J 在运行时的类路径中。

- `-contextids context1,context2,..`（可选）：指定该参数，逗号隔开的这些 context 会被执行。这些指定的 context 必须和配置文件中 context 标签的 id 属性一致。只有指定的 contextid 会被激活执行。如果没有指定该参数，所有的 context 都会被激活执行。

- `-tables table1, table2,...`（可选）：指定该参数，逗号隔开的这些表会被运行，这些表名必须和 table 配置中的表名完全一致，只有被指定的表会被执行。如果没有指定该参数，所有的表都会被执行。

除了上面几个 MBG 的参数外，还要简单介绍一下 java 命令的参数。

- `-jar XXX.jar`：执行 jar 包时的基本参数。

- `-Dfile.encoding=XXX`：一般命令行的环境都是 GBK 编码，因此如果需要生成 UTF-8 编码的代码，则要在 java 命令上指定该参数，这里的 XXX 可以是 UTF-8、GBK 等编码。

- `-cp`：当需要依赖其他的 jar 包时，通过 cp 命令可将其他 jar 包添加到当前的 classpath 环境中，使用 `-cp` 时不能使用 `-jar`。

知道基本的命令后，先用最简单的命令执行 MBG 看一下结果，在当前目录中打开命令行（或将命令行移到当前目录），输入以下命令。

```
java -jar mybatis-generator-core-1.3.3.jar -configfile generatorConfig.xml
```

执行这个命令后，可以在 **src/main** 下面的对应目录中看到生成的代码，如果查看这个文件的编码，会发现这些编码都是 GBK 方式。现在很多项目，尤其是使用 Maven 的项目，基本上都是 UTF-8 编码，想要生成 UTF-8 编码的文件，可以输入如下命令（由于上一条命令已经生成了一次，因此这里增加了 `-overwrite` 参数）。

```
java -Dfile.encoding=UTF-8 -jar mybatis-generator-core-1.3.3.jar -configfile
generatorConfig.xml -overwrite
```

再次查看编码，会发现编码都已经变成 UTF-8 方式了。

可以看到，命令行方式的特点是完全独立于项目，针对不同项目配置不同的 **generatorConfig. xml** 文件。在对 MBG 的定制很少的时候，这种方式使用起来也比较方便。但是当需要定制一些自己的实现时，这种方式就会变得麻烦起来，假设要使用自己实现的 `MyCommentGenerator` 类，需要按照如下步骤进行操作。

1. 将包含 `MyCommentGenerator` 类的项目打包为 jar（假设为 **my-comment-generator.jar**）。

2. 将该 jar 包放到当前目录中。

3. 需要使用 `-cp` 参数代替 `-jar`，将依赖的 jar 都列出来。

修改的命令如下。

```
java -Dfile.encoding=UTF-8 -cp my-comment-generator.jar;mybatis-generator-
core-1.3.3.jar org.mybatis.generator.api.ShellRunner -configfile generatorConfig.
xml-overwrite
```

需要注意，-cp 后面有多个 jar 包时，在 Windows 系统中要使用英文分号 ";"隔开，在 Linux 系统中要使用英文冒号 ":"隔开，jar 包最后面需指明要执行的主类（包含 main 方法的类）。

这种方式的命令写起来虽然麻烦，但是可以在 Windows 中创建.bat 批处理文件（Linux 为.sh），在当前目录下创建一个 run.bat 文件，在 run.bat 中输入上面的命令保存。之后需要运行时，直接用鼠标双击 run.bat 即可。

5.3.3　使用 Maven Plugin 运行

使用 Maven 插件方式和第一种 Java 编码方式类似，都是和项目绑定在一起的，当需要引用其他类时，需要给 Maven 插件添加依赖，否则会找不到类。

在 MyBatis simple 项目的 pom.xml 中添加如下插件配置。

```xml
<plugin>
    <groupId>org.mybatis.generator</groupId>
    <artifactId>mybatis-generator-maven-plugin</artifactId>
    <version>1.3.3</version>
    <configuration>
        <configurationFile>
            ${basedir}/src/main/resources/generator/generatorConfig.xml
        </configurationFile>
        <overwrite>true</overwrite>
        <verbose>true</verbose>
    </configuration>
    <dependencies>
        <dependency>
            <groupId>mysql</groupId>
            <artifactId>mysql-connector-java</artifactId>
            <version>5.1.38</version>
        </dependency>
        <dependency>
            <groupId>tk.mybatis</groupId>
            <artifactId>simple</artifactId>
            <version>0.0.1-SNAPSHOT</version>
        </dependency>
    </dependencies>
</plugin>
```

configuration 标签中的配置类似于命令行中的参数，通过名称即可理解。

这个配置中特殊的地方在于插件中的 dependencies 配置，在 generatorConfig.xml 配置文件中，没有通过 classPathEntry 方式配置 JDBC 驱动，这里通过添加依赖将 JDBC 驱动添加到了 MBG 的 classpath 中，另外还添加了当前项目的依赖。这样一来，若在当前项目中定制了 MBG 的某个实现，配置后可以直接找到。需要特别注意的是，当前项目必须执行过 mvn install（通过 Maven 命令将当前项目安装到本地仓库），否则会找不到当前项目的依赖。

配置好插件之后，可以执行如下 Maven 命令。

```
mvn mybatis-generator:generate
```

在 Eclipse 中执行命令时，可以在 pom.xml 文件上单击鼠标右键选择 Run As 中的 Maven build 选项，打开如图 5-2 所示的界面。

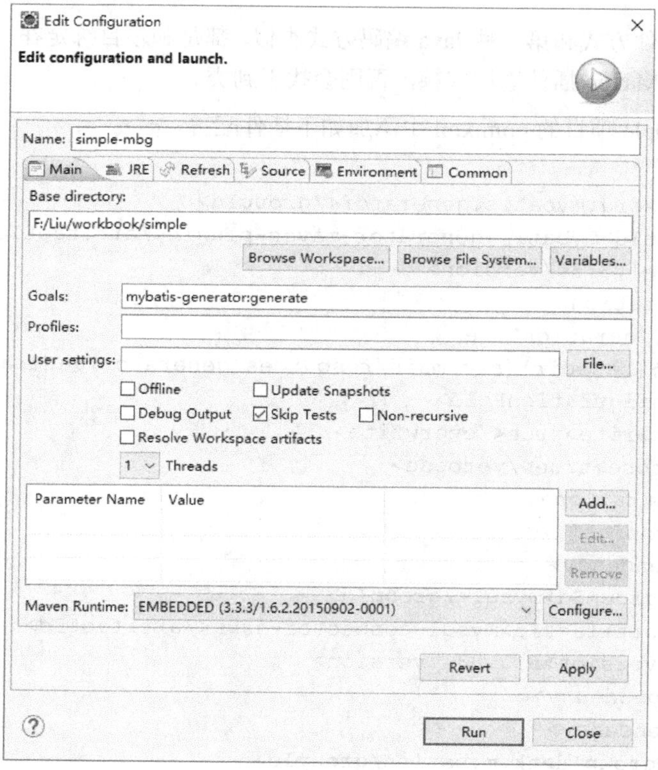

图 5-2　Maven build

将 Name 改为 simple-mbg，然后在 Goals 中输入 mybatis-generator:generate，可以选择 Skip Tests，最后点击 Run 执行即可。下次若想重新执行，从 Eclipse 工具栏的 Run 中选择 simple-mbg 即可。

5.3.4　使用 Eclipse 插件运行

MBG 针对 Eclipse 提供了相应的插件，可以更好地生成代码。Eclipse 插件的最大好处就是，这是 MBG 中唯一一种支持代码合并的运行方式。在前面几种运行方式中，生成代码的注释中都有一个 @mbggenerated 标记，这个标记的含义是，被标记的这个字段或方法是自动生成的，重新生成时会被覆盖。没有这个标记的代码不是自动生成的，不应该被覆盖。但是前面 3 种方式在重新生成的时候，这个标记没有任何作用，不管有没有这个标记都会被覆盖，即自己在生成后的代码中添加的内容都会被覆盖。这就导致增加字段或方法后，若需要重新生成，就必须自己比对文件把加入的代码恢复，使用起来很不方便。MBG 的 Eclipse 插件支持这个标记，因此该插件有很大的优势。

5.3.4.1　安装 Eclipse 插件

从 MBG 的发布页面 https://github.com/mybatis/generator/releases 中下载插件，此处使用如下版本。

```
mybatis-generator-eclipse-site-1.3.3.201606241937.zip
```

下载插件后，在 Eclipse 中选择菜单 Help 中的 Install New Software，打开如图 5-3 所示的窗口。

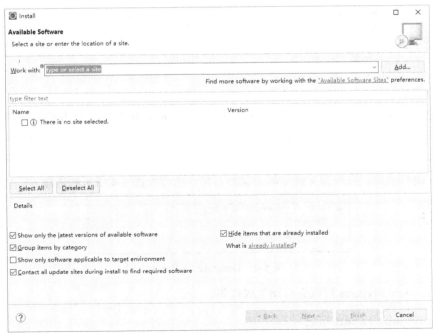

图 5-3　Install New Software

点击 Add 按钮，在弹出的窗口中选择 Archive，选择下载完成的 MBG 插件，输入 Name MBG 后，点击 OK。

从下拉列表中选择全部的 MyBatis Generator，点击 Next，一步步完成安装，安装完成后重启 Eclipse。

5.3.4.2 使用 Eclipse 插件

打开之前在 src/main/resources 下面创建的 generator/generatorConfig.xml 文件，对这个文件做一些简单修改。

Eclipse 插件的运行方式有点特殊，JDBC 驱动需要通过 classPathEntry 进行配置，其他定制的类只要在当前项目或当前项目的 classpath 中即可使用。

在配置文件中增加 classPathEntry 配置，指定 MySQL 驱动的位置，然后在 context 中添加一个 javaFileEncoding 的 property 标签配置，指定生成代码的编码方式为 UTF-8，修改的部分配置如下。

```
<generatorConfiguration>
    <classPathEntry location="F:\mysql\mysql-connector-java-5.1.38.jar"/>

    <context id="MySqlContext" targetRuntime="MyBatis3Simple"
            defaultModelType="flat">
        <property name="beginningDelimiter" value="`"/>
        <property name="endingDelimiter" value="`"/>
        <property name="javaFileEncoding" value="UTF-8"/>
        <!--其他配置-->
    </context>
</generatorConfiguration>
```

除此之外，在和 targetProject 有关的相对路径中需要增加当前的项目名称，将 src\main\java 改为 simple\src\main\java，将 src\main\resources 改为 simple\src\main\resources。

完成上述修改后，在配置文件中单击鼠标右键，选择如图 5-4 所示的选项。

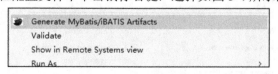

图 5-4　Generate MyBatis

点击 Generate MyBatis 后就会自动生成代码。

5.3.4.3 @mbggenerated 标记

在默认的注释生成器中，生成的实体类、Mapper 接口、Mapper XML 文件中都有这个标记。

使用 Eclipse 插件的时候，不要手动删除注释中的这个标记，这样当重新生成表的相关代码时，这些代码都会被自动合并。

当需要在自动生成的代码中添加自己的代码时，不要在自己添加的内容中增加 @mbggenerated 标记，这样就可以保证在重新生成时不会覆盖之前所做的改动，这个优点在给实体类增加字段、给 Mapper 接口添加方法、给 Mapper XML 文件添加方法时非常有用，尤其在初期表改动相对频繁时特别有用。

5.4　Example 介绍

在 MBG 的 context 中将 targetRuntime 配置为 MyBatis3 时，MBG 会生成和 Example 相关的对象和方法，这一节就来介绍与 Example 相关的方法。

新建一个针对 country 表相关的 Example MBG 配置文件，新增的配置文件 generatorConfig- country.xml 如下。

```xml
<?xml version="1.0" encoding="UTF-8"?>
<!DOCTYPE generatorConfiguration
        PUBLIC "-//mybatis.org//DTD MyBatis Generator Configuration 1.0//EN"
        "http://mybatis.org/dtd/mybatis-generator-config_1_0.dtd">

<generatorConfiguration>
    <classPathEntry location="F:\mysql\mysql-connector-java-5.1.38.jar"/>

    <context id="MySqlContext" targetRuntime="MyBatis3"
            defaultModelType="flat">
        <property name="javaFileEncoding" value="UTF-8"/>

        <commentGenerator>
            <property name="suppressDate" value="true"/>
            <property name="addRemarkComments" value="true"/>
        </commentGenerator>

        <jdbcConnection driverClass="com.mysql.jdbc.Driver"
                    connectionURL="jdbc:mysql://localhost:3306/mybatis"
                    userId="root"
                    password="">
        </jdbcConnection>
```

```
            <javaModelGenerator targetPackage="tk.mybatis.simple.model"
                            targetProject="simple\src\main\java">
                <property name="trimStrings" value="true"/>
            </javaModelGenerator>

            <sqlMapGenerator targetPackage="tk.mybatis.simple.mapper"
                            targetProject="simple\src\main\resources"/>

            <javaClientGenerator type="XMLMAPPER"
                            targetPackage="tk.mybatis.simple.mapper"
                            targetProject="simple\src\main\java"/>

            <table tableName="country">
                <generatedKey column="id" sqlStatement="MySql"/>
            </table>
        </context>
    </generatorConfiguration>
```

这个配置是针对 Eclipse 插件进行的，所以如果使用其他方式，请注意修改 targetProject 属性。

上面这个配置中的包名都是按照第 2 章中的规范来写的，因此会和原有的 Country 对象冲突（XML 和 Mapper 接口因为使用 Eclipse 插件，所以不会有冲突）。这种情况下，先生成代码，然后处理不一致的地方。

生成代码后，可以发现 CountryMapper 接口中增加了大量的基础方法，CountryMapper.xml 中也增加了相应的 SQL 语句。

下面通过在原有的 CountryMapperTest 测试类中添加新测试来了解 Example 的相关用法。先通过全面调用 Example 对象中的方法来了解 Example，代码如下。

```
@Test
public void testExample() {
    //获取 sqlSession
    SqlSession sqlSession = getSqlSession();
    try {
        //获取 CountryMapper 接口
        CountryMapper countryMapper =
                sqlSession.getMapper(CountryMapper.class);
        //创建 Example 对象
        CountryExample example = new CountryExample();
```

```
        //设置排序规则
        example.setOrderByClause("id desc, countryname asc");
        //设置是否 distinct 去重
        example.setDistinct(true);
        //创建条件
        CountryExample.Criteria criteria = example.createCriteria();
        //id >= 1
        criteria.andIdGreaterThanOrEqualTo(1);
        //id < 4
        criteria.andIdLessThan(4);
        //countrycode like '%U%'
        //最容易出错的地方，注意 like 必须自己写上通配符的位置
        criteria.andCountrycodeLike("%U%");
        //or 的情况
        CountryExample.Criteria or = example.or();
        //countryname=中国
        or.andCountrynameEqualTo("中国");
        //执行查询
        List<Country> countryList = countryMapper.selectByExample(example);
        printCountryList(countryList);
    } finally {
        //不要忘记关闭 sqlSession
        sqlSession.close();
    }
}
```

测试代码输出结果如下。

```
DEBUG [main] - ==> Preparing: select distinct id, countryname, countrycode
                        from country
                        WHERE ( id >= ? and id < ?
                                and countrycode like ? )
                              or ( countryname = ? )
                        order by id desc, countryname asc
DEBUG [main] - ==> Parameters: 1(Integer), 4(Integer),
                              %U%(String), 中国(String)
TRACE [main] - <== Columns: id, countryname, countrycode
TRACE [main] - <== Row: 3, 俄罗斯, RU
TRACE [main] - <== Row: 2, 美国, US
```

```
TRACE [main] - <== Row: 1, 中国, CN
DEBUG [main] - <== Total: 3
```

除了代码中注释的内容，特别需要注意的地方是 or 的方法。当有多个 or 的时候，SQL 语句就是类似 or(...)or(...)这样的 SQL，如果一个 or 都没有，那就只有 example.createCriteria()中的查询条件。

除了 selectByExample，与 **UPDATE** 相关的有两个方法，分别为 updateByExample 和 updateByExampleSelective。这两个方法的区别是，当对象的属性为空时，第一个方法会将值更新为 null，第二个方法不会更新 null 属性的字段。通过 Example 的方法一般都是批量操作，由于 country 表存在主键 id，不能被批量更新，因此要使用 updateByExampleSelective 进行测试，代码如下。

```java
@Test
public void testUpdateByExampleSelective() {
    //获取 sqlSession
    SqlSession sqlSession = getSqlSession();
    try {
        //获取 CountryMapper 接口
        CountryMapper countryMapper =
                sqlSession.getMapper(CountryMapper.class);
        //创建 Example 对象
        CountryExample example = new CountryExample();
        //创建条件，只能有一个 createCriteria
        CountryExample.Criteria criteria = example.createCriteria();
        //更新所有 id > 2 的国家
        criteria.andIdGreaterThan(2);
        //创建一个要设置的对象
        Country country = new Country();
        //将国家名字设置为 China
        country.setCountryname("China");
        //执行查询
        countryMapper.updateByExampleSelective(country, example);
        //把符合条件的结果输出查看
        printCountryList(countryMapper.selectByExample(example));
    } finally {
        //不要忘记关闭 sqlSession
        sqlSession.close();
    }
}
```

测试代码输出结果如下。

```
DEBUG [main] - ==> Preparing: update country SET countryname = ?
                            WHERE ( id > ? )
DEBUG [main] - ==> Parameters: China(String), 2(Integer)
DEBUG [main] - <== Updates: 3
DEBUG [main] - ==> Preparing: select id, countryname, countrycode
                            from country WHERE ( id > ? )
DEBUG [main] - ==> Parameters: 2(Integer)
TRACE [main] - <== Columns: id, countryname, countrycode
TRACE [main] - <== Row: 3, China, RU
TRACE [main] - <== Row: 4, China, GB
TRACE [main] - <== Row: 5, China, FR
DEBUG [main] - <== Total: 3
```

除了以上的 **Example** 方法，还有 deleteByExample 和 countByExample 两个方法，下面测试这两个方法。

```
@Test
public void testDeleteByExample() {
    //获取 sqlSession
    SqlSession sqlSession = getSqlSession();
    try {
        //获取 CountryMapper 接口
        CountryMapper countryMapper =
                sqlSession.getMapper(CountryMapper.class);
        //创建 Example 对象
        CountryExample example = new CountryExample();
        //创建条件，只能有一个 createCriteria
        CountryExample.Criteria criteria = example.createCriteria();
        //删除所有 id > 2 的国家
        criteria.andIdGreaterThan(2);
        //执行查询
        countryMapper.deleteByExample(example);
        //使用 countByExample 查询符合条件的数量，因为已删除，所以这里应该是 0
        Assert.assertEquals(0, countryMapper.countByExample(example));
    } finally {
        //不要忘记关闭 sqlSession
        sqlSession.close();
    }
}
```

测试代码输出结果如下。

```
DEBUG [main] - ==> Preparing: delete from country WHERE ( id > ? )
DEBUG [main] - ==> Parameters: 2(Integer)
DEBUG [main] - <== Updates: 3
DEBUG [main] - ==> Preparing: select count(*) from country WHERE ( id > ? )
DEBUG [main] - ==> Parameters: 2(Integer)
TRACE [main] - <== Columns: count(*)
TRACE [main] - <== Row: 0
DEBUG [main] - <== Total: 1
```

通过上面几个例子，相信大家对 Example 应该已经有所了解，使用 Example 查询能解决大部分复杂的单表操作，从一定程度上能减少工作量。但是建议在条件很多并且判断很多的情况下，避免使用 Example 查询。这种情况下，使用 XML 方式会更有效。

5.5 本章小结

在本章中，我们对 MBG 进行了全面的介绍，针对不同的情况提供了多样的示例。对 MBG 了解越多，就越能在使用的时候减少人工操作，节省大量的时间，从枯燥的基础方法中脱离出来，将更多的精力用于复杂或高效的编码中。

第 6 章

MyBatis 高级查询

通过前面几章节的学习，我们已经了解了 MyBatis 中最常用的部分。基本的增、删、改、查操作以及动态 SQL 已经可以满足我们大部分的需求，这一章将会对除上述内容之外的知识点进行详细介绍。

本章主要包含的内容为 MyBatis 的高级结果映射，主要处理数据库一对一、一对多的查询，另外就是在 MyBatis 中使用存储过程的方法，处理存储过程的入参和出参方法，最后会介绍 Java 中的枚举方法和数据库表字段的处理方法。

6.1　高级结果映射

在关系型数据库中，我们经常要处理一对一、一对多的关系。例如，一辆汽车需要有一个引擎，这是一对一的关系。一辆汽车有 4 个或更多个轮子，这是一对多的关系。

在 RBAC 权限系统中还存在着一个用户拥有多个角色、一个角色拥有多个权限这样复杂的嵌套关系。使用已经学会的 MyBatis 技巧都可以轻松地解决这种复杂的关系。在面对这种关系的时候，我们可能要写多个方法分别查询这些数据，然后再组合到一起。这种处理方式特别适合用在大型系统上，由于分库分表，这种用法可以减少表之间的关联查询，方便系统进行扩展。但是在一般的企业级应用中，使用 MyBatis 的高级结果映射便可以轻松地处理这种一对一、一对多的关系。本节将带领大家学习与高级结果映射相关的内容。

6.1.1　一对一映射

假设在 RBAC 权限系统中，一个用户只能拥有一个角色，为了举例，先把用户和角色之间的关系限制为一对一的关系。在 2.3 节中介绍了一个 `selectRolesByUserId` 方法，这个方法实际上就已经是一个一对一关系了。一对一映射因为不需要考虑是否存在重复数据，因此使用起来很简单，而且可以直接使用 MyBatis 的自动映射。此处参考 2.3 节中的方法，使用自动映射实现在查询用户信息的同时获取用户拥有的角色。

6.1.1.1　使用自动映射处理一对一关系

一个用户拥有一个角色，因此先在 `SysUser` 类中增加 `SysRole` 字段，代码如下。

```
/**
 * 用户表
 */
public class SysUser {
    //其他原有字段
```

```
/**
 * 用户角色
 */
private SysRole role;

//其他原有的 setter 和 getter 方法

public SysRole getRole() {
    return role;
}

public void setRole(SysRole role) {
    this.role = role;
}
```

```
}
```

　　使用自动映射就是通过别名让 MyBatis 自动将值匹配到对应的字段上，简单的别名映射如 user_name 对应 userName。除此之外 MyBatis 还支持复杂的属性映射，可以多层嵌套，例如将 role.role_name 映射到 role.roleName 上。MyBatis 会先查找 role 属性，如果存在 role 属性就创建 role 对象，然后在 role 对象中继续查找 roleName，将 role_name 的值绑定到 role 对象的 roleName 属性上。

　　下面根据自动映射的规则，在 UserMapper.xml 中增加如下方法。

```xml
<select id="selectUserAndRoleById"
        resultType="tk.mybatis.simple.model. SysUser">
    select
        u.id,
        u.user_name userName,
        u.user_password userPassword,
        u.user_email userEmail,
        u.user_info userInfo,
        u.head_img headImg,
        u.create_time createTime,
        r.id "role.id",
        r.role_name "role.roleName",
        r.enabled "role.enabled",
        r.create_by "role.createBy",
```

```
        r.create_time "role.createTime"
    from sys_user u
    inner join sys_user_role ur on u.id = ur.user_id
    inner join sys_role r on ur.role_id = r.id
    where u.id = #{id}
</select>
```

注意上述方法中 sys_role 查询列的别名都是"role."前缀，通过这种方式将 role 的属性都映射到了 SysUser 的 role 属性上。

在 UserMapper 的接口中添加对应的方法，代码如下。

```
/**
 * 根据用户 id 获取用户信息和用户的角色信息
 *
 * @param id
 * @return
 */
SysUser selectUserAndRoleById(Long id);
```

针对该方法编写测试代码如下。

```
@Test
public void testSelectUserAndRoleById(){
    //获取 sqlSession
    SqlSession sqlSession = getSqlSession();
    try {
        //获取 UserMapper 接口
        UserMapper userMapper = sqlSession.getMapper(UserMapper.class);
        //特别注意，在测试数据中，id=1L 的用户有两个角色，不适合这个例子
        //这里使用只有一个角色的用户（id=1001L）
        SysUser user = userMapper.selectUserAndRoleById(1001L);
        //user 不为空
        Assert.assertNotNull(user);
        //user.role 也不为空
        Assert.assertNotNull(user.getRole());
    } finally {
        //不要忘记关闭 sqlSession
        sqlSession.close();
    }
}
```

执行该测试，在获取 user 后面的代码处设置断点，此时查询结果如图 6-1 所示。

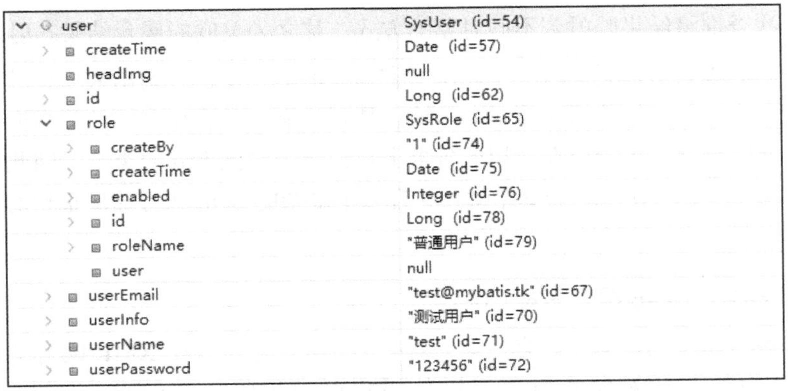

图 6-1　user 值

通过上图可以很清楚地看到 user 对象中各个字段的状态，符合我们的预期。

该测试输出的日志如下。

```
DEBUG [main] - ==> Preparing: select u.id, u.user_name userName,
                                u.user_password userPassword,
                                u.user_email userEmail,
                                u.user_info userInfo,
                                u.head_img headImg,
                                u.create_time createTime,
                                r.id "role.id",
                                r.role_name "role.roleName",
                                r.enabled "role.enabled",
                                r.create_by "role.createBy",
                                r.create_time "role.createTime"
                        from sys_user u
                        inner join sys_user_role ur
                                on u.id = ur.user_id
                        inner join sys_role r
                                on ur.role_id = r.id
                        where u.id = ?
DEBUG [main] - ==> Parameters: 1001(Long)
TRACE [main] - <== Columns: id, userName, userPassword, userEmail,
                        userInfo, headImg, createTime, role.id,
                        role.roleName, role.enabled, role.createBy,
                        role.createTime
TRACE [main] - <== Row: 1001, test, 123456, test@mybatis.tk,
                   <<BLOB>>, <<BLOB>>, 2016-06-07 00:00:00.0, 2,
                   普通用户, 1, 1, 2016-04-01 17:02:34.0
DEBUG [main] - <== Total: 1
```

通过 SQL 日志可以看到已经查询出的一条数据，MyBatis 将这条数据映射到了两个类中，像这种通过一次查询将结果映射到不同对象的方式，称之为关联的嵌套结果映射。

关联的嵌套结果映射需要关联多个表将所有需要的值一次性查询出来。这种方式的好处是减少数据库查询次数，减轻数据库的压力，缺点是要写很复杂的 SQL，并且当嵌套结果更复杂时，不容易一次写正确，由于要在应用服务器上将结果映射到不同的类上，因此也会增加应用服务器的压力。当一定会使用到嵌套结果，并且整个复杂的 SQL 执行速度很快时，建议使用关联的嵌套结果映射。

6.1.1.2　使用 `resultMap` 配置一对一映射

除了使用 MyBatis 的自动映射来处理一对一嵌套外，还可以在 XML 映射文件中配置结果映射。上一节中的复杂对象映射也可以使用相同效果的 `resultMap` 进行配置，使用 `resultMap` 实现和上一节中的例子相同的效果。

在 UserMapper.xml 中增加如下的 `resultMap` 配置。

```xml
<resultMap id="userRoleMap" type="tk.mybatis.simple.model.SysUser">
    <id property="id" column="id"/>
    <result property="userName" column="user_name"/>
    <result property="userPassword" column="user_password"/>
    <result property="userEmail" column="user_email"/>
    <result property="userInfo" column="user_info"/>
    <result property="headImg" column="head_img" jdbcType="BLOB"/>
    <result property="createTime" column="create_time"
            jdbcType= "TIMESTAMP"/>
    <!--role 相关属性-->
    <result property="role.id" column="role_id"/>
    <result property="role.roleName" column="role_name"/>
    <result property="role.enabled" column="enabled"/>
    <result property="role.createBy" column="create_by"/>
    <result property="role.createTime" column="role_create_time"
            jdbcType= "TIMESTAMP"/>
</resultMap>
```

这种配置和上一节相似的地方在于，role 中的 `property` 配置部分使用"role."前缀。在 column 部分，为了避免不同表中存在相同的列，所有可能重名的列都增加了"role_"前缀。使用这种方式配置的时候，还需要在查询时设置不同的别名。针对该方法在 UserMapper.xml 中增加一个 selectUserAndRoleById2 方法，代码如下。

```xml
<select id="selectUserAndRoleById2" resultMap="userRoleMap">
    select
        u.id,
        u.user_name,
        u.user_password,
        u.user_email,
```

```
            u.user_info,
            u.head_img,
            u.create_time,
            r.id role_id,
            r.role_name,
            r.enabled enabled,
            r.create_by create_by,
            r.create_time role_create_time
        from sys_user u
        inner join sys_user_role ur on u.id = ur.user_id
        inner join sys_role r on ur.role_id = r.id
        where u.id = #{id}
    </select>
```

注意这个方法使用 resultMap 配置映射，所以返回值不能用 resultType 来设置，而是需要使用 resultMap 属性将其配置为上面的 userRoleMap。注意 SQL 中只有 sys_role 部分列为了防止重名而增加了列命名，并且别名和 resultMap 中配置的 column 一致。在 UserMapper 接口中增加对应的方法，代码如下。

```
/**
 * 根据用户 id 获取用户信息和用户的角色信息
 *
 * @param id
 * @return
 */
SysUser selectUserAndRoleById2(Long id);
```

该接口的测试方法和 selectUserAndRoleById 一模一样，只需要把调用 selectUserAndRoleById 的方法改为 selectUserAndRoleById2 即可，测试代码以及日志输出都和 selectUserAndRoleById 方法一样，这里不在重复。

用过上一种写法后再看这一种写法就会发现，resultMap 非常烦琐，不仅没有方便使用反而增加了更多的工作量。MyBatis 是支持 resultMap 映射继承的，因此要先简化上面的 resultMap 配置。在这个映射文件中本就存在一个 userMap 的映射配置（虽然这个 userMap 是第 2 章中手写的，但是学过第 5 章后，使用 MyBatis 代码生成器生成的代码都包含基础的 resultMap 配置，这个配置不需要手写，所以很简单），因此 userRoleMap 只需要继承 userMap，然后添加 role 特有的配置即可，userRoleMap 修改后的代码如下。

```
<resultMap id="userRoleMap" extends="userMap"
            type="tk.mybatis.simple. model.SysUser">
    <result property="role.id" column="role_id"/>
    <result property="role.roleName" column="role_name"/>
    <result property="role.enabled" column="enabled"/>
    <result property="role.createBy" column="create_by"/>
```

```
<result property="role.createTime" column="role_create_time"
        jdbcType= "TIMESTAMP"/>
</resultMap>
```

使用继承不仅使配置更简单，而且当对主表 userMap 进行修改时也只需要修改一处。修改后的 resultMap 仍然不能算方便，但是至少没有那么麻烦。

6.1.1.3 使用 **resultMap** 的 **association** 标签配置一对一映射

在 resultMap 中，association 标签用于和一个复杂的类型进行关联，即用于一对一的关联配置。

在上面配置的基础上，再做修改，改成 association 标签的配置方式，代码如下。

```
<resultMap id="userRoleMap" extends="userMap"
        type="tk.mybatis.simple. model.SysUser">
    <association property="role" columnPrefix="role_"
                javaType="tk.mybatis. simple.model.SysRole">
        <result property="id" column="id"/>
        <result property="roleName" column="role_name"/>
        <result property="enabled" column="enabled"/>
        <result property="createBy" column="create_by"/>
        <result property="createTime" column="create_time" jdbcType="TIMESTAMP"/>
    </association>
</resultMap>
```

association 标签包含以下属性。

- property：对应实体类中的属性名，必填项。
- javaType：属性对应的 Java 类型。
- resultMap：可以直接使用现有的 resultMap，而不需要在这里配置。
- columnPrefix：查询列的前缀，配置前缀后，在子标签配置 result 的 column 时可以省略前缀。

除了这些属性外，还有其他属性，此处不做介绍。

因为上面配置了属性 role，因此在 association 内部配置 result 的 property 属性时，直接按照 SysRole 对象中的属性名配置即可。另外我们还配置了 columnPrefix="role_"，在写 SQL 的时候，和 sys_role 表相关的查询列的别名都要有"role_"前缀，在内部 result 配置 column 时，需要配置成去掉前缀的列名，MyBatis 在映射结果时会自动使用前缀和 column 值的组合去 SQL 查询的结果中取值。这种配置方式实际上是很方便的，但是目前此处的写法无法体现，后面改进的例子会让大家看到效果。

对于前面提到的修改后的 resultMap，因为配置了列的前缀，因此还需要修改 SQL，代码如下。

```xml
<select id="selectUserAndRoleById2" resultMap="userRoleMap">
    select
        u.id,
        u.user_name,
        u.user_password,
        u.user_email,
        u.user_info,
        u.head_img,
        u.create_time,
        r.id role_id,
        r.role_name role_role_name,
        r.enabled role_enabled,
        r.create_by role_create_by,
        r.create_time role_create_time
    from sys_user u
    inner join sys_user_role ur on u.id = ur.user_id
    inner join sys_role r on ur.role_id = r.id
    where u.id = #{id}
</select>
```

注意和 sys_role 相关列的别名，都已经改成了 "role_" 前缀，特别注意 role_name 增加前缀后为 role_role_name。修改完成后，可以执行 selectUserAndRoleById2 方法的测试，该测试的结果仍然会和之前的结果一样。

使用 association 配置时还可以使用 resultMap 属性配置成一个已经存在的 resultMap 映射，一般情况下，如果使用 MyBatis 代码生成器，都会生成每个表对应实体的 resultMap 配置，也可以手写一个 resultMap，先把 sys_role 相关的映射提取出来，代码如下。

```xml
<resultMap id="roleMap" type="tk.mybatis.simple.model.SysRole">
    <id property="id" column="id"/>
    <result property="roleName" column="role_name"/>
    <result property="enabled" column="enabled"/>
    <result property="createBy" column="create_by"/>
    <result property="createTime" column="create_time" jdbcType="TIMESTAMP"/>
</resultMap>
```

直接使用 roleMap 的时候，userRoleMap 配置如下。

```xml
<resultMap id="userRoleMap" extends="userMap"
           type="tk.mybatis.simple. model.SysUser">
    <association property="role" columnPrefix="role_" resultMap="roleMap"/>
</resultMap>
```

到这一步以后，是不是就没那么麻烦了。需要注意，目前的 roleMap 是写在 UserMapper.xml

中的，虽然目前只在这里用到了 roleMap，但其实更合理的使用位置是在 RoleMapper.xml 中。将 roleMap 移动到 RoleMapper.xml 中后，这里的 userRoleMap 就不能简单地指定为 roleMap 了，而是要修改为以下的样子。

```
<resultMap id="userRoleMap" extends="userMap"
        type="tk.mybatis.simple. model.SysUser">
    <association property="role" columnPrefix="role_"
        resultMap="tk.mybatis.simple.mapper.RoleMapper.roleMap"/>
</resultMap>
```

MyBatis 默认会给 roleMap 添加当前命名空间的前缀，代码如下。

```
tk.mybatis.simple.mapper.UserMapper.roleMap
```

在移动 roleMap 之前，这个完整的地址是正确的，移动后便找不到 resultMap 了，此时必须指定完整的名字才能找到。引用 resultMap 时一定要注意这一点。

写到这种程度已经很简单了，和最开始的方式相比少了主表的一部分别名，但从表仍然需要别名，另外还多了 resultMap 配置。

目前已经讲到的这 3 种情况都属于"关联的嵌套结果映射"，即通过一次 SQL 查询根据表或指定的属性映射到不同的对象中。除了这种方式，还有一种"关联的嵌套查询"，也就意味着还有额外的查询，下面来看第 4 种情况。

6.1.1.4 **association** 标签的嵌套查询

除了前面 3 种通过复杂的 SQL 查询获取结果，还可以利用简单的 SQL 通过多次查询转换为我们需要的结果，这种方式与根据业务逻辑手动执行多次 SQL 的方式相像，最后会将结果组合成一个对象。

association 标签的嵌套查询常用的属性如下。

- select：另一个映射查询的 id，MyBatis 会额外执行这个查询获取嵌套对象的结果。
- column：列名（或别名），将主查询中列的结果作为嵌套查询的参数，配置方式如 column={prop1=col1,prop2=col2}，prop1 和 prop2 将作为嵌套查询的参数。
- fetchType：数据加载方式，可选值为 lazy 和 eager，分别为延迟加载和积极加载，这个配置会覆盖全局的 lazyLoadingEnabled 配置。

使用嵌套查询的方式配置一个和前面功能一样的方法，首先在 UserMapper.xml 中创建如下的 resultMap。

```
<resultMap id="userRoleMapSelect" extends="userMap"
        type="tk.mybatis. simple.model.SysUser">
    <association property="role" column="{id=role_id}"
        select="tk.mybatis.simple.mapper.RoleMapper.selectRoleById" />
```

```
</resultMap>
```

然后在接口和 XML 中添加使用 userRoleMapSelect 的查询方法，接口代码如下。

```
/**
 * 根据用户 id 获取用户信息和用户的角色信息，嵌套查询方式
 *
 * @param id
 * @return
 */
SysUser selectUserAndRoleByIdSelect(Long id);
```

在对应的 XML 中添加如下代码。

```
<select id="selectUserAndRoleByIdSelect" resultMap="userRoleMapSelect">
    select
        u.id,
        u.user_name,
        u.user_password,
        u.user_email,
        u.user_info,
        u.head_img,
        u.create_time,
        ur.role_id
    from sys_user u
    inner join sys_user_role ur on u.id = ur.user_id
    where u.id = #{id}
</select>
```

注意表关联中已经没有 sys_role，因为我们不是通过一个 SQL 获取全部的信息，角色信息要通过配置的 selectRoleById 方法进行查询，这个方法写在 RoleMapper.xml 中，代码如下。

```
<select id="selectRoleById" resultMap="roleMap">
    select * from sys_role where id = #{id}
</select>
```

注意，可用的参数是通过上面的 column="{id=role_id}"进行配置的，因此在嵌套的 SQL 中只能使用#{id}参数，当需要多个参数时，可以配置多个，使用逗号隔开即可，例如 column="{id=role_id,name=role_name}"。

针对上面这个方法，在 UserMapperTest 中编写测试如下。

```
@Test
public void testSelectUserAndRoleByIdSelect(){
    //获取 sqlSession
    SqlSession sqlSession = getSqlSession();
    try {
        //获取 UserMapper 接口
```

```
        UserMapper userMapper = sqlSession.getMapper(UserMapper.class);
        //这里使用只有一个角色的用户 (id = 1001L)
        SysUser user = userMapper.selectUserAndRoleByIdSelect(1001L);
        //user 不为空
        Assert.assertNotNull(user);
        //user.role 也不为空
        Assert.assertNotNull(user.getRole());
    } finally {
        //不要忘记关闭 sqlSession
        sqlSession.close();
    }
}
```

测试代码和前面几个例子中的测试代码是一样的，只是调用的方法是新增的 selectUserAnd RoleByIdSelect 方法，因为嵌套查询会多执行 SQL 查询，因此这个测试的输出日志是我们最关心的，该测试输出日志内容如下。

```
DEBUG [main] - ==> Preparing: select u.id, u.user_name, u.user_password,
                              u.user_email, u.user_info,
                              u.head_img, u.create_time, ur.role_id
                        from sys_user u
                        inner join sys_user_role ur
                              on u.id = ur.user_id
                        where u.id = ?
DEBUG [main] - ==> Parameters: 1001(Long)
TRACE [main] - <== Columns: id, user_name, user_password, user_email,
                             user_info, head_img, create_time, role_id
TRACE [main] - <== Row: 1001, test, 123456, test@mybatis.tk,
                        <<BLOB>>, <<BLOB>>, 2016-06-07 00:00:00.0, 2
DEBUG [main] - ====> Preparing: select * from sys_role where id = ?
DEBUG [main] - ====> Parameters: 2(Long)
TRACE [main] - <==== Columns: id, role_name, enabled, create_by,
                              create_time
TRACE [main] - <==== Row: 2, 普通用户, 1, 1, 2016-04-01 17:02:34.0
DEBUG [main] - <==== Total: 1
DEBUG [main] - <== Total: 1
```

结果和我们想的一致，因为第一个 SQL 的查询结果只有一条，所以根据这一条数据的 role_id 关联了另一个查询，因此执行了两次 SQL。

这种配置方式符合开始时预期的结果，但是由于嵌套查询会多执行 SQL，所以还要考虑更多情况。在这个例子中，是否一定会用到 SysRole 呢？如果查询出来并没有使用，那不就白白浪费了一次查询吗？如果查询的不是 1 条数据，而是 N 条数据，那就会出现 N+1 问题，主 SQL 会查询一次，查询出 N 条结果，这 N 条结果要各自执行一次查询，那就需要进行 N 次查询。如何解决这个问题呢？

在上面介绍 association 标签的属性时，介绍了 fetchType 数据加载方式，这个方式可以帮我们实现延迟加载，解决 N+1 的问题。按照上面的介绍，需要把 `fetchType` 设置为 `lazy`，这样设置后，只有当调用 `getRole()` 方法获取 `role` 的时候，MyBatis 才会执行嵌套查询去获取数据。首先修改 `userRoleMapSelect` 方法，增加 `fetchType` 属性，代码如下。

```xml
<resultMap id="userRoleMapSelect" extends="userMap"
            type="tk.mybatis. simple.model.SysUser">
    <association property="role"
                fetchType="lazy"
                select="tk.mybatis.simple.mapper.RoleMapper.selectRoleById"
                column="{id=role_id}"/>
</resultMap>
```

然后修改测试代码，在 `getRole()` 之前增加一行输出，具体如下。

```java
System.out.println("调用 user.getRole()");
Assert.assertNotNull(user.getRole());
```

在测试时，也可以在 `getRole()` 方法前设置断点查看日志，测试方法输出的日志如下。

```
DEBUG [main] - ==> Preparing: select u.id, u.user_name, u.user_password,
                                u.user_email, u.user_info,
                                u.head_img, u.create_time,
                                ur.role_id
                            from sys_user u
                            inner join sys_user_role ur
                                on u.id = ur.user_id
                            where u.id = ?
DEBUG [main] - ==> Parameters: 1001(Long)
TRACE [main] - <== Columns: id, user_name, user_password, user_email,
                            user_info, head_img, create_time, role_id
TRACE [main] - <== Row: 1001, test, 123456, test@mybatis.tk,
                        <<BLOB>>, <<BLOB>>, 2016-06-07 00:00:00.0, 2
DEBUG [main] - ====> Preparing: select * from sys_role where id = ?
DEBUG [main] - ====> Parameters: 2(Long)
TRACE [main] - <==== Columns: id, role_name, enabled, create_by,
                            create_time
TRACE [main] - <==== Row: 2, 普通用户, 1, 1, 2016-04-01 17:02:34.0
DEBUG [main] - <==== Total: 1
DEBUG [main] - <== Total: 1
调用 user.getRole()
```

结果出乎意料，获取角色的查询并没有在调用 `getRole()` 方法时才执行嵌套的 SQL，为什么会这样呢？

在 MyBatis 的全局配置中，有一个参数为 `aggressiveLazyLoading`。这个参数的含义是，当该参数设置为 `true` 时，对任意延迟属性的调用会使带有延迟加载属性的对象完整加载，反之，每种属性都将按需加载。

上面的方法之所以没有按照预想去执行，就是因为这个参数默认为 true（3.4.5 版本开始默认值改为 false）所以当查询 sys_user 过后并给 SysUser 对象赋值时，会调用该对象其他属性的 setter 方法，这也会触发上述规则，导致本该延迟加载的属性直接加载。为了避免这种情况，需要在 mybatis-config.xml 中添加如下配置。

```
<settings>
    <!--其他配置-->
    <setting name="aggressiveLazyLoading" value="false"/>
</settings>
```

增加这个配置，再次执行测试，这次输出的日志如下。

```
DEBUG [main] - ==> Preparing: select u.id, u.user_name, u.user_password,
                                u.user_email, u.user_info,
                                u.head_img, u.create_time,
                                ur.role_id
                        from sys_user u
                        inner join sys_user_role ur
                            on u.id = ur.user_id
                        where u.id = ?
DEBUG [main] - ==> Parameters: 1001(Long)
TRACE [main] - <== Columns: id, user_name, user_password, user_email,
                        user_info, head_img, create_time, role_id
TRACE [main] - <== Row: 1001, test, 123456, test@mybatis.tk,
                        <<BLOB>>, <<BLOB>>, 2016-06-07 00:00:00.0, 2
DEBUG [main] - <== Total: 1
调用 user.getRole()
DEBUG [main] - ==> Preparing: select * from sys_role where id = ?
DEBUG [main] - ==> Parameters: 2(Long)
TRACE [main] - <== Columns: id, role_name, enabled, create_by, create_time
TRACE [main] - <== Row: 2, 普通用户, 1, 1, 2016-04-01 17:02:34.0
DEBUG [main] - <== Total: 1
```

从日志中可以看出，执行的结果和预期的结果一样，在调用 getRole() 方法后才执行嵌套 SQL 查询结果。

特别提醒！

许多对延迟加载原理不太熟悉的朋友会经常遇到一些莫名其妙的问题：有些时候延迟加载可以得到数据，有些时候延迟加载就会报错，为什么会出现这种情况呢？

MyBatis 延迟加载是通过动态代理实现的，当调用配置为延迟加载的属性方法时，动态代理的操作会被触发，这些额外的操作就是通过 MyBatis 的 SqlSession 去执行嵌套 SQL 的。由于在和某些框架集成时，SqlSession 的生命周期交给了框架来管理，因此当对象超出 SqlSession 生命周期调用时，会由于链接关闭等问题而抛出异常。在和 Spring 集成时，要确保只能在 Service 层调用延迟加载的属性。当结果从 Service 层返回至 Controller 层时，如果获取延迟加载的属性值，会因为 SqlSession 已经关闭而抛出异常。

虽然这个方法已经满足了我们的要求，但是有些时候还是需要在触发某方法时将所有的数据都加载进来，而我们已经将 aggressiveLazyLoading 设置为 false，这种情况又该怎么解决呢？

MyBatis 仍然提供了参数 lazyLoadTriggerMethods 帮助解决这个问题，这个参数的含义是，当调用配置中的方法时，加载全部的延迟加载数据。默认值为 "equals,clone,hashCode,toString"。因此在使用默认值的情况下，只要调用其中一个方法就可以实现加载调用对象的全部数据。修改测试，修改部分代码如下。

```
System.out.println("调用 user.equals(null)");
user.equals(null);
System.out.println("调用 user.getRole()");
Assert.assertNotNull(user.getRole());
```

在调用 getRole() 方法前，先调用 equals 方法，修改后测试输出日志如下。

```
DEBUG [main] - ==> Preparing: select u.id, u.user_name, u.user_password,
                                 u.user_email, u.user_info,
                                 u.head_img, u.create_time,
                                 ur.role_id
                          from sys_user u
                          inner join sys_user_role ur
                                 on u.id = ur.user_id
                          where u.id = ?
DEBUG [main] - ==> Parameters: 1001(Long)
TRACE [main] - <== Columns: id, user_name, user_password, user_email,
                             user_info, head_img, create_time, role_id
TRACE [main] - <== Row: 1001, test, 123456, test@mybatis.tk,
                         <<BLOB>>, <<BLOB>>, 2016-06-07 00:00:00.0, 2
DEBUG [main] - <== Total: 1
调用 user.equals(null)
DEBUG [main] - ==> Preparing: select * from sys_role where id = ?
DEBUG [main] - ==> Parameters: 2(Long)
TRACE [main] - <== Columns: id, role_name, enabled, create_by, create_time
TRACE [main] - <== Row: 2, 普通用户, 1, 1, 2016-04-01 17:02:34.0
DEBUG [main] - <== Total: 1
调用 user.getRole()
```

从日志中可以看到，调用 equals 方法后就触发了延迟加载属性的查询，这种方式可以满足需要。

这一节中，我们通过讲解 4 种方式的一对一查询，循序渐进地为大家介绍了高级映射中的关键内容。除了基本的属性，还讲解了 resultMap 的继承、关联的嵌套查询、关联的嵌套结果查询。在关联的嵌套查询中，我们又介绍了延迟加载的详细用法。这一节的内容（尤其是 6.1.1.4 节）非常重要，在下一节关于一对多映射的介绍中，嵌套查询和延迟加载与本节介绍的内容完全一样，唯一不同的只是映射结果的数量，继续来看一对多映射。

6.1.2 一对多映射

在上一节中，我们使用了 4 种方式实现一对一映射。这一节中，一对多映射只有两种配置方式，都是使用 collection 标签进行的，下面来看具体的介绍。

6.1.2.1 collection 集合的嵌套结果映射

和 association 类似，集合的嵌套结果映射就是指通过一次 SQL 查询将所有的结果查询出来，然后通过配置的结果映射，将数据映射到不同的对象中去。在一对多的关系中，主表的一条数据会对应关联表中的多条数据，因此一般查询时会查询出多个结果，按照一对多的数据结构存储数据的时候，最终的结果数会小于等于查询的总记录数。

在 RBAC 权限系统中，一个用户拥有多个角色（注意，使用 association 是设定的特例，限制一个用户只有一个角色），每个角色又是多个权限的集合，所以要渐进式地去实现一个 SQL，查询出所有用户和用户拥有的角色，以及角色所包含的所有权限信息的两层嵌套结果。

先来看如何实现一层嵌套的结果，为了能够存储一对多的数据，先对 SysUser 类进行修改，代码如下。

```
/**
 * 用户表
 */
public class SysUser {
    //原有属性

    /**
     * 用户的角色集合
     */
    private List<SysRole> roleList;

    //原有 setter 和 getter 方法

    public List<SysRole> getRoleList() {
        return roleList;
    }

    public void setRoleList(List<SysRole> roleList) {
        this.roleList = roleList;
    }

}
```

在 SysUser 类中增加 roleList 属性用于存储用户对应的多个角色。

在 **UserMapper.xml** 中创建 resultMap，代码如下。

```xml
<resultMap id="userRoleListMap"
           type="tk.mybatis.simple.model.SysUser">
    <id property="id" column="id"/>
    <result property="userName" column="user_name"/>
    <result property="userPassword" column="user_password"/>
    <result property="userEmail" column="user_email"/>
    <result property="userInfo" column="user_info"/>
    <result property="headImg" column="head_img" jdbcType="BLOB"/>
    <result property="createTime" column="create_time" jdbcType="TIMESTAMP"/>
    <collection property="roleList" columnPrefix="role_"
                ofType="tk.mybatis.simple.model.SysRole">
        <id property="id" column="id"/>
        <result property="roleName" column="role_name"/>
        <result property="enabled" column="enabled"/>
        <result property="createBy" column="create_by"/>
        <result property="createTime" column="create_time"
                jdbcType="TIMESTAMP"/>
    </collection>
</resultMap>
```

和 6.1.1.3 中的方式对比会很容易发现，此处就是把 association 改成了 collection，然后将 property 设置为了 roleList，其他的 id 和 result 的配置都还一样。仔细想想应该不难理解，collection 用于配置一对多关系，对应的属性必须是对象中的集合类型，因此这里是 roleList。另外，resultMap 只是为了配置数据库字段和实体属性的映射关系，因此其他都一样。同时能存储一对多的数据结构肯定也能存储一对一关系，所以一对一像是一对多的一种特例。collection 支持的属性以及属性的作用和 association 完全相同，这里不做详细介绍。

上一节中，我们逐步对 resultMap 进行了简化，在这一节，因为有了上一节的基础，因此可以大刀阔斧地对这个 resultMap 进行快速简化。首先，SysUser 中的属性可以直接通过继承 userMap 来使用 sys_user 的映射关系，其次在 **RoleMapper.xml** 中的 roleMap 映射包含了 sys_role 的映射关系，因此可以直接引用 roleMap，经过这两个方式的简化，最终的 userRoleListMap 如下。

```xml
<resultMap id="userRoleListMap" extends="userMap"
           type="tk.mybatis.simple. model.SysUser">
    <collection property="roleList" columnPrefix="role_"
                resultMap="tk.mybatis.simple.mapper.RoleMapper.roleMap"/>
</resultMap>
```

经过简化后的配置和 6.1.1.3 中最终简化的结果也极其相似，变化的地方也是 association 变成了 collection，property 从 role 变成了 roleList。

仿照上一节的 selectUserAndRoleById2 方法，创建 selectAllUserAndRoles 方法，代码如下。

```
<select id="selectAllUserAndRoles" resultMap="userRoleListMap">
    select
        u.id,
        u.user_name,
        u.user_password,
        u.user_email,
        u.user_info,
        u.head_img,
        u.create_time,
        r.id role_id,
        r.role_name role_role_name,
        r.enabled role_enabled,
        r.create_by role_create_by,
        r.create_time role_create_time
    from sys_user u
    inner join sys_user_role ur on u.id = ur.user_id
    inner join sys_role r on ur.role_id = r.id
</select>
```

这个方法用于查询所有用户及其对应的角色，sys_role 对应的查询列都增加了以 "role_" 作为前缀的别名。

在 UserMapper 接口中增加如下的对应方法。

```
/**
 * 获取所有的用户以及对应的所有角色
 *
 * @return
 */
List<SysUser> selectAllUserAndRoles();
```

针对该方法，在 UserMapperTest 中添加如下测试。

```
@Test
public void testSelectAllUserAndRoles(){
    //获取 sqlSession
    SqlSession sqlSession = getSqlSession();
    try {
        //获取 UserMapper 接口
        UserMapper userMapper = sqlSession.getMapper(UserMapper.class);
        List<SysUser> userList = userMapper.selectAllUserAndRoles();
```

```
            System.out.println("用户数: " + userList.size());
            for(SysUser user : userList){
                System.out.println("用户名: " + user.getUserName());
                for(SysRole role: user.getRoleList()){
                    System.out.println("角色名: " + role.getRoleName());
                }
            }
        } finally {
            //不要忘记关闭 sqlSession
            sqlSession.close();
        }
    }
```

在执行该测试时，可以使用调试模式，在获取 `userList` 的下一行设置断点，运行到此处时，可以看到对象的属性如图 6-2 所示。

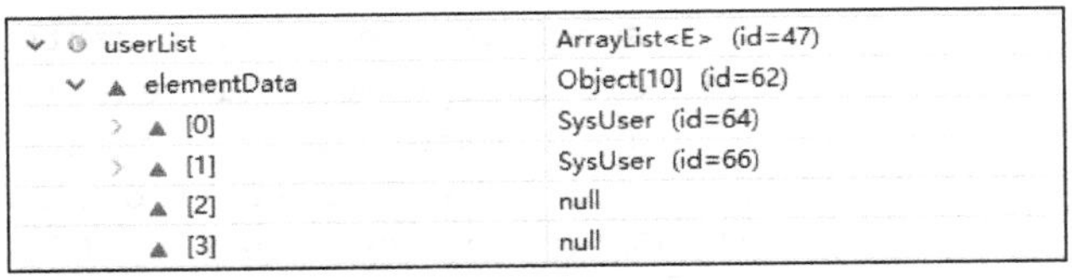

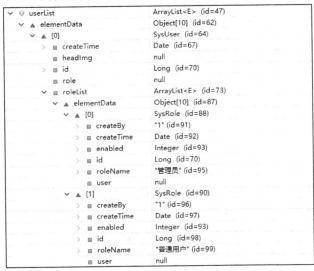

图 6-2　`userList` 值

图中第一个 `SysUser` 的值展开后如图 6-3 所示。

图 6-3　`SysUser` 值

从上图已经可以看到，第一个用户拥有两个角色，实现了一对多的查询。再来看一下测试代码输出的日志。

```
DEBUG [main] - ==> Preparing: select u.id, u.user_name, u.user_password,
                                   u.user_email, u.user_info,
                                   u.head_img, u.create_time,
                                   r.id role_id,
                                   r.role_name role_role_name,
                                   r.enabled role_enabled,
                                   r.create_by role_create_by,
                                   r.create_time role_create_time
                          from sys_user u
                          inner join sys_user_role ur
                              on u.id = ur.user_id
                          inner join sys_role r
                              on ur.role_id = r.id
DEBUG [main] - ==> Parameters:
TRACE [main] - <== Columns: id, user_name, user_password, user_email,
                          user_info, head_img, create_time, role_id,
                          role_role_name, role_enabled,
                          role_create_by, role_create_time
TRACE [main] - <== Row: 1, admin, 123456, admin@mybatis.tk,
                          <<BLOB>>, <<BLOB>>, 2016-06-07 00:00:00.0, 1,
                          管理员, 1, 1, 2016-04-01 17:02:14.0
TRACE [main] - <== Row: 1, admin, 123456, admin@mybatis.tk,
                          <<BLOB>>, <<BLOB>>, 2016-06-07 00:00:00.0, 2,
                          普通用户, 1, 1, 2016-04-01 17:02:34.0
TRACE [main] - <== Row: 1001, test, 123456, test@mybatis.tk,
                          <<BLOB>>, <<BLOB>>, 2016-06-07 00:00:00.0, 2,
                          普通用户, 1, 1, 2016-04-01 17:02:34.0
DEBUG [main] - <== Total: 3
用户数: 2
用户名: admin
角色名: 管理员
角色名: 普通用户
用户名: test
角色名: 普通用户
```

通过日志可以清楚地看到，SQL 执行的结果数有 3 条，后面输出的用户数是 2，也就是说本来查询出的 3 条结果经过 MyBatis 对 collection 数据的处理后，变成了两条。

我们都知道，因为第一个用户拥有两个角色，所以转换为一对多的数据结构后就变成了两条结果。那么，MyBatis 又是怎么知道要处理成这样的结果呢？

理解 MyBatis 处理的规则对使用一对多配置是非常重要的，如果只是一知半解，很容易就会遇到各种莫名其妙的问题，所以针对 MyBatis 处理中的要点，下面进行一个详细的阐述。

先来看 MyBatis 是如何知道要合并 admin 的两条数据的，为什么不把 test 这条数据也合并进去呢?

MyBatis 在处理结果的时候,会判断结果是否相同,如果是相同的结果,则只会保留第一个结果,所以这个问题的关键点就是 MyBatis 如何判断结果是否相同。MyBatis 判断结果是否相同时,最简单的情况就是在映射配置中至少有一个 id 标签,在 userMap 中配置如下。

```
<id property="id" column="id"/>
```

我们对 id(构造方法中为 idArg)的理解一般是,它配置的字段为表的主键(联合主键时可以配置多个 id 标签),因为 MyBatis 的 resultMap 只用于配置结果如何映射,并不知道这个表具体如何。id 的唯一作用就是在嵌套的映射配置时判断数据是否相同,当配置 id 标签时,MyBatis 只需要逐条比较所有数据中 id 标签配置的字段值是否相同即可。在配置嵌套结果查询时,配置 id 标签可以提高处理效率。

这样一来,上面的查询就不难理解了。因为前两条数据的 userMap 部分的 id 相同,所以它们属于同一个用户,因此这条数据会合并到同一个用户中。

为了让大家更清楚地理解 id 的作用,可以临时对 userMap 的映射进行如下修改。

```
<resultMap id="userMap" type="tk.mybatis.simple.model.SysUser">
    <id property="userPassword" column="user_password"/>
    <result property="id" column="id"/>
    <result property="userName" column="user_name"/>
    <result property="userEmail" column="user_email"/>
    <result property="userInfo" column="user_info"/>
    <result property="headImg" column="head_img" jdbcType="BLOB"/>
    <result property="createTime" column="create_time" jdbcType="TIMESTAMP"/>
</resultMap>
```

在测试数据中,用户的密码都是 123456,因此如果用密码作为 id,按照上面的说法,这 3 条数据就会合并为 1 条数据。对 userMap 做好临时修改后,再次执行测试,输出的部分日志如下。

```
用户数: 1
用户名: admin
角色名: 管理员
角色名: 普通用户
```

是不是变成了一个用户?用户信息保留的是第一条数据的信息,因此用户名是 admin。角色为什么不是 3 条呢?因为"普通用户"这个角色重复了,所以也只保留了第一个出现的"普通用户",具体的合并规则后面会详细说明。

大家通过这个简单的例子应该明白 id 的作用了。需要注意,很可能会出现一种没有配置 id 的情况。没有配置 id 时,MyBatis 就会把 resultMap 中配置的所有字段进行比较,如果所有字段的值都相同就合并,只要有一个字段值不同,就不合并。

> **提示!**
>
> 在嵌套结果配置 id 属性时，如果查询语句中没有查询 id 属性配置的列，就会导致 id 对应的值为 null。这种情况下，所有值的 id 都相同，因此会使嵌套的集合中只有一条数据。所以在配置 id 列时，查询语句中必须包含该列。

可以对 userMap 再次修改，将 id 标签改为 result，然后执行测试查看结果。这时的结果和使用 id 标签配置 id 属性时的结果相同，因为 admin 用户在 userMap 这部分配置的属性都相同，因此也会合并。虽然结果相同，但是由于 MyBatis 要对所有字段进行比较，因此当字段数为 M 时，如果查询结果有 N 条，就需要进行 M×N 次比较，相比配置 id 时的 N 次比较，效率相差更多，所以要尽可能配置 id 标签。

前面将 id 标签配置为 userPassword 时，最后的结果少了一个角色，这是因为 MyBatis 会对嵌套查询的每一级对象都进行属性比较。MyBatis 会首先比较顶层的对象，如果 SysUser 部分相同，就继续比较 SysRole 部分，如果 SysRole 不同，就会增加一个 SysRole，两个 SysRole 相同就保留前一个。假设 SysRole 还有下一级，仍然按照该规则去比较。

在 RBAC 权限系统中，除了一个用户对应多个角色外，每一个角色还会对应多个权限。所以在现有例子的基础上可以再增加一级，获取角色对应的所有权限。

如果在 PrivilegeMapper.xml 中没有 privilegeMap 映射配置，就在该配置文件中添加如下代码。

```xml
<resultMap id="privilegeMap" type="tk.mybatis.simple.model.SysPrivilege">
    <id property="id" column="id"/>
    <result property="privilegeName" column="privilege_name"/>
    <result property="privilegeUrl" column="privilege_url"/>
</resultMap>
```

然后在 SysRole 类中添加如下属性和方法。

```java
/**
 * 角色包含的权限列表
 */
List<SysPrivilege> privilegeList;

public List<SysPrivilege> getPrivilegeList() {
    return privilegeList;
}

public void setPrivilegeList(List<SysPrivilege> privilegeList) {
    this.privilegeList = privilegeList;
}
```

在 RoleMapper.xml 文件中，增加如下 resultMap 配置。

```xml
<resultMap id="rolePrivilegeListMap" extends="roleMap"
        type="tk.mybatis. simple.model.SysRole">
    <collection property="privilegeList" columnPrefix="privilege_"
            resultMap="tk.mybatis.simple.mapper.PrivilegeMapper.
            privilegeMap"/>
</resultMap>
```

我们创建了角色权限映射，继承了 roleMap，嵌套了 privilegeList 属性，直接使用了 PrivilegeMapper.xml 中的 privilegeMap。

最后还要修改 UserMapper.xml 中的 userRoleListMap，代码如下。

```xml
<resultMap id="userRoleListMap" extends="userMap"
        type="tk.mybatis.simple. model.SysUser">
    <collection property="roleList" columnPrefix="role_"
            resultMap="tk.mybatis.simple.mapper.RoleMapper.role
            PrivilegeListMap"/>
</resultMap>
```

完成以上步骤就配置好了一个两层嵌套的映射。为了得到权限信息，还需要修改 SQL 进行关联，代码如下。

```xml
<select id="selectAllUserAndRoles" resultMap="userRoleListMap">
    select
        u.id,
        u.user_name,
        u.user_password,
        u.user_email,
        u.user_info,
        u.head_img,
        u.create_time,
        r.id role_id,
        r.role_name role_role_name,
        r.enabled role_enabled,
        r.create_by role_create_by,
        r.create_time role_create_time,
        p.id role_privilege_id,
        p.privilege_name role_privilege_privilege_name,
        p.privilege_url role_privilege_privilege_url
    from sys_user u
    inner join sys_user_role ur on u.id = ur.user_id
    inner join sys_role r on ur.role_id = r.id
    inner join sys_role_privilege rp on rp.role_id = r.id
    inner join sys_privilege p on p.id = rp.privilege_id
</select>
```

这里要特别注意 sys_privilege 表中列的别名，因为 sys_privilege 嵌套在 rolePrivilegeListMap 中，而 rolePrivilegeListMap 的前缀是"role_"，所以 rolePrivilegeListMap 中 privilegeMap 的前缀就变成了"role_privilege_"。在嵌套中，这个前缀需要叠加，一定不要写错。配置好 SQL 后，修改测试方法中的循环部分，代码如下。

```java
for(SysUser user : userList){
    System.out.println("用户名: " + user.getUserName());
    for(SysRole role: user.getRoleList()){
        System.out.println("角色名: " + role.getRoleName());
        for(SysPrivilege privilege : role.getPrivilegeList()){
            System.out.println("权限名: " + privilege.getPrivilegeName());
        }
    }
}
```

上述代码只是增加了权限名的输出，测试执行后，输出的部分日志如下。

```
用户数: 2
用户名: admin
角色名: 管理员
权限名: 用户管理
权限名: 系统日志
权限名: 角色管理
角色名: 普通用户
权限名: 人员维护
权限名: 单位维护
用户名: test
角色名: 普通用户
权限名: 人员维护
权限名: 单位维护
```

为了加深印象，利用上面的 rolePrivilegeListMap 实现一个查询角色和对应权限的方法。在 RoleMapper.xml 中添加如下方法。

```xml
<select id="selectAllRoleAndPrivileges" resultMap="rolePrivilegeListMap">
    select
        r.id,
        r.role_name,
        r.enabled,
        r.create_by,
        r.create_time,
        p.id privilege_id,
        p.privilege_name privilege_privilege_name,
        p.privilege_url privilege_privilege_url
```

```
    from sys_role r
    inner join sys_role_privilege rp on rp.role_id = r.id
    inner join sys_privilege p on p.id = rp.privilege_id
</select>
```

在这个方法中，大家需要注意 sys_privilege 对应列的别名，请自行在 RoleMapper 中添加对应的接口，并且在 RoleMapperTest 中添加该方法的测试。

此处通过使用 rolePrivilegeListMap，大家可以了解这样一个映射配置：它不仅可以被嵌套的配置引用，其本身也可以使用。一个复杂的映射就是由这样一个基本的映射配置组成的。通常情况下，如果要配置一个相当复杂的映射，一定要从基础映射开始配置，每增加一些配置就进行对应的测试，在循序渐进的过程中更容易发现和解决问题。

虽然 association 和 collection 标签是分开介绍的，但是这两者可以组合使用或者互相嵌套使用，也可以使用符合自己需要的任何数据结构，不需要局限于数据库表之间的关联关系。

例如，对于前面提到的 selectAllRoleAndPrivileges 方法，其中包含 create_by 和 create_time 两个字段，假设要创建一个 CreateInfo 类，代码如下。

```java
package tk.mybatis.simple.model;

import java.util.Date;

/**
 * 创建信息
 */
public class CreateInfo {
    /**
     * 创建人
     */
    private String createBy;
    /**
     * 创建时间
     */
    private Date createTime;

    public String getCreateBy() {
        return createBy;
    }
```

```java
    public void setCreateBy(String createBy) {
        this.createBy = createBy;
    }

    public Date getCreateTime() {
        return createTime;
    }

    public void setCreateTime(Date createTime) {
        this.createTime = createTime;
    }

}
```

然后使用 CreateInfo 替换 SysRole 中的这两个字段来存储值，在 SysRole 中增加如下属性和方法。

```java
/**
 * 创建信息
 */
private CreateInfo createInfo;

public CreateInfo getCreateInfo() {
    return createInfo;
}

public void setCreateInfo(CreateInfo createInfo) {
    this.createInfo = createInfo;
}
```

再修改 RoleMapper.xml 中的 roleMap 配置，代码如下。

```xml
<resultMap id="roleMap" type="tk.mybatis.simple.model.SysRole">
    <id property="id" column="id"/>
    <result property="roleName" column="role_name"/>
    <result property="enabled" column="enabled"/>
    <association property="createInfo"
                 javaType="tk.mybatis.simple.model.CreateInfo">
        <result property="createBy" column="create_by"/>
        <result property="createTime" column="create_time"
                jdbcType= "TIMESTAMP"/>
```

```
    </association>
</resultMap>
```

此时，`rolePrivilegeListMap` 包含了 `association` 和 `collection` 两种类型的配置。在调试模式下查看该查询结果，如图 6-4 所示。

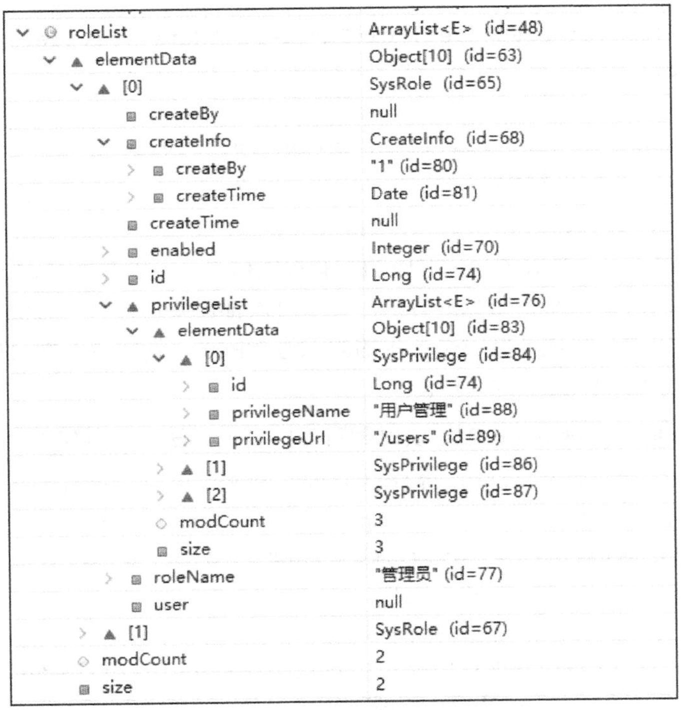

图 6-4　`rolePrivilegeListMap` 值

通过上图可以清楚地看到 `createInfo` 和 `privilegeList` 中存储的数据。

举这么多的例子一方面是希望大家可以多做一些练习，另一方面是希望可以通过这种变化开拓大家的思路，对嵌套结果映射用法的理解不只是停留在表面。下面继续来学习 `collection` 关联的嵌套查询方式。

6.1.2.2　collection 集合的嵌套查询

我们知道 `association` 关联的嵌套查询这种方式会执行额外的 SQL 查询，映射配置会简单很多。关于 `collection` 的映射配置，我们已经学习了很多，结合上一节 `association` 的内容，再学习 `collection` 集合的嵌套查询就会更加容易。

仍然以关联的嵌套结果中的 `selectAllUserAndRoles` 为基础，以上一节最后的两层嵌套结果为目标，将该方法修改为集合的嵌套查询方式。

下面以自下而上的过程来实现这样一个两层嵌套的功能，并且这个自下而上的过程中的每一个方法都是一个独立可用的方法，最后的结果都是以前一个方法为基础的。把所有对象设置为延迟加载，因此每个方法都可以单独作为一个普通（没有嵌套）的查询存在。

首先在 PrivilegeMapper.xml 中添加如下方法。

```xml
<select id="selectPrivilegeByRoleId" resultMap="privilegeMap">
    select p.*
    from sys_privilege p
    inner join sys_role_privilege rp on rp.privilege_id = p.id
    where role_id = #{roleId}
</select>
```

这个方法通过角色 id 获取该角色对应的所有权限信息，可以在 PrivilegeMapper 接口中增加相应的方法。这是一个很常见的方法，许多时候都需要这样一个方法来获取角色包含的所有权限信息。大家要尽可能地针对每一步的方法进行测试，通过查看执行的日志以及返回的结果来深入学习和了解 MyBatis 的用法。

下一步，在 RoleMapper.xml 中配置映射和对应的查询方法，代码如下。

```xml
<resultMap id="rolePrivilegeListMapSelect" extends="roleMap"
            type="tk.mybatis.simple.model.SysRole">
    <collection property="privilegeList"
                fetchType="lazy"
                column="{roleId=id}"
                select="tk.mybatis.simple.mapper.PrivilegeMapper.select
                PrivilegeByRoleId"
    />
</resultMap>

<select id="selectRoleByUserId" resultMap="rolePrivilegeListMapSelect">
    select
        r.id,
        r.role_name,
        r.enabled,
        r.create_by,
        r.create_time
    from sys_role r
    inner join sys_user_role ur on ur.role_id = r.id
    where ur.user_id = #{userId}
</select>
```

在上面代码中要注意 column 属性配置的{roleId=id}，roleId 是 select 指定方法 selectPrivilegeByRoleId 查询中的参数，id 是当前查询 selectRoleByUserId 中查询出的角色 id。selectRoleByUserId 是一个只有一层嵌套的一对多映射配置，通过调用 PrivilegeMapper 的 selectPrivilegeByRoleId 方法，很轻易就实现了嵌套查询的功能。针对这个方法，大家也要添加相应的接口方法进行测试。

终于要轮到顶层的用户信息了，在 **UserMapper.xml** 中添加如下映射和查询，代码如下。

```
<resultMap id="userRoleListMapSelect" extends="userMap"
            type="tk.mybatis. simple.model.SysUser">
    <collection property="roleList"
            fetchType="lazy"
            select="tk.mybatis.simple.mapper.RoleMapper.selectRoleByUserId"
            column="{userId=id}"/>
</resultMap>

<select id="selectAllUserAndRolesSelect" resultMap="userRoleListMapSelect">
    select
        u.id,
        u.user_name,
        u.user_password,
        u.user_email,
        u.user_info,
        u.head_img,
        u.create_time
    from sys_user u
    where u.id = #{id}
</select>
```

这里也需要注意，collection 的属性 column 配置为{userId=id}，将当前查询用户中的 id 赋值给 userId，使用 userId 作为参数再进行 selectRoleByUserId 查询。因为所有嵌套查询都配置为延迟加载，因此不存在 N+1 的问题。在 UserMapper 接口中添加如下方法。

```
/**
 * 通过嵌套查询获取指定用户的信息以及用户的角色和权限信息
 *
 * @param id
 * @return
 */
```

```
SysUser selectAllUserAndRolesSelect(Long id);
```

然后在 UserMapperTest 中添加相应的测试，代码如下。

```
@Test
public void testSelectAllUserAndRolesSelect(){
    //获取 sqlSession
    SqlSession sqlSession = getSqlSession();
    try {
        //获取 UserMapper 接口
        UserMapper userMapper = sqlSession.getMapper(UserMapper.class);
        SysUser user = userMapper.selectAllUserAndRolesSelect(1L);
        System.out.println("用户名: " + user.getUserName());
        for(SysRole role: user.getRoleList()){
            System.out.println("角色名: " + role.getRoleName());
            for(SysPrivilege privilege : role.getPrivilegeList()){
                System.out.println("权限名: " + privilege.getPrivilegeName());
            }
        }
    } finally {
        //不要忘记关闭 sqlSession
        sqlSession.close();
    }
}
```

由于这里是多层嵌套，并且是延迟加载，因此这段测试会输出很长的日志，日志如下。

```
DEBUG [main] - ==> Preparing: select u.id, u.user_name, u.user_password,
                                  u.user_email, u.user_info,
                                  u.head_img, u.create_time
                          from sys_user u
                          where u.id = ?
DEBUG [main] - ==> Parameters: 1(Long)
TRACE [main] - <== Columns: id, user_name, user_password, user_email,
                            user_info, head_img, create_time
TRACE [main] - <== Row: 1, admin, 123456, admin@mybatis.tk,
                        <<BLOB>>, <<BLOB>>, 2016-06-07 00:00:00.0
DEBUG [main] - <== Total: 1
用户名: admin
DEBUG [main] - ==> Preparing: select r.id, r.role_name, r.enabled,
                                  r.create_by, r.create_time
                          from sys_role r
                          inner join sys_user_role ur
                                  on ur.role_id = r.id
                          where ur.user_id = ?
DEBUG [main] - ==> Parameters: 1(Long)
```

```
TRACE [main] - <== Columns: id, role_name, enabled, create_by, create_time
TRACE [main] - <== Row: 1, 管理员, 1, 1, 2016-04-01 17:02:14.0
TRACE [main] - <== Row: 2, 普通用户, 1, 1, 2016-04-01 17:02:34.0
DEBUG [main] - <== Total: 2
角色名: 管理员
DEBUG [main] - ==> Preparing: select p.*
                               from sys_privilege p
                               inner join sys_role_privilege rp
                                     on rp.privilege_id = p.id
                               where role_id = ?
DEBUG [main] - ==> Parameters: 1(Long)
TRACE [main] - <== Columns: id, privilege_name, privilege_url
TRACE [main] - <== Row: 1, 用户管理, /users
TRACE [main] - <== Row: 2, 角色管理, /roles
TRACE [main] - <== Row: 3, 系统日志, /logs
DEBUG [main] - <== Total: 3
权限名: 用户管理
权限名: 角色管理
权限名: 系统日志
角色名: 普通用户
DEBUG [main] - ==> Preparing: select p.*
                               from sys_privilege p
                               inner join sys_role_privilege rp
                                     on rp.privilege_id = p.id
                               where role_id = ?
DEBUG [main] - ==> Parameters: 2(Long)
TRACE [main] - <== Columns: id, privilege_name, privilege_url
TRACE [main] - <== Row: 4, 人员维护, /persons
TRACE [main] - <== Row: 5, 单位维护, /companies
DEBUG [main] - <== Total: 2
权限名: 人员维护
权限名: 单位维护
```

简单分析这段日志，当执行 selectAllUserAndRolesSelect 方法后，可以得到 admin 用户的信息，由于延迟加载，此时还不知道该用户有几个角色。当调用 user.getRoleList() 方法进行遍历时，**MyBatis** 执行了第一层的嵌套查询，查询出了该用户的两个角色。对这两个角色进行遍历获取角色对应的权限信息，因为已经有两个角色，所以分别对两个角色进行遍历时会查询两次角色的权限信息。特别需要注意的是，之所以可以根据需要查询数据，除了和 fetchType 有关，还和全局的 aggressiveLazyLoading 属性有关，这个属性在介绍 association 时被配置成了 false，所以才会起到按需加载的作用。

通过自下而上的方式学习这种映射结果的配置，大家应该对 collection 的用法有了一定的了解，熟练掌握 association 和 collection 的配置，在某些情况下会带给我们很大的便利。

6.1.3 鉴别器映射

有时一个单独的数据库查询会返回很多不同数据类型（希望有些关联）的结果集。discriminator 鉴别器标签就是用来处理这种情况的。 鉴别器非常容易理解，因为它很像 Java 语言中的 switch 语句。

discriminator 标签常用的两个属性如下。

- column：该属性用于设置要进行鉴别比较值的列。
- javaType：该属性用于指定列的类型，保证使用相同的 Java 类型来比较值。

discriminator 标签可以有 1 个或多个 case 标签，case 标签包含以下三个属性。

- value：该值为 discriminator 指定 column 用来匹配的值。
- resultMap：当 column 的值和 value 的值匹配时，可以配置使用 resultMap 指定的映射，resultMap 优先级高于 resultType。
- resultType：当 column 的值和 value 的值匹配时，用于配置使用 resultType 指定的映射。

case 标签下面可以包含的标签和 resultMap 一样，用法也一样。

现在以上一节 RoleMapper 中的 selectRoleByUserId 为基础，进行简单的改动，首先在 RoleMapper.xml 中增加一个使用鉴别器的映射，代码如下。

```xml
<resultMap id="rolePrivilegeListMapChoose"
           type="tk.mybatis.simple.model. SysRole">
    <discriminator column="enabled" javaType="int">
        <case value="1" resultMap="rolePrivilegeListMapSelect"/>
        <case value="0" resultMap="roleMap"/>
    </discriminator>
</resultMap>
```

角色的属性 enable 值为 1 的时候表示状态可用，为 0 的时候表示状态不可用。当角色可用时，使用 rolePrivilegeListMapSelect 映射，这是一个一对多的嵌套查询映射，因此可以获取到该角色下详细的权限信息。当角色被禁用时，只能获取角色的基本信息，不能获得角色的权限信息。

继续在 RoleMapper.xml 中添加如下方法。

```xml
<select id="selectRoleByUserIdChoose" resultMap="rolePrivilegeListMapChoose">
    select
        r.id,
        r.role_name,
        r.enabled,
```

```
            r.create_by,
            r.create_time
        from sys_role r
        inner join sys_user_role ur on ur.role_id = r.id
        where ur.user_id = #{userId}
</select>
```

这个方法是根据用户 id 查询用户所有角色信息的，resultMap 使用的是新增的映射配置。在 RoleMapper 接口中增加对应的接口方法，代码如下。

```
/**
 * 根据用户 ID 获取用户的角色信息
 *
 * @param userId
 * @return
 */
List<SysRole> selectRoleByUserIdChoose(Long userId);
```

在 RoleMapperTest 测试类中增加如下测试。

```
@Test
public void testSelectRoleByUserIdChoose(){
    //获取 sqlSession
    SqlSession sqlSession = getSqlSession();
    try {
        //获取 RoleMapper 接口
        RoleMapper roleMapper = sqlSession.getMapper(RoleMapper.class);
        //由于数据库数据 enable 都是 1，所以给其中一个角色的 enable 赋值为 0
        SysRole role = roleMapper.selectById(2L);
        role.setEnabled(0);
        roleMapper.updateById(role);
        //获取用户 1 的角色
        List<SysRole> roleList = roleMapper.selectRoleByUserIdChoose(1L);
        for(SysRole r: roleList){
            System.out.println("角色名: " + r.getRoleName());
            if(r.getId().equals(1L)){
                //第一个角色存在权限信息
                Assert.assertNotNull(r.getPrivilegeList());
            } else if(r.getId().equals(2L)){
                //第二个角色的权限为 null
                Assert.assertNull(r.getPrivilegeList());
                continue;
            }
            for(SysPrivilege privilege : r.getPrivilegeList()){
                System.out.println("权限名: " + privilege.getPrivilegeName());
            }
        }
```

```
        }
    } finally {
        //不要忘记关闭 sqlSession
        sqlSession.close();
    }
}
```

在测试中将 id=2 的角色的 enable 更新为 0，这样一来，结果中 id=1 的角色的权限信息可以查看，id=2 的角色由于被禁用，因此无法获取对应的权限信息。执行该测试，输出日志如下。

```
DEBUG [main] - ==> Preparing: select id,role_name roleName, enabled,
                            create_by createBy,
                            create_time createTime
                        from sys_role where id = ?
DEBUG [main] - ==> Parameters: 2(Long)
TRACE [main] - <== Columns: id, roleName, enabled, createBy, createTime
TRACE [main] - <== Row: 2, 普通用户, 1, 1, 2016-04-01 17:02:34.0
DEBUG [main] - <== Total: 1
DEBUG [main] - ==> Preparing: update sys_role set role_name = ?,
                            enabled = ?, create_by = ?,
                            create_time = ?
                        where id = ?
DEBUG [main] - ==> Parameters: 普通用户(String), 0(Integer), 1(String),
                            2016-04-01 17:02:34.0(Timestamp), 2(Long)
DEBUG [main] - <== Updates: 1
DEBUG [main] - ==> Preparing: select r.id, r.role_name, r.enabled,
                            r.create_by, r.create_time
                        from sys_role r
                        inner join sys_user_role ur
                            on ur.role_id = r.id
                        where ur.user_id = ?
DEBUG [main] - ==> Parameters: 1(Long)
TRACE [main] - <== Columns: id, role_name, enabled, create_by, create_time
TRACE [main] - <== Row: 1, 管理员, 1, 1, 2016-04-01 17:02:14.0
TRACE [main] - <== Row: 2, 普通用户, 0, 1, 2016-04-01 17:02:34.0
DEBUG [main] - <== Total: 2
角色名: 管理员
DEBUG [main] - ==> Preparing: select p.*
                        from sys_privilege p
                        inner join sys_role_privilege rp
                            on rp.privilege_id = p.id
                        where role_id = ?
DEBUG [main] - ==> Parameters: 1(Long)
TRACE [main] - <== Columns: id, privilege_name, privilege_url
```

```
TRACE [main] - <== Row: 1, 用户管理, /users
TRACE [main] - <== Row: 2, 角色管理, /roles
TRACE [main] - <== Row: 3, 系统日志, /logs
DEBUG [main] - <== Total: 3
权限名: 用户管理
权限名: 角色管理
权限名: 系统日志
角色名: 普通用户
```

从测试代码和输出日志可以看出，第二个角色没有输出对应的权限信息，为了对比，可以将更新第二个角色为禁用状态的代码屏蔽后再次执行。

鉴别器有一个特殊的地方，把上面的 rolePrivilegeListMapChoose 映射配置修改如下。

```xml
<resultMap id="rolePrivilegeListMapChoose"
           type="tk.mybatis.simple.model. SysRole">
    <discriminator column="enabled" javaType="int">
        <case value="1" resultMap="rolePrivilegeListMapSelect"/>
        <case value="0" resultType="tk.mybatis.simple.model.SysRole">
            <id property="id" column="id"/>
            <result property="roleName" column="role_name"/>
        </case>
    </discriminator>
</resultMap>
```

在这个配置中，禁用状态的角色没有使用 resultMap 配置，而是使用了 resultType，并且 case 中配置了两个属性的映射。在这种情况下，MyBatis 只会对列举出来的配置进行映射，不会对没有配置的属性进行映射，不像使用 resultMap 配置时会自动映射其他的字段。

鉴别器是一种很少使用的方式，在使用前一定要完全掌握，没有把握的情况下要尽可能避免使用。

6.2　存储过程

存储过程在数据库中比较常见，虽然大多数存储过程的调用比较复杂，但是使用 MyBatis 调用时，用法都一样，因此这一节将通过几个简单的存储过程带大家了解 MyBatis 中存储过程的使用方法。

先创建几个不同的存储过程，代码如下。

```sql
# 第一个存储过程
# 根据用户 id 查询用户其他信息
# 方法看起来很奇怪，但是展示了多个输出参数
DROP PROCEDURE IF EXISTS `select_user_by_id`;
```

```
DELIMITER ;;
CREATE PROCEDURE `select_user_by_id`(
  IN userId BIGINT,
  OUT userName VARCHAR(50),
  OUT userPassword VARCHAR(50),
  OUT userEmail VARCHAR(50),
  OUT userInfo TEXT,
  OUT headImg BLOB,
  OUT createTime DATETIME)
BEGIN
# 根据用户 id 查询其他数据
select user_name,user_password,user_email,user_info,head_img,create_time
INTO userName,userPassword,userEmail,userInfo,headImg,createTime
from sys_user
WHERE id = userId;
END
;;
DELIMITER ;


# 第二个存储过程
# 简单根据用户名和分页参数进行查询，返回总数和分页数据
DROP PROCEDURE IF EXISTS `select_user_page`;
DELIMITER ;;
CREATE PROCEDURE `select_user_page`(
  IN userName VARCHAR(50),
  IN _offset BIGINT,
  IN _limit BIGINT,
  OUT total BIGINT)
BEGIN
# 查询数据总数
select count(*) INTO total
from sys_user
where user_name like concat('%', userName, '%');
# 分页查询数据
select *
from sys_user
where user_name like concat('%', userName, '%')
limit _offset, _limit;
```

```
END
;;
DELIMITER ;


# 第三个存储过程
# 保存用户信息和角色关联信息
DROP PROCEDURE IF EXISTS `insert_user_and_roles`;
DELIMITER ;;
CREATE PROCEDURE `insert_user_and_roles`(
  OUT userId BIGINT,
  IN userName VARCHAR(50),
  IN userPassword VARCHAR(50),
  IN userEmail VARCHAR(50),
  IN userInfo TEXT,
  IN headImg BLOB,
  OUT createTime DATETIME,
  IN roleIds VARCHAR(200)
)

BEGIN
# 设置当前时间
SET createTime = NOW();
# 插入数据
INSERT INTO sys_user(user_name, user_password, user_email, user_info,
                     head_img, create_time)
VALUES (userName, userPassword, userEmail, userInfo, headImg, createTime);
# 获取自增主键
SELECT LAST_INSERT_ID() INTO userId;
# 保存用户和角色关系数据
SET roleIds = CONCAT(',',roleIds,',');
INSERT INTO sys_user_role(user_id, role_id)
select userId, id from sys_role
where INSTR(roleIds, CONCAT(',',id,',')) > 0;
END
;;
DELIMITER ;


# 第四个存储过程
```

```
# 删除用户信息和角色关联信息
DROP PROCEDURE IF EXISTS `delete_user_by_id`;
DELIMITER ;;
CREATE PROCEDURE `delete_user_by_id`(IN userId BIGINT)
BEGIN
DELETE FROM sys_user_role where user_id = userId;
DELETE FROM sys_user where id = userId;
END
;;
DELIMITER ;
```

下面针对上述代码中的 4 个简单存储过程分别来使用 MyBatis。

6.2.1　第一个存储过程

在 UserMapper.xml 映射文件中添加如下方法。

```
<select id="selectUserById" statementType="CALLABLE" useCache="false">
    {call select_user_by_id(
        #{id, mode=IN},
        #{userName, mode=OUT, jdbcType=VARCHAR},
        #{userPassword, mode=OUT, jdbcType=VARCHAR},
        #{userEmail, mode=OUT, jdbcType=VARCHAR},
        #{userInfo, mode=OUT, jdbcType=VARCHAR},
        #{headImg, mode=OUT, jdbcType=BLOB, javaType=_byte[]},
        #{createTime, mode=OUT, jdbcType=TIMESTAMP}
    )}
</select>
```

在调用存储过程的方法中，需要把 statementType 设置为 CALLABLE，在使用 select 标签调用存储过程时，由于存储过程方式不支持 MyBatis 的二级缓存（后面章节会介绍），因此为了避免缓存配置出错，直接将 select 标签的 useCache 属性设置为 false。

在存储过程中使用参数时，除了写上必要的属性名，还必须指定参数的 mode（模式），可选值为 IN、OUT、INOUT 三种。入参使用 IN，出参使用 OUT，输入输出参数使用 INOUT。从上面的代码可以很容易看出，IN 和 OUT 两种模式的区别是，OUT 模式的参数必须指定 jdbcType。这是因为在 IN 模式下，MyBatis 提供了默认的 jdbcType，在 OUT 模式下没有提供。另外在使用 Oracle 数据库时，如果入参存在 null 的情况，那么入参也必须指定 jdbcType。

除了上面提到的这几点，headImg 还特别设置了 javaType。在 MyBatis 映射的 Java 类中，不推荐使用基本类型，数据库 BLOB 类型对应的 Java 类型通常都是写成 byte[] 字节数组的形式的，因为 byte[] 数组不存在默认值的问题，所以不影响一般的使用。但是在不指定 javaType 的情况下，**MyBatis** 默认使用 Byte 类型。由于 byte 是基本类型，所以设置 javaType 时要使用带下画线的方式，在这里就是_byte[]。_byte 对应的是基本类型，byte 对应的是 Byte 类型，在使用 javaType 时一定要注意。

在 UserMapper 接口中添加相应的方法，代码如下。

```
/**
 * 使用存储过程查询用户信息
 *
 * @param user
 * @return
 */
void selectUserById(SysUser user);
```

因为这个存储过程没有返回值（不要和出参混淆），所以返回值类型使用 void。把返回值设置为 SysUser 或 List 也不会报错，但是任何时候返回值都是 null。

针对该方法，在 UserMapperTest 中编写如下测试。

```
@Test
public void testSelectUserById(){
    SqlSession sqlSession = getSqlSession();
    try {
        UserMapper userMapper = sqlSession.getMapper(UserMapper.class);
        SysUser user = new SysUser();
        user.setId(1L);
        userMapper.selectUserById(user);
        Assert.assertNotNull(user.getUserName());
        System.out.println("用户名: " + user.getUserName());
    } finally {
        sqlSession.close();
    }
}
```

该测试执行后，输出日志如下。

```
DEBUG [main] - ==>  Preparing: {call select_user_by_id( ?, ?, ?, ?, ?, ?, ? )}
DEBUG [main] - ==> Parameters: 1(Long)
用户名: admin
```

从日志可以看到，这个存储过程没有返回值，我们使用出参的方式得到了该用户的信息。

使用出参方式时，通常情况下会使用对象中的属性接收出参的值，或者使用 Map 类型接收返回值。这两种情况有很大的区别。当使用 JavaBean 对象接收出参时，必须保证所有出参在 JavaBean 中都有对应的属性存在，否则就会抛出类似"Could not set property 'xxx'"这样的错误。这是由于 JavaBean 对象中不存在出参对应的 setter 方法，使用 Map 类型时就不需要保证所有出参都有对应的属性，当 Map 接收了存储过程的出参时，可以通过 Map 对象的 get("属性名")方法获取出参的值。

> **错误提示！**
>
> 除了上面提到的错误，在执行存储过程时还可能会遇到下以下错误。
>
> Parameter number x is not an OUT parameter
>
> 产生这个错误可能是因为调用的存储过程不存在，或者 MyBatis 中写的出参和数据库存储过程的出参无法对应。

6.2.2 第二个存储过程

继续在 UserMapper.xml 映射文件中添加如下方法。

```xml
<select id="selectUserPage" statementType="CALLABLE" useCache="false"
        resultMap="userMap">
    {call select_user_page(
        #{userName, mode=IN},
        #{offset, mode=IN},
        #{limit, mode=IN},
        #{total, mode=OUT, jdbcType=BIGINT}
    )}
</select>
```

这个方法和第一个方法的区别在于，select 标签还设置了 resultMap，因为该方法通过 total 出参得到了查询的总数，通过存储过程返回了最后的结果集，所以需要设置返回值信息。

在 UserMapper 接口中添加如下方法。

```java
/**
 * 使用存储过程分页查询
 *
 * @param userName
 * @param pageNum
 * @param pageSize
 * @param total
```

```
 * @return
 */
List<SysUser> selectUserPage(Map<String, Object> params);
```

由于需要多个入参和一个出参，而入参中除了 userName 属性在 SysUser 中，其他 3 个参数都和 SysUser 无关，因此为了使用 SysUser 而增加 3 个属性也是可以的。这里为了实现方法多样化，也为了印证上一个方法中使用 Map 接收返回值的用法是正确的，因此使用 Map 类型作为参数。

在 UserMapperTest 中添加如下的测试代码。

```java
@Test
public void testSelectUserPage(){
    SqlSession sqlSession = getSqlSession();
    try {
        UserMapper userMapper = sqlSession.getMapper(UserMapper.class);
        Map<String, Object> params = new HashMap<String, Object>();
        params.put("userName", "ad");
        params.put("offset", 0);
        params.put("limit", 10);
        List<SysUser> userList = userMapper.selectUserPage(params);
        Long total = (Long) params.get("total");
        System.out.println("总数:" + total);
        for(SysUser user : userList){
            System.out.println("用户名: " + user.getUserName());
        }
    } finally {
        sqlSession.close();
    }
}
```

测试代码的 Map 参数中不存在 total，执行了存储过程方法后，通过 get 方法得到了 total 的值。上面测试代码的输出日志如下。

```
DEBUG [main] - ==> Preparing: {call select_user_page( ?, ?, ?, ? )}
DEBUG [main] - ==> Parameters: ad(String), 0(Integer), 10(Integer)
TRACE [main] - <== Columns: id, user_name, user_password, user_email,
                             user_info, head_img, create_time
TRACE [main] - <== Row: 1, admin, 123456, admin@mybatis.tk,
                         <<BLOB>>, <<BLOB>>, 2016-06-07 01:11:12.0
DEBUG [main] - <== Total: 1
DEBUG [main] - <== Updates: 0
```

总数:1

用户名: admin

为了更有效地测试这个分页查询的存储过程,可以向数据库中增加大量数据进行测试。

6.2.3 第三个和第四个存储过程

由于后面两个存储过程一个是插入用户和用户角色关联数据的,一个是删除用户和用户角色关联数据的,因此可以将这两部分放到一起来介绍。

在 UserMapper.xml 中添加如下两个方法。

```xml
<insert id="insertUserAndRoles" statementType="CALLABLE">
    {call insert_user_and_roles(
        #{user.id, mode=OUT, jdbcType=BIGINT},
        #{user.userName, mode=IN},
        #{user.userPassword, mode=IN},
        #{user.userEmail, mode=IN},
        #{user.userInfo, mode=IN},
        #{user.headImg, mode=IN, jdbcType=BLOB},
        #{user.createTime, mode=OUT, jdbcType=TIMESTAMP},
        #{roleIds, mode=IN}
    )}
</insert>

<delete id="deleteUserById" statementType="CALLABLE">
    {call delete_user_by_id(#{id, mode=IN})}
</delete>
```

这里要注意的是,我们分别使用了 insert 和 delete,同样设置 statementType 属性为 CALLABLE。

在 UserMapper 接口中添加如下两个方法。

```java
/**
 * 保存用户信息和角色关联信息
 *
 * @param user
 * @param roleIds
 * @return
 */
```

```
int insertUserAndRoles(
        @Param("user")SysUser user, @Param("roleIds")String roleIds);

/**
 * 根据用户 id 删除用户和用户的角色信息
 *
 * @param id
 * @return
 */
int deleteUserById(Long id);
```

在 insertUserAndRoles 方法中，SysUser 参数存储了用户基本信息，roleIds 参数存储了该用户的角色 id 字符串，如 "1,2,3"，注意要使用逗号隔开多个 id。

在 UserMapperTest 中添加如下测试。

```
@Test
public void testInsertAndDelete(){
    SqlSession sqlSession = getSqlSession();
    try {
        UserMapper userMapper = sqlSession.getMapper(UserMapper.class);
        SysUser user = new SysUser();
        user.setUserName("test1");
        user.setUserPassword("123456");
        user.setUserEmail("test@mybatis.tk");
        user.setUserInfo("test info");
        user.setHeadImg(new byte[]{1,2,3});
        //插入用户信息和角色关联信息
        userMapper.insertUserAndRoles(user, "1,2");
        Assert.assertNotNull(user.getId());
        Assert.assertNotNull(user.getCreateTime());
        //可以执行下面的 commit 后再查看数据库中的数据
        //sqlSession.commit();
        //测试删除刚刚插入的数据
        userMapper.deleteUserById(user.getId());
    } finally {
        sqlSession.close();
    }
}
```

执行该方法，输出的日志如下。

```
DEBUG [main] - ==> Preparing: {call insert_user_and_roles(
                                        ?, ?, ?, ?, ?, ?, ?, ? )}
DEBUG [main] - ==> Parameters: test1(String), 123456(String),
                    test@mybatis.tk(String), test info(String),
                    java.io.ByteArrayInputStream@2473b9ce(ByteArray
                    InputStream), 1,2(String)
DEBUG [main] - <== Updates: 2
DEBUG [main] - ==> Preparing: {call delete_user_by_id(?)}
DEBUG [main] - ==> Parameters: 1037(Long)
DEBUG [main] - <== Updates: 1
```

在 insertUserAndRoles 存储过程中，我们通过出参实现了主键和日期的回写，之后通过返回的主键删除了对应的全部数据。

6.2.4 在 Oracle 中使用游标参数的存储过程

由于 MySQL 不支持游标参数，因此除了上面 4 种简单的存储过程，本节将针对 Oracle 数据库介绍一种简单的游标参数。首先在 Oracle 中创建第 1 章中提到的 Country 表，然后添加如下存储过程。

```
create or replace procedure SELECT_COUNTRIES(
      ref_cur1 out sys_refcursor,
      ref_cur2 out sys_refcursor) is
begin
  open ref_cur1 for select * from country where id < 3;
  open ref_cur2 for select * from country where id >= 3;
end SELECT_COUNTRIES;
```

为了能说明更多的问题，以及让代码尽可能简单，这个存储过程只有两个游标类型的出参，游标对应的值就是两个简单的 SQL。这个存储过程可以返回两个 List 结果，这里都是 country 对应的类型，实际上可以是任何能映射的类型。

在 CountryMapper.xml 中添加如下方法。

```
<select id="selectCountries" statementType="CALLABLE" useCache="false">
{call SELECT_COUNTRIES(
    #{list1, mode=OUT,jdbcType=CURSOR,
           javaType=ResultSet,resultMap=BaseResultMap},
    #{list2, mode=OUT,jdbcType=CURSOR,
           javaType=ResultSet,resultMap=BaseResultMap}
)}
</select>
```

使用游标类型时，需要注意将 jdbcType 设置为 CURSOR，将 javaType 设置为 ResultSet。除此之外，由于返回的游标是一个多列的复杂结果，因此要使用 resultMap 配置游标结果列的映射。

在 CountryMapper 接口中添加如下方法。

```
/**
 * 执行 Oracle 中的存储过程
 *
 * @param params
 * @return
 */
Object selectCountries(Map<String, Object> params);
```

可以增加 Oracle 的 JDBC 驱动，然后修改 mybatis-config.xml 中的数据库配置，在可以连接到 Oracle 数据库的前提下，执行下面的测试代码。

```
@Test
public void testMapperWithStartPage3() {
    SqlSession sqlSession = getSqlSession();
    CountryMapper countryMapper = sqlSession.getMapper(CountryMapper.class);
    try {
        //获取第 1 页，10 条内容，默认查询总数 count
        Map<String, Object> params = new HashMap<String, Object>();
        countryMapper.selectCountries(params);
        List<Country> list1 = (List<Country>) params.get("list1");
        List<Country> list2 = (List<Country>) params.get("list2");
        Assert.assertNotNull(list1);
        Assert.assertNotNull(list2);
    } finally {
        sqlSession.close();
    }
}
```

执行该测试，输出的日志如下。

```
DEBUG [main] - ==>  Preparing: {call SELECT_COUNTRIES(?, ?)}
DEBUG [main] - ==> Parameters:
```

常见的存储过程大概就是以上几种，只要掌握了这几种用法，几乎就可以应对所有的情况了。

6.3　使用枚举或其他对象

在 sys_role 表中存在一个字段 enabled，这个字段只有两个可选值，0 为禁用，1 为启用。但是在 SysRole 类中，我们使用的是 Integer enabled，这种情况下必须手动校验 enabled 的值是否符合要求。在只有两个值的情况下，处理起来还比较容易，但是当出现更多的可选值时，对值进行校验就会变得复杂。因此在这种情况下，我们通常会选择使用枚举来解决。

6.3.1　使用 MyBatis 提供的枚举处理器

在 **tk.mybatis.simple.type** 包中新增 Enabled 枚举类，代码如下。

```java
public enum Enabled {
    disabled,//禁用
    enabled; //启用
}
```

因为枚举除了本身的字面值外，还可以通过枚举的 ordinal()方法获取枚举值的索引。在这个枚举类中，disabled 对应索引 0，enabled 对应索引 1。

增加枚举后，修改 SysRole 中 enabled 的类型，部分修改后的代码如下。

```java
/**
 * 有效标志
 */
private Enabled enabled;

public Enabled getEnabled() {
    return enabled;
}

public void setEnabled(Enabled enabled) {
    this.enabled = enabled;
}
```

将 enabled 改为枚举类型后，可选值的问就解决了，在 Java 中处理该值也变得简单了。但是这个值该如何和数据库的值进行交互呢？

在数据库中不存在一个和 Enabled 枚举对应的数据库类型，因此在和数据库交互的时候，不能直接使用枚举类型，在查询数据时，需要将数据库 int 类型的值转换为 Java 中的枚举值。在保存、更新数据或者作为查询条件时，需要将枚举值转换为数据库中的 int 类型。

MyBatis 在处理 Java 类型和数据库类型时，使用 `TypeHandler`（类型处理器）对这两者进行转换。Mybatis 为 Java 和数据库 JDBC 中的基本类型和常用的类型提供了 `TypeHandler` 接口的实现。MyBatis 在启动时会加载所有的 JDBC 对应的类型处理器，在处理枚举类型时默认使用 `org.apache.ibatis.type.EnumTypeHandler` 处理器，这个处理器会将枚举类型转换为字符串类型的字面值并使用，对于 Enabled 而言便是"disabled"和"enabled"字符串。在这个例子中，由于数据库使用的是 `int` 类型，所以在 Java 的 String 类型和数据库 int 类型互相转换时，肯定会报错。

使用第 3 章中针对 `SysRole` 的 `selectById` 和 `updateById` 方法编写一个测试，在 `RoleMapperTest` 中添加如下测试。

```
@Test
public void testUpdateById(){
    SqlSession sqlSession = getSqlSession();
    try {
        RoleMapper roleMapper = sqlSession.getMapper(RoleMapper.class);
        //先查询出角色，然后修改角色的 enabled 值为 disabled
        SysRole role = roleMapper.selectById(2L);
        Assert.assertEquals(Enabled.enabled, role.getEnabled());
        role.setEnabled(Enabled.disabled);
        roleMapper.updateById(role);
    } finally {
        sqlSession.rollback();
        sqlSession.close();
    }
}
```

编写完这个测试后，直接执行，抛出如下的异常信息。

```
Error querying database. Cause: org.apache.ibatis.executor.result.Result
MapException: Error attempting to get column 'enabled' from result set. Cause:
java.lang.IllegalArgumentException: No enum constant tk.mybatis.simple.type.
Enabled.1
```

这个错误原因是，在调用 `Enabled.valueOf("1")` 的时候，枚举中没有 1 这个枚举值。因为 MyBatis 默认使用 `org.apache.ibatis.type.EnumTypeHandler`，这个处理器只是对枚举的字面值进行处理，所以不适合当前的情况。除了这个枚举类型处理器，MyBatis 还提供了另一个 `org.apache.ibatis.type.EnumOrdinalTypeHandler` 处理器，这个处理器使用枚举的索引进行处理，可以解决此处遇到的问题。想要使用这个处理器，需要在 **mybatis-config.xml** 中添加如下配置。

```
<typeHandlers>
    <typeHandler
        javaType="tk.mybatis.simple.type.Enabled"
        handler="org.apache.ibatis.type.EnumOrdinalTypeHandler"/>
</typeHandlers>
```

在 `typeHandler` 中，通过 `javaType` 设置要处理的枚举类型，通过 `handler` 设置类型处理器。做好这些配置后，再执行上面的测试，输出的日志如下。

```
DEBUG [main] - ==> Preparing: select id,role_name roleName, enabled,
                                  create_by createBy,
                                  create_time createTime
                            from sys_role where id = ?
DEBUG [main] - ==> Parameters: 2(Long)
TRACE [main] - <== Columns: id, roleName, enabled, createBy, createTime
TRACE [main] - <== Row: 2, 普通用户, 1, 1, 2016-04-01 17:02:34.0
DEBUG [main] - <== Total: 1
DEBUG [main] - ==> Preparing: update sys_role set role_name = ?,
                                               enabled = ?,
                                               create_by = ?,
                                               create_time = ?
                            where id = ?
DEBUG [main] - ==> Parameters: 普通用户(String), 0(Integer), 1(String),
                               2016-04-01 17:02:34.0(Timestamp), 2(Long)
DEBUG [main] - <== Updates: 1
```

从第一个方法查询的返回值可以看到，**MyBatis** 将 1 处理为 `enabled`。在第二个更新方法中，**MyBatis** 将 `disabled` 处理为 0 来更新数据库。通过 `typeHandler` 配置就实现了 Java 类型和 JDBC 类型的互相转换。

6.3.2 使用自定义的类型处理器

上面的配置解决了枚举问题，但有的时候，值既不是枚举的字面值，也不是枚举的索引值，这种情况下就需要自己来实现类型处理器了。简单修改枚举类 Enabled，代码如下。

```
public enum Enabled {
    enabled(1), //启用
    disabled(0);//禁用

    private final int value;
```

```
    private Enabled(int value) {
        this.value = value;
    }

    public int getValue() {
        return value;
    }
}
```

现在 Enabled 中的值和顺序无关，针对该类，在 tk.mybatis.simple.type 包下新增 EnabledTypeHandler 类，代码如下。

```
package tk.mybatis.simple.type;

import java.sql.CallableStatement;
import java.sql.PreparedStatement;
import java.sql.ResultSet;
import java.sql.SQLException;
import java.util.HashMap;
import java.util.Map;

import org.apache.ibatis.type.JdbcType;
import org.apache.ibatis.type.TypeHandler;

/**
 * Enabled 类型处理器
 */
public class EnabledTypeHandler implements TypeHandler<Enabled> {
    private final Map<Integer, Enabled> enabledMap =
            new HashMap<Integer, Enabled>();

    public EnabledTypeHandler() {
        for(Enabled enabled : Enabled.values()){
            enabledMap.put(enabled.getValue(), enabled);
        }
    }

    @Override
```

```java
    public void setParameter(PreparedStatement ps, int i,
            Enabled parameter, JdbcType jdbcType) throws SQLException {
        ps.setInt(i, parameter.getValue());
    }

    @Override
    public Enabled getResult(ResultSet rs, String columnName)
            throws SQLException {
        Integer value = rs.getInt(columnName);
        return enabledMap.get(value);
    }

    @Override
    public Enabled getResult(ResultSet rs, int columnIndex)
            throws SQLException {
        Integer value = rs.getInt(columnIndex);
        return enabledMap.get(value);
    }

    @Override
    public Enabled getResult(CallableStatement cs, int columnIndex)
            throws SQLException {
        Integer value = cs.getInt(columnIndex);
        return enabledMap.get(value);
    }

}
```

EnabledTypeHandler 实现了 TypeHandler 接口,并且针对 4 个接口方法对 Enabled 类型进行了转换。在 TypeHandler 接口实现类中,除了默认无参的构造方法,还有一个隐含的带有一个 Class 参数的构造方法。

```java
public EnabledTypeHandler(Class<?> type) {
    this();
}
```

当针对特定的接口处理类型时,使用这个构造方法可以写出通用的类型处理器,就像 MyBatis 提供的两个枚举类型处理器一样。有了自己的类型处理器后,还需要在 mybatis-config.xml 中进行如下配置。

```
<typeHandlers>
    <typeHandler
        javaType="tk.mybatis.simple.type.Enabled"
        handler="tk.mybatis.simple.type.EnabledTypeHandler"/>
</typeHandlers>
```

修改后再次执行测试方法，测试会正确执行。这里只是实现了一个简单的类型处理器，如果需要用到复杂的类型处理，可以参考 MyBatis 项目中 org.apache.ibatis.type 包下的各种类型处理器的实现。

6.3.3　对 Java 8 日期（JSR-310）的支持

MyBatis 从 3.4.0 版本开始增加了对 Java 8 日期（JSR-310）的支持。如果使用 3.4.0 及以上版本，只需要在 Maven 的 pom.xml 中添加如下依赖即可。

```
<dependency>
  <groupId>org.mybatis</groupId>
  <artifactId>mybatis-typehandlers-jsr310</artifactId>
  <version>1.0.2</version>
</dependency>
```

> **特别提示！**
> 关于日期类型处理器的版本，可以参考该项目在 GitHub 首页的文档，地址是 https://github.com/mybatis/typehandlers-jsr310。

如果使用比 3.4.0 更早的版本，若要支持 Java 8 日期，还需要在 mybatis-config.xml 中添加如下配置。

```
<typeHandlers>
    <typeHandler handler="org.apache.ibatis.type.InstantTypeHandler" />
    <typeHandler handler="org.apache.ibatis.type.LocalDateTimeTypeHandler" />
    <typeHandler handler="org.apache.ibatis.type.LocalDateTypeHandler" />
    <typeHandler handler="org.apache.ibatis.type.LocalTimeTypeHandler" />
    <typeHandler
            handler="org.apache.ibatis.type.OffsetDateTimeTypeHandler" />
    <typeHandler handler="org.apache.ibatis.type.OffsetTimeTypeHandler" />
    <typeHandler handler="org.apache.ibatis.type.ZonedDateTimeTypeHandler" />
    <typeHandler handler="org.apache.ibatis.type.YearTypeHandler" />
    <typeHandler handler="org.apache.ibatis.type.MonthTypeHandler" />
</typeHandlers>
```

增加上面这些配置后，就可以在 Java 中使用新的日期类型了。

在看到上面日期的 typeHandler 配置时，大家有没有一点疑问呢？为什么这些 typeHandler 都没有配置 javaType 呢？来看看 InstantTypeHandler 类的源码。

```
public class InstantTypeHandler extends BaseTypeHandler<Instant> {
    //其他方法
}
```

InstantTypeHandler 并不像上面的 EnabledTypeHandler 实现的 TypeHandler 接口一样，InstantTypeHandler 继承了 BaseTypeHandler<T>类，而 BaseTypeHandler<T> 又继承了 TypeReference<T>类。由于 TypeReference<T>带有泛型类型，MyBatis 会对继承了 TypeReference<T>的类进行特殊处理，获取这里指定的泛型类型作为 javaType 属性，因此在配置的时候就不需要指定 javaType 了。

6.4 本章小结

在本章中，我们通过一个循序渐进的过程学习了复杂的高级结果映射方法，虽然高级结果映射比较复杂，但是了解了整个过程中一步一步的变化后便可以很容易地掌握其用法。全面地学习存储过程后，大家应该能了解 MyBatis 在存储过程方面的不同用法。最后通过枚举和日期类型，简单介绍了与 TypeHandler 相关的用法和配置。经过这一章，MyBatis 中的各种不同用法就基本介绍完了。

第 7 章

MyBatis 缓存配置

使用缓存可以使应用更快地获取数据，避免频繁的数据库交互，尤其是在查询越多、缓存命中率越高的情况下，使用缓存的作用就越明显。MyBatis 作为持久化框架，提供了非常强大的查询缓存特性，可以非常方便地配置和定制使用。

一般提到 MyBatis 缓存的时候，都是指二级缓存。一级缓存（也叫本地缓存）默认会启用，并且不能控制，因此很少会提到。在本章第 1 节中，我们会简单介绍 MyBatis 一级缓存，了解 MyBatis 的一级缓存可以避免产生一些难以发现的错误。后面几节则会全面介绍 MyBatis 的二级缓存，包括二级缓存的基本配置用法，还有一些常用缓存框架和缓存数据库的结合。除此之外还会介绍二级缓存的适用场景，以及如何避免产生脏数据。

7.1 一级缓存

先通过一个简单示例来看看 MyBatis 一级缓存如何起作用。在 src.mybatis.simple.mapper 包下，新建如下测试类。

```java
public class CacheTest extends BaseMapperTest {

    @Test
    public void testL1Cache(){
        //获取 SqlSession
        SqlSession sqlSession = getSqlSession();
        SysUser user1 = null;
        try {
            //获取 UserMapper 接口
            UserMapper userMapper = sqlSession.getMapper(UserMapper.class);
            //调用 selectById方法，查询 id = 1 的用户
            user1 = userMapper.selectById(1L);
            //对当前获取的对象重新赋值
            user1.setUserName("New Name");
            //再次查询获取 id相同的用户
            SysUser user2 = userMapper.selectById(1L);
            //虽然没有更新数据库，但是这个用户名和 user1 重新赋值的名字相同
            Assert.assertEquals("New Name", user2.getUserName());
            //无论如何，user2 和 user1 完全就是同一个实例
            Assert.assertEquals(user1, user2);
        } finally {
            //关闭当前的 sqlSession
            sqlSession.close();
        }
        System.out.println("开启新的 sqlSession");
```

```
        //开始另一个新的 session
        sqlSession = getSqlSession();
        try {
            //获取 UserMapper 接口
            UserMapper userMapper = sqlSession.getMapper(UserMapper.class);
            //调用 selectById 方法, 查询 id = 1 的用户
            SysUser user2 = userMapper.selectById(1L);
            //第二个 session 获取的用户名仍然是 admin
            Assert.assertNotEquals("New Name", user2.getUserName());
            //这里的 user2 和前一个 session 查询的结果是两个不同的实例
            Assert.assertNotEquals(user1, user2);
            //执行删除操作
            userMapper.deleteById(2L);
            //获取 user3
            SysUser user3 = userMapper.selectById(1L);
            //这里的 user2 和 user3 是两个不同的实例
            Assert.assertNotEquals(user2, user3);
        } finally {
            //关闭 sqlSession
            sqlSession.close();
        }
    }
}
```

先执行该测试输出日志, 然后结合日志一起来看以上代码。输出日志如下。

```
DEBUG [main] - ==>  Preparing: select * from sys_user where id = ?
DEBUG [main] - ==>  Parameters: 1(Long)
TRACE [main] - <==  Columns: id, user_name, user_password, user_email,
                            user_info, head_img, create_time
TRACE [main] - <==  Row: 1, admin, 123456, admin@mybatis.tk,
                            <<BLOB>>, <<BLOB>>, 2016-06-07 01:11:12.0
DEBUG [main] - <==  Total: 1
开启新的 sqlSession
DEBUG [main] - ==>  Preparing: select * from sys_user where id = ?
DEBUG [main] - ==>  Parameters: 1(Long)
TRACE [main] - <==  Columns: id, user_name, user_password, user_email,
                            user_info, head_img, create_time
TRACE [main] - <==  Row: 1, admin, 123456, admin@mybatis.tk,
                            <<BLOB>>, <<BLOB>>, 2016-06-07 01:11:12.0
DEBUG [main] - <==  Total: 1
```

```
DEBUG [main] - ==> Preparing: delete from sys_user where id = ?
DEBUG [main] - ==> Parameters: 2(Long)
DEBUG [main] - <== Updates: 0
DEBUG [main] - ==> Preparing: select * from sys_user where id = ?
DEBUG [main] - ==> Parameters: 1(Long)
TRACE [main] - <== Columns: id, user_name, user_password, user_email,
                              user_info, head_img, create_time
TRACE [main] - <== Row: 1, admin, 123456, admin@mybatis.tk,
                              <<BLOB>>, <<BLOB>>, 2016-06-07 01:11:12.0
DEBUG [main] - <== Total: 1
```

在第一次执行 selectById 方法获取 SysUser 数据时，真正执行了数据库查询，得到了 user1 的结果。第二次执行获取 user2 的时候，从日志可以看到，在"开启新的 sqlSession"这行日志上面，只有一次查询，也就是说第二次查询并没有执行数据库操作。

从测试代码来看，获取 user1 后重新设置了 userName 的值，之后没有进行任何更新数据库的操作。在获取 user2 对象后，发现 user2 对象的 userName 值竟然和 user1 重新设置后的值一样。再往下可以发现，原来 user1 和 user2 竟然是同一个对象，之所以这样就是因为 MyBatis 的一级缓存。

MyBatis 的一级缓存存在于 SqlSession 的生命周期中，在同一个 SqlSession 中查询时，MyBatis 会把执行的方法和参数通过算法生成缓存的键值，将键值和查询结果存入一个 Map 对象中。如果同一个 SqlSession 中执行的方法和参数完全一致，那么通过算法会生成相同的键值，当 Map 缓存对象中已经存在该键值时，则会返回缓存中的对象。

缓存中的对象和我们得到的结果是同一个对象，反复使用相同参数执行同一个方法时，总是返回同一个对象，因此就会出现上面测试代码中的情况。在使用 MyBatis 的过程中，要避免在使用如上代码中的 user2 时出现的错误。我们可能以为获取的 user2 应该是数据库中的数据，却不知道 user1 的一个重新赋值会影响到 user2。如果不想让 selectById 方法使用一级缓存，可以对该方法做如下修改。

```xml
<select id="selectById" flushCache="true" resultMap="userMap">
    select * from sys_user where id = #{id}
</select>
```

该修改在原来方法的基础上增加了 flushCache="true"，这个属性配置为 true 后，会在查询数据前清空当前的一级缓存，因此该方法每次都会重新从数据库中查询数据，此时的 user2 和 user1 就会成为两个不同的实例，可以避免上面的问题。但是由于这个方法清空了一级缓存，会影响当前 SqlSession 中所有缓存的查询，因此在需要反复查询获取只读数据的情况下，会增加数据库的查询次数，所以要避免这么使用。

在关闭第一个 SqlSession 后，又重新获取了一个 SqlSession，因此又重新查询了 user2，这时在日志中输出了数据库查询 SQL，user2 是一个新的实例，和 user1 没有任何关系。这是因为一级缓存是和 SqlSession 绑定的，只存在于 SqlSession 的生命周期中。

接下来执行了一个 deleteById 操作，然后使用相同的方法和参数获取了 user3 实例，从日志和结果来看，user3 和 user2 也是完全不同的两个对象。这是因为任何的 INSERT、UPDATE、DELETE 操作都会清空一级缓存，所以查询 user3 的时候由于缓存不存在，就会再次执行数据库查询获取数据。

关于一级缓存中的各种情况，通过上面的测试都已经介绍完了，由于一级缓存是在默默地工作，因此要避免在使用过程中由于不了解而发生觉察不到的错误。

7.2　二级缓存

MyBatis 的二级缓存非常强大，它不同于一级缓存只存在于 SqlSession 的生命周期中，而是可以理解为存在于 SqlSessionFactory 的生命周期中。虽然目前还没接触过同时存在多个 SqlSessionFactory 的情况，但可以知道，当存在多个 SqlSessionFactory 时，它们的缓存都是绑定在各自对象上的，缓存数据在一般情况下是不相通的。只有在使用如 Redis 这样的缓存数据库时，才可以共享缓存。

7.2.1　配置二级缓存

首先从 MyBatis 最简单的二级缓存配置开始。在 MyBatis 的全局配置 settings 中有一个参数 cacheEnabled，这个参数是二级缓存的全局开关，默认值是 true，初始状态为启用状态。如果把这个参数设置为 false，即使有后面的二级缓存配置，也不会生效。由于这个参数值默认为 true，所以不必配置，如果想要配置，可以在 mybatis-config.xml 中添加如下代码。

```
<settings>
    <!--其他配置-->
    <setting name="cacheEnabled" value="true"/>
</settings>
```

MyBatis 的二级缓存是和命名空间绑定的，即二级缓存需要配置在 Mapper.xml 映射文件中，或者配置在 Mapper.java 接口中。在映射文件中，命名空间就是 XML 根节点 mapper 的 namespace 属性。在 Mapper 接口中，命名空间就是接口的全限定名称。

7.2.1.1　Mapper.xml 中配置二级缓存

在保证二级缓存的全局配置开启的情况下，给 RoleMapper.xml 开启二级缓存只需要在 RoleMapper.xml 中添加 <cache/>元素即可，添加后的 RoleMapper.xml 如下。

```xml
<?xml version="1.0" encoding="UTF-8" ?>
<!DOCTYPE mapper PUBLIC "-//mybatis.org//DTD Mapper 3.0//EN"
                "http://mybatis.org/dtd/mybatis-3-mapper.dtd" >
<mapper namespace="tk.mybatis.simple.mapper.RoleMapper">
    <cache/>
    <!--其他配置-->
</mapper>
```

默认的二级缓存会有如下效果。

- 映射语句文件中的所有 SELECT 语句将会被缓存。
- 映射语句文件中的所有 INSERT、UPDATE、DELETE 语句会刷新缓存。
- 缓存会使用 Least Recently Used（LRU，最近最少使用的）算法来收回。
- 根据时间表（如 no Flush Interval，没有刷新间隔），缓存不会以任何时间顺序来刷新。
- 缓存会存储集合或对象（无论查询方法返回什么类型的值）的 1024 个引用。
- 缓存会被视为 read/write（可读/可写）的，意味着对象检索不是共享的，而且可以安全地被调用者修改，而不干扰其他调用者或线程所做的潜在修改。

所有的这些属性都可以通过缓存元素的属性来修改，示例如下。

```xml
<cache
    eviction="FIFO"
    flushInterval="60000"
    size="512"
    readOnly="true"/>
```

这个更高级的配置创建了一个 FIFO 缓存，并每隔 60 秒刷新一次，存储集合或对象的 512 个引用，而且返回的对象被认为是只读的，因此在不同线程中的调用者之间修改它们会导致冲突。cache 可以配置的属性如下。

- eviction（收回策略）
  - LRU（最近最少使用的）：移除最长时间不被使用的对象，这是默认值。
  - FIFO（先进先出）：按对象进入缓存的顺序来移除它们。
  - SOFT（软引用）：移除基于垃圾回收器状态和软引用规则的对象。
  - WEAK（弱引用）：更积极地移除基于垃圾收集器状态和弱引用规则的对象。

- flushInterval（刷新间隔）。可以被设置为任意的正整数，而且它们代表一个合理的毫秒形式的时间段。默认情况不设置，即没有刷新间隔，缓存仅仅在调用语句时刷新。

- size（引用数目）。可以被设置为任意正整数，要记住缓存的对象数目和运行环境的可用内存资源数目。默认值是 1024。

- readOnly（只读）。属性可以被设置为 true 或 false。只读的缓存会给所有调用者返回缓存对象的相同实例，因此这些对象不能被修改，这提供了很重要的性能优势。可读写的缓存会通过序列化返回缓存对象的拷贝，这种方式会慢一些，但是安全，因此默认是 false。

7.2.1.2　Mapper 接口中配置二级缓存

在使用注解方式时，如果想对注解方法启用二级缓存，还需要在 Mapper 接口中进行配置，如果 Mapper 接口也存在对应的 XML 映射文件，两者同时开启缓存时，还需要特殊配置。

当只使用注解方式配置二级缓存时，如果在 RoleMapper 接口中，则需要增加如下配置。

```
@CacheNamespace
public interface RoleMapper {
    //接口方法
}
```

只需要增加@CacheNamespace（org.apache.ibatis.annotations.CacheNamespace）注解即可，该注解同样可以配置各项属性，配置示例如下。

```
@CacheNamespace(
    eviction = FifoCache.class,
    flushInterval = 60000,
    size = 512,
    readWrite = true
)
```

这里的 readWrite 属性和 XML 中的 readOnly 属性一样，用于配置缓存是否为只读类型，在这里 true 为读写，false 为只读，默认为 true。

当同时使用注解方式和 XML 映射文件时，如果同时配置了上述的二级缓存，就会抛出如下异常。

```
org.apache.ibatis.builder.BuilderException: Error parsing SQL Mapper
Configuration. Cause: java.lang.IllegalArgumentException: Caches collection
already contains value for tk.mybatis.simple.mapper.RoleMapper
```

这是因为 Mapper 接口和对应的 XML 文件是相同的命名空间，想使用二级缓存，两者必须同时配置（如果接口不存在使用注解方式的方法，可以只在 XML 中配置），因此按照上面的方式进行配置就会出错，这个时候应该使用参照缓存。在 Mapper 接口中，参照缓存配置如下。

```
@CacheNamespaceRef(RoleMapper.class)
public interface RoleMapper {

}
```

因为想让 RoleMapper 接口中的注解方法和 XML 中的方法使用相同的缓存，因此使用参照缓存配置 RoleMapper.class，这样就会使用命名空间为 tk.mybatis.simple.mapper.RoleMapper 的缓存配置，即 RoleMapper.xml 中配置的缓存。

Mapper 接口可以通过注解引用 XML 映射文件或者其他接口的缓存，在 XML 中也可以配置参照缓存，如可以在 RoleMapper.xml 中进行如下修改。

```
<cache-ref namespace="tk.mybatis.simple.mapper.RoleMapper"/>
```

这样配置后，XML 就会引用 Mapper 接口中配置的二级缓存，同样可以避免同时配置二级缓存导致的冲突。

MyBatis 中很少会同时使用 Mapper 接口注解方式和 XML 映射文件，所以参照缓存并不是为了解决这个问题而设计的。参照缓存除了能够通过引用其他缓存减少配置外，主要的作用是解决脏读（后面章节详细介绍）。

为了保证后续测试一致，对 RoleMapper 接口和 XML 映射文件进行如下配置。

```
@CacheNamespaceRef(RoleMapper.class)
public interface RoleMapper {
    //其他接口
}
<mapper namespace="tk.mybatis.simple.mapper.RoleMapper">
    <cache
        eviction="FIFO"
        flushInterval="60000"
        size="512"
        readOnly="false"/>
    <!--其他方法-->
</mapper>
```

7.2.2 使用二级缓存

上一节讲到，对 RoleMapper 配置二级缓存后，当调用 RoleMapper 所有的 select 查询方法时，二级缓存就已经开始起作用了。需要注意的是，由于配置的是可读写的缓存，而 MyBatis

使用 SerializedCache（org.apache.ibatis.cache.decorators.SerializedCache）序列化缓存来实现可读写缓存类，并通过序列化和反序列化来保证通过缓存获取数据时，得到的是一个新的实例。因此，如果配置为只读缓存，MyBatis 就会使用 Map 来存储缓存值，这种情况下，从缓存中获取的对象就是同一个实例。

因为使用可读写缓存，可以使用 SerializedCache 序列化缓存。这个缓存类要求所有被序列化的对象必须实现 Serializable（java.io.Serializable）接口，所以还需要修改 SysRole 对象，CreateInfo 参考此处也要进行修改，代码如下。

```
/**
 * 角色表
 */
public class SysRole implements Serializable {
    private static final long serialVersionUID = 6320941908222932112L;
    //其他属性和 getter,setter 方法

}
```

做好所有准备后，编写一个测试来查看二级缓存的效果，测试代码如下。

```
@Test
public void testL2Cache(){
    //获取 sqlSession
    SqlSession sqlSession = getSqlSession();
    SysRole role1 = null;
    try {
        //获取 RoleMapper 接口
        RoleMapper roleMapper = sqlSession.getMapper(RoleMapper.class);
        //调用 selectById 方法，查询 id = 1 的用户
        role1 = roleMapper.selectById(1L);
        //对当前获取的对象重新赋值
        role1.setRoleName("New Name");
        //再次查询获取 id 相同的用户
        SysRole role2 = roleMapper.selectById(1L);
        //虽然没有更新数据库，但是这个用户名和 role1 重新赋值的名字相同
        Assert.assertEquals("New Name", role2.getRoleName());
        //无论如何，role2 和 role1 完全就是同一个实例
        Assert.assertEquals(role1, role2);
    } finally {
        //关闭当前的 sqlSession
        sqlSession.close();
    }
    System.out.println("开启新的 sqlSession");
    //开始另一个新的 session
```

```
    sqlSession = getSqlSession();
    try {
        //获取 RoleMapper 接口
        RoleMapper roleMapper = sqlSession.getMapper(RoleMapper.class);
        //调用 selectById 方法，查询 id = 1 的用户
        SysRole role2 = roleMapper.selectById(1L);
        //第二个 session 获取的用户名是 New Nam
        Assert.assertEquals("New Name", role2.getRoleName());
        //这里的 role2 和前一个 session 查询的结果是两个不同的实例
        Assert.assertNotEquals(role1, role2);
        //获取 role3
        SysRole role3 = roleMapper.selectById(1L);
        //这里的 role2 和 role3 是两个不同的实例
        Assert.assertNotEquals(role2, role3);
    } finally {
        //关闭 sqlSession
        sqlSession.close();
    }
}
```

这个测试仍然比较长，先执行测试输出日志，日志内容如下。

```
DEBUG [main] - Cache Hit Ratio [tk.mybatis.simple.mapper.RoleMapper]: 0.0
DEBUG [main] - ==> Preparing: select id,role_name roleName, enabled,
                                  create_by createBy,
                                  create_time createTime
                            from sys_role where id = ?
DEBUG [main] - ==> Parameters: 1(Long)
TRACE [main] - <== Columns: id, roleName, enabled, createBy, createTime
TRACE [main] - <== Row: 1, 管理员, 1, 1, 2016-04-01 17:02:14.0
DEBUG [main] - <== Total: 1
DEBUG [main] - Cache Hit Ratio [tk.mybatis.simple.mapper.RoleMapper]: 0.0
开启新的 sqlSession
DEBUG [main] - Cache Hit Ratio [tk.mybatis.simple.mapper.RoleMapper]:
                            0.3333333333333333
DEBUG [main] - Cache Hit Ratio [tk.mybatis.simple.mapper.RoleMapper]: 0.5
DEBUG [main] - ==> Preparing: select id,role_name roleName, enabled,
                                  create_by createBy,
                                  create_time createTime
                            from sys_role where id = ?
DEBUG [main] - ==> Parameters: 1(Long)
TRACE [main] - <== Columns: id, roleName, enabled, createBy, createTime
TRACE [main] - <== Row: 1, 管理员, 1, 1, 2016-04-01 17:02:14.0
DEBUG [main] - <== Total: 1
```

日志中存在好几条以 Cache Hit Ratio 开头的语句，这行日志后面输出的值为当前执行方法的缓存命中率。在测试第一部分中，第一次查询获取 role1 的时候由于没有缓存，所以执行了数据库查询。在第二个查询获取 role2 的时候，role2 和 role1 是完全相同的实例，这里使用的是一级缓存，所以返回同一个实例。

当调用 close 方法关闭 SqlSession 时，SqlSession 才会保存查询数据到二级缓存中。在这之后二级缓存才有了缓存数据。所以可以看到在第一部分的两次查询时，命中率都是 0。

在第二部分测试代码中，再次获取 role2 时，日志中并没有输出数据库查询，而是输出了命中率，这时的命中率是 0.3333333333333333。这是第 3 次查询，并且得到了缓存的值，因此该方法一共被请求了 3 次，有 1 次命中，所以命中率就是三分之一。后面再获取 role3 的时候，就是 4 次请求，2 次命中，命中率为 0.5。并且因为可读写缓存的缘故，role2 和 role3 都是反序列化得到的结果，所以它们不是相同的实例。在这一部分，这两个实例是读写安全的，其属性不会互相影响。

> **提示！**
>
> 在这个例子中并没有真正的读写安全，为什么？
>
> 因为这个测试中加入了一段不该有的代码，即 role1.setRoleName("New Name");，这里修改 role1 的属性值后，按照常理应该更新数据，更新后会清空一、二级缓存，这样在第二部分的代码中就不会出现查询结果的 roleName 都是"New Name"的情况了。所以想要安全使用，需要避免毫无意义的修改。这样就可以避免人为产生的脏数据，避免缓存和数据库的数据不一致。

MyBatis 默认提供的缓存实现是基于 Map 实现的内存缓存，已经可以满足基本的应用。但是当需要缓存大量的数据时，不能仅仅通过提高内存来使用 MyBatis 的二级缓存，还可以选择一些类似 EhCache 的缓存框架或 Redis 缓存数据库等工具来保存 MyBatis 的二级缓存数据。接下来两节，我们会介绍两个常见的缓存框架。

7.3　集成 EhCache 缓存

EhCache 是一个纯粹的 Java 进程内的缓存框架，具有快速、精干等特点。具体来说，EhCache 主要的特性如下。

- 快速。
- 简单。
- 多种缓存策略。
- 缓存数据有内存和磁盘两级，无须担心容量问题。

- 缓存数据会在虚拟机重启的过程中写入磁盘。
- 可以通过 RMI、可插入 API 等方式进行分布式缓存。
- 具有缓存和缓存管理器的侦听接口。
- 支持多缓存管理器实例以及一个实例的多个缓存区域。

因为以上诸多优点，MyBatis 项目开发者最早提供了 EhCache 的 MyBatis 二级缓存实现，该项目名为 ehcache-cache，地址是 https://github.com/mybatis/ehcache-cache。

这一节我们就来介绍使用 MyBatis 官方提供的 ehcache-cache 集成 EhCache 缓存框架的实例。下面，按照如下步骤集成 EhCache 缓存框架。

1. 添加项目依赖

在 pom.xml 中添加如下依赖。

```
<dependency>
    <groupId>org.mybatis.caches</groupId>
    <artifactId>mybatis-ehcache</artifactId>
    <version>1.0.3</version>
</dependency>
```

2. 配置 EhCache

在 src/main/resources 目录下新增 ehcache.xml 文件。

```
<?xml version="1.0" encoding="UTF-8"?>
<ehcache xmlns:xsi="http://www.w3.org/2001/XMLSchema-instance"
    xsi:noNamespaceSchemaLocation="ehcache.xsd"
    updateCheck="false" monitoring="autodetect"
    dynamicConfig="true">

    <diskStore path="D:/cache" />
    <defaultCache
            maxElementsInMemory="3000"
            eternal="false"
            copyOnRead="true"
            copyOnWrite="true"
            timeToIdleSeconds="3600"
            timeToLiveSeconds="3600"
            overflowToDisk="true"
            diskPersistent="true"/>
</ehcache>
```

有关 EhCache 的详细配置可以参考地址 http://www.ehcache.org/ehcache.xml 中的内容。

上面的配置中重点要看两个属性，copyOnRead 和 copyOnWrite 属性。这两个属性的配置会对后面使用二级缓存产生很大影响。

`copyOnRead` 的含义是，判断从缓存中读取数据时是返回对象的引用还是复制一个对象返回。默认情况下是 `false`，即返回数据的引用，这种情况下返回的都是相同的对象，和 **MyBatis** 默认缓存中的只读对象是相同的。如果设置为 `true`，那就是可读写缓存，每次读取缓存时都会复制一个新的实例。

`copyOnWrite` 的含义是，判断写入缓存时是直接缓存对象的引用还是复制一个对象然后缓存，默认也是 `false`。如果想使用可读写缓存，就需要将这两个属性配置为 `true`，如果使用只读缓存，可以不配置这两个属性，使用默认值 `false` 即可。

3. 修改 RoleMapper.xml 中的缓存配置

ehcache-cache 提供了如下 2 个可选的缓存实现。

- `org.mybatis.caches.ehcache.EhcacheCache`
- `org.mybatis.caches.ehcache.LoggingEhcache`

在这两个缓存中，第二个是带日志的缓存，由于 **MyBatis** 初始化缓存时，如果 Cache 不是继承自 LoggingEhcache(`org.mybatis.caches.ehcache.LoggingEhcache`)，**MyBatis** 便会使用 Logging Ehcache 装饰代理缓存，所以上面两个缓存使用时并没有区别，都会输出缓存命中率的日志。

修改 **RoleMapper.xml** 中的配置如下。

```xml
<mapper namespace="tk.mybatis.simple.mapper.RoleMapper">
    <cache type="org.mybatis.caches.ehcache.EhcacheCache"/>
    <!--其他配置-->
</mapper>
```

只通过设置 type 属性就可以使用 EhCache 缓存了，这时 cache 的其他属性都不会起到任何作用，针对缓存的配置都在 ehcache.xml 中进行。在 ehcache.xml 配置文件中，只有一个默认的缓存配置，所以配置使用 EhCache 缓存的 Mapper 映射文件都会有一个以映射文件命名空间命名的缓存。如果想针对某一个命名空间进行配置，需要在 ehcache.xml 中添加一个和映射文件命名空间一致的缓存配置，例如针对 RoleMapper，可以进行如下配置。

```xml
<cache
    name="tk.mybatis.simple.mapper.RoleMapper"
    maxElementsInMemory="3000"
    eternal="false"
    copyOnRead="true"
    copyOnWrite="true"
    timeToIdleSeconds="3600"
```

```
timeToLiveSeconds="3600"
overflowToDisk="true"
diskPersistent="true"/>
```

7.4 集成 Redis 缓存

Redis 是一个高性能的 key-value 数据库。

MyBatis 项目开发者提供了 Redis 的 MyBatis 二级缓存实现，该项目名为 redis-cache，目前只有 beta 版本，项目地址是 https://github.com/mybatis/redis-cache。

这一节将使用 MyBatis 官方提供的 redis-cache 集成 Redis 数据库，步骤如下。

1. 添加项目依赖

在 pom.xml 中添加如下依赖。

```
<dependency>
    <groupId>org.mybatis.caches</groupId>
    <artifactId>mybatis-redis</artifactId>
    <version>1.0.0-beta2</version>
</dependency>
```

mybatis-redis 目前只有 beta 版本。

2. 配置 Redis

使用 Redis 前，必须有一个 Redis 服务，有关 Redis 安装启动的相关内容，可参考如下地址中的官方文档：https://redis.io/topics/quickstart。

Redis 服务启动后，在 `src/main/resources` 目录下新增 redis.properties 文件。

```
host=localhost
port=6379
connectionTimeout=5000
soTimeout=5000
password=
database=0
clientName=
```

上面这几项是 redis-cache 项目提供的可以配置的参数，这里配置了服务器地址、端口和超时时间。

3. 修改 RoleMapper.xml 中的缓存配置

redis-cache 提供了 1 个 MyBatis 的缓存实现，`org.mybatis.caches.redis.RedisCache`。

修改 RoleMapper.xml 中的配置如下。

```
<mapper namespace="tk.mybatis.simple.mapper.RoleMapper">
    <cache type="org.mybatis.caches.redis.RedisCache"/>
    <!--其他配置-->
</mapper>
```

配置依然很简单，RedisCache 在保存缓存数据和获取缓存数据时，使用了 Java 的序列化和反序列化，因此还需要保证被缓存的对象必须实现 Serializable 接口。改为 RedisCache 缓存配置后，testL2Cache 测试第一次执行时会全部成功，但是如果再次执行，就会出错。这是因为 Redis 作为缓存服务器，它缓存的数据和程序（或测试）的启动无关，Redis 的缓存并不会因为应用的关闭而失效。所以再次执行时没有进行一次数据库查询，所有查询都使用缓存，测试的第一部分代码中的 role1 和 role2 都是直接从二级缓存中获取数据，因为是可读写缓存，所以不是相同的对象。

当需要分布式部署应用时，如果使用 MyBatis 自带缓存或基础的 EhCache 缓存，分布式应用会各自拥有自己的缓存，它们之间不会共享缓存，这种方式会消耗更多的服务器资源。如果使用类似 Redis 的缓存服务，就可以将分布式应用连接到同一个缓存服务器，实现分布式应用间的缓存共享。

除了上一节的 EhCache 和本节的 Redis，MyBatis 官方还提供了与其他缓存框架或服务器集成的实现类，这些项目及地址如下。

- ignite-cache：https://github.com/mybatis/ignite-cache。
- couchbase-cache：https://github.com/mybatis/couchbase-cache。
- caffeine-cache：https://github.com/ mybatis/caffeine-cache。
- memcached-cache：https://github.com/mybatis/memcached-cache。
- scache-cache：https://github.com/mybatis/oscache-cache。

如果有需要，大家可以参考这两节的集成方式去集成其他的缓存框架或缓存服务器。

7.5　脏数据的产生和避免

二级缓存虽然能提高应用效率，减轻数据库服务器的压力，但是如果使用不当，很容易产生脏数据。这些脏数据会在不知不觉中影响业务逻辑，影响应用的实效，所以我们需要了解在 MyBatis 缓存中脏数据是如何产生的，也要掌握避免脏数据的技巧。

MyBatis 的二级缓存是和命名空间绑定的，所以通常情况下每一个 Mapper 映射文件都拥有自己的二级缓存，不同 Mapper 的二级缓存互不影响。在常见的数据库操作中，多表联合查询非常常见，由于关系型数据库的设计，使得很多时候需要关联多个表才能获得想要的数据。在关联多表查询时肯定会将该查询放到某个命名空间下的映射文件中，这样一个多表的查询就会缓存在该命名空间的二级缓存中。涉及这些表的增、删、改操作通常不在一个映射文件中，它们的命名空间不同，因此当有数据变化时，多表查询的缓存未必会被清空，这种情况下就会产生脏数据。

下面通过测试来演示出现脏数据的情况。6.1.1 节中，我们在 UserMapper 中创建了 selectUserAndRoleById 方法，该方法的 SQL 语句如下。

```
select
    u.id,
    u.user_name userName,
    u.user_password userPassword,
    u.user_email userEmail,
    u.user_info userInfo,
    u.head_img headImg,
    u.create_time createTime,
    r.id "role.id",
    r.role_name "role.roleName",
    r.enabled "role.enabled",
    r.create_by "role.createBy",
    r.create_time "role.createTime"
from sys_user u
inner join sys_user_role ur on u.id = ur.user_id
inner join sys_role r on ur.role_id = r.id
where u.id = #{id}
```

这个 SQL 语句关联了两个表来查询用户对应的角色数据。给 UserMapper.xml 添加二级缓存配置，增加<cache/>元素，让 SysUser 对象实现 Serializable 接口。

在 RoleMapper 中，3.3 节里增加了一个用注解实现的 updateById 方法，这个方法通过角色主键来更新角色的其他数据，现在通过这两个方法来演示二级缓存产生的脏数据，测试代码如下。

```
@Test
public void testDirtyData(){
    //获取 sqlSession
    SqlSession sqlSession = getSqlSession();
    try {
        UserMapper userMapper = sqlSession.getMapper(UserMapper.class);
        SysUser user = userMapper.selectUserAndRoleById(1001L);
        Assert.assertEquals("普通用户", user.getRole().getRoleName());
```

```
        System.out.println("角色名: " + user.getRole().getRoleName());
    } finally {
        sqlSession.close();
    }
    //开始另一个新的 session
    sqlSession = getSqlSession();
    try {
        RoleMapper roleMapper = sqlSession.getMapper(RoleMapper.class);
        SysRole role = roleMapper.selectById(2L);
        role.setRoleName("脏数据");
        roleMapper.updateById(role);
        //提交修改
        sqlSession.commit();
    } finally {
        //关闭当前的 sqlSession
        sqlSession.close();
    }
    System.out.println("开启新的 sqlSession");
    //开始另一个新的 session
    sqlSession = getSqlSession();
    try {
        UserMapper userMapper = sqlSession.getMapper(UserMapper.class);
        RoleMapper roleMapper = sqlSession.getMapper(RoleMapper.class);
        SysUser user = userMapper.selectUserAndRoleById(1001L);
        SysRole role = roleMapper.selectById(2L);
        Assert.assertEquals("普通用户", user.getRole().getRoleName());
        Assert.assertEquals("脏数据", role.getRoleName());
        System.out.println("角色名: " + user.getRole().getRoleName());
        //还原数据
        role.setRoleName("普通用户");
        roleMapper.updateById(role);
        //提交修改
        sqlSession.commit();
    } finally {
        //关闭 sqlSession
        sqlSession.close();
    }
}
```

在这个测试中,一共有 3 个不同的 SqlSession。第一个 SqlSession 中获取了用户和
关联的角色信息,第二个 SqlSession 中查询角色并修改了角色的信息,第三个 SqlSession

中查询用户和关联的角色信息。这时从缓存中直接取出数据，就出现了脏数据，因为角色名称已经修改，但是这里读取到的角色名称仍然是修改前的名字，因此出现了脏读。

该如何避免脏数据的出现呢？这时就需要用到参照缓存了。当某几个表可以作为一个业务整体时，通常是让几个会关联的 ER 表同时使用同一个二级缓存，这样就能解决脏数据问题。在上面这个例子中，将 UserMapper.xml 中的缓存配置修改如下。

```xml
<mapper namespace="tk.mybatis.simple.mapper.UserMapper">
    <cache-ref namespace="tk.mybatis.simple.mapper.RoleMapper"/>
    <!--其他配置-->
</mapper>
```

修改为参照缓存后，再次执行测试，这时就会发现在第二次查询用户和关联角色信息时并没有使用二级缓存，而是重新从数据库获取了数据。虽然这样可以解决脏数据的问题，但是并不是所有的关联查询都可以这么解决，如果有几十个表甚至所有表都以不同的关联关系存在于各自的映射文件中时，使用参照缓存显然没有意义。

7.6　二级缓存适用场景

二级缓存虽然好处很多，但并不是什么时候都可以使用。在以下场景中，推荐使用二级缓存。

- 以查询为主的应用中，只有尽可能少的增、删、改操作。
- 绝大多数以单表操作存在时，由于很少存在互相关联的情况，因此不会出现脏数据。
- 可以按业务划分对表进行分组时，如关联的表比较少，可以通过参照缓存进行配置。

除了推荐使用的情况，如果脏读对系统没有影响，也可以考虑使用。在无法保证数据不出现脏读的情况下，建议在业务层使用可控制的缓存代替二级缓存。

7.7　本章小结

通过本章的学习，我们知道了一级缓存和二级缓存的区别，学会了如何配置二级缓存，除了 MyBatis 默认提供的缓存外，还学会了如何集成 EhCache 和 Redis 缓存。另外，我们认识到了二级缓存可能带来的脏读问题，也学会了特定情况下解决脏读的办法。MyBatis 的二级缓存需要在特定的场景下才会适用，在选择使用二级缓存前一定要认真考虑脏读对系统的影响。在任何情况下，都可以考虑在业务层使用可控制的缓存来代替二级缓存。

第 8 章

MyBatis 插件开发

MyBatis 允许在已映射语句执行过程中的某一点进行拦截调用。默认情况下，MyBatis 允许使用插件来拦截的接口和方法包括以下几个。

- Executor（update、query、flushStatements、commit、rollback、getTransaction、close、isClosed）
- ParameterHandler（getParameterObject、setParameters）
- ResultSetHandler（handleResultSets、handleCursorResultSets、handleOutputParameters）
- StatementHandler（prepare、parameterize、batch、update、query）

这 4 个接口及其包含的方法的细节可以通过查看每个方法的定义来了解。如果不仅仅是想调用监控方法，那么应该很好地了解正在重写的方法的行为。因为在试图修改或重写已有方法行为的时候，很可能会破坏 MyBatis 的核心模块。这些都是底层的类和方法，所以使用插件的时候要特别当心。下面将对拦截器的各个细节进行详细介绍。

8.1　拦截器接口介绍

MyBatis 插件可以用来实现拦截器接口 Interceptor（org.apache.ibatis.plugin.Interceptor），在实现类中对拦截对象和方法进行处理。

先来看拦截器接口，了解该接口的每一个方法的作用和用法。Interceptor 接口代码如下。

```
public interface Interceptor {

    Object intercept(Invocation invocation) throws Throwable;

    Object plugin(Object target);

    void setProperties(Properties properties);

}
```

先从最简单的拦截器接口讲起。首先是 setProperties 方法，这个方法用来传递插件的参数，可以通过参数来改变插件的行为。参数值是如何传递进来的呢？要搞清楚这个问题，需要先看一下拦截器的配置方法。在 mybatis-config.xml 中，一般情况下，拦截器的配置如下。

```
<plugins>
    <plugin interceptor="tk.mybatis.simple.plugin.XXXInterceptor">
        <property name="prop1" value="value1"/>
        <property name="prop2" value="value2"/>
    </plugin>
</plugins>
```

在配置拦截器时，plugin 的 interceptor 属性为拦截器实现类的全限定名称，如果需要参数，可以在 plugin 标签内通过 property 标签进行配置，配置后的参数在拦截器初始化时会通过 setProperties 方法传递给拦截器。在拦截器中可以很方便地通过 Properties 取得配置的参数值。

再看第二个方法 plugin。这个方法的参数 target 就是拦截器要拦截的对象，该方法会在创建被拦截的接口实现类时被调用。该方法的实现很简单，只需要调用 MyBatis 提供的 Plugin（org.apache.ibatis.plugin.Plugin）类的 wrap 静态方法就可以通过 Java 的动态代理拦截目标对象。这个接口方法通常的实现代码如下。

```
@Override
public Object plugin(Object target) {
    return Plugin.wrap(target, this);
}
```

Plugin.wrap 方法会自动判断拦截器的签名和被拦截对象的接口是否匹配，只有匹配的情况下才会使用动态代理拦截目标对象，因此在上面的实现方法中不必做额外的逻辑判断。

最后一个 intercept 方法是 MyBatis 运行时要执行的拦截方法。通过该方法的参数 invocation 可以得到很多有用的信息，该参数的常用方法如下。

```
@Override
public Object intercept(Invocation invocation) throws Throwable {
    Object target = invocation.getTarget();
    Method method = invocation.getMethod();
    Object[] args = invocation.getArgs();
    Object result = invocation.proceed();
    return result;
}
```

使用 getTarget() 方法可以获取当前被拦截的对象，使用 getMethod() 可以获取当前被拦截的方法，使用 getArgs() 方法可以返回被拦截方法中的参数。通过调用 invocation.proceed(); 可以执行被拦截对象真正的方法，proceed() 方法实际上执行了 method.invoke(target, args) 方法，上面的代码中没有做任何特殊处理，直接返回了执行的结果。

当配置多个拦截器时，MyBatis 会遍历所有拦截器，按顺序执行拦截器的 plugin 方法，被拦截的对象就会被层层代理。在执行拦截对象的方法时，会一层层地调用拦截器，拦截器通过 invocation.proceed() 调用下一层的方法，直到真正的方法被执行。方法执行的结果会从最里面开始向外一层层返回，所以如果存在按顺序配置的 A、B、C 三个签名相同的拦截器，MyBaits 会按照 C>B>A>target.proceed()>A>B>C 的顺序执行。如果 A、B、C 签名不同，就会按照 MyBatis 拦截对象的逻辑执行。

8.2   拦截器签名介绍

除了需要实现拦截器接口外，还需要给实现类配置以下的拦截器注解。

@Intercepts(org.apache.ibatis.plugin.Intercepts)和签名注解@Signature（org.apache.ibatis.plugin.Signature），这两个注解用来配置拦截器要拦截的接口的方法。

@Intercepts 注解中的属性是一个@Signature（签名）数组，可以在同一个拦截器中同时拦截不同的接口和方法。

以拦截 ResultSetHandler 接口的 handleResultSets 方法为例，配置签名如下。

```
@Intercepts({
    @Signature(
            type = ResultSetHandler.class,
            method = "handleResultSets",
            args = {Statement.class})
})
public class ResultSetInterceptor implements Interceptor
```

@Signature 注解包含以下三个属性。

- type：设置拦截的接口，可选值是前面提到的 4 个接口。
- method：设置拦截接口中的方法名，可选值是前面 4 个接口对应的方法，需要和接口匹配。
- args：设置拦截方法的参数类型数组，通过方法名和参数类型可以确定唯一一个方法。

由于 MyBatis 代码具体实现的原因，可以被拦截的 4 个接口中的方法并不是都可以被拦截的。下面将针对这 4 种接口，将可以被拦截的方法以及方法被调用的位置和对应的拦截器签名依次列举出来，大家可以根据方法调用的位置和方法提供的参数来选择想要拦截的方法。

8.2.1   Executor 接口

Executor 接口包含以下几个方法。

- int update(MappedStatement ms, Object parameter) throws SQLException

该方法会在所有的 INSERT、UPDATE、DELETE 执行时被调用，因此如果想要拦截这 3 类操作，可以拦截该方法。接口方法对应的签名如下。

```
@Signature(
        type = Executor.class,
        method = "update",
        args = {MappedStatement.class, Object.class})
```

- `<E> List<E> query(`
  ```
            MappedStatement ms,
            Object parameter,
            RowBounds rowBounds,
            ResultHandler resultHandler) throws SQLException
  ```

　　该方法会在所有 **SELECT** 查询方法执行时被调用。通过这个接口参数可以获取很多有用的信息，因此这是最常被拦截的一个方法。使用该方法需要注意的是，虽然接口中还有一个参数更多的同名接口，但由于 **MyBatis** 的设计原因，这个参数多的接口不能被拦截。接口方法对应的签名如下。

```
@Signature(
        type = Executor.class,
        method = "query",
        args = {MappedStatement.class, Object.class,
                RowBounds.class, Result Handler.class})
```

- `<E> Cursor<E> queryCursor(`
  ```
            MappedStatement ms,
            Object parameter,
            RowBounds rowBounds) throws SQLException
  ```

该方法只有在查询的返回值类型为 Cursor 时被调用。接口方法对应的签名如下。

```
@Signature(
        type = Executor.class,
        method = "queryCursor",
        args = {MappedStatement.class, Object.class,
                RowBounds.class})
```

- `List<BatchResult> flushStatements() throws SQLException`

该方法只在通过 SqlSession 方法调用 flushStatements 方法或执行的接口方法中带有@Flush 注解时才被调用，接口方法对应的签名如下。

```
@Signature(
        type = Executor.class,
        method = "flushStatements",
        args = {})
```

- `void commit(boolean required) throws SQLException`

该方法只在通过 SqlSession 方法调用 commit 方法时才被调用，接口方法对应的签名如下。

```
@Signature(
```

```
        type = Executor.class,
        method = "commit",
        args = {boolean.class})
```

• void rollback(boolean required) throws SQLException

该方法只在通过 SqlSession 方法调用 rollback 方法时才被调用，接口方法对应的签名如下。

```
@Signature(
        type = Executor.class,
        method = "rollback",
        args = {boolean.class})
```

• Transaction getTransaction()

该方法只在通过 SqlSession 方法获取数据库连接时才被调用，接口方法对应的签名如下。

```
@Signature(
        type = Executor.class,
        method = "getTransaction",
        args = {})
```

• void close(boolean forceRollback)

该方法只在延迟加载获取新的 Executor 后才会被执行，接口方法对应的签名如下。

```
@Signature(
        type = Executor.class,
        method = "close",
        args = {boolean.class})
```

• boolean isClosed()

该方法只在延迟加载执行查询方法前被执行，接口方法对应的签名如下。

```
@Signature(
        type = Executor.class,
        method = "isClosed",
        args = {})
```

8.2.2 **ParameterHandler 接口**

ParameterHandler 接口包含以下两个方法。

• Object getParameterObject()

该方法只在执行存储过程处理出参的时候被调用。接口方法对应的签名如下。

```
@Signature(
        type = ParameterHandler.class,
        method = "getPara meterObject",
        args = {})
```
• void setParameters(PreparedStatement ps) throws SQLException

该方法在所有数据库方法设置 SQL 参数时被调用。接口方法对应的签名如下。

```
@Signature(
        type = ParameterHandler.class,
        method = "setParameters",
        args = {PreparedStatement.class})
```

8.2.3　ResultSetHandler 接口

ResultSetHandler 接口包含以下三个方法。

• <E> List<E> handleResultSets(Statement stmt) throws SQLException;

该方法会在除存储过程及返回值类型为 Cursor<T>（org.apache.ibatis. cursor.Cursor<T>）以外的查询方法中被调用。接口方法对应的签名如下。

```
@Signature(
        type = ResultSetHandler.class,
        method = "handle ResultSets",
        args = {Statement.class})
```
• <E> Cursor<E> handleCursorResultSets(
          Statement stmt) throws SQLException;

该方法是 3.4.0 版本中新增加的，只会在返回值类型为 Cursor<T>的查询方法中被调用，接口方法对应的签名如下。

```
@Signature(
        type = ResultSetHandler.class,
        method = "handle CursorResultSets",
        args = {Statement.class})
```
• void handleOutputParameters(
          CallableStatement cs) throws SQLException;

该方法只在使用存储过程处理出参时被调用，接口方法对应的签名如下。

```
@Signature(
        type = ResultSetHandler.class,
```

```
        method = "handle OutputParameters",
        args = {CallableStatement.class})
```

ResultSetHandler 接口的第一个方法对于拦截处理 **MyBatis** 的查询结果非常有用，并且由于这个接口被调用的位置在处理二级缓存之前，因此通过这种方式处理的结果可以执行二级缓存。在后面一节中会就该方法提供一个针对 Map 类型结果处理 key 值的插件。

8.2.4　**StatementHandler** 接口

StatementHandler 接口包含以下几个方法。

- Statement prepare(
        Connection connection,
        Integer transactionTimeout) throws SQLException;

该方法会在数据库执行前被调用，优先于当前接口中的其他方法而被执行。接口方法对应的签名如下。

```
@Signature(
        type = StatementHandler.class,
        method = "prepare",
        args = {Connection.class, Integer.class})
```

- void parameterize(Statement statement) throws SQLException;

该方法在 prepare 方法之后执行，用于处理参数信息，接口方法对应的签名如下。

```
@Signature(
        type = StatementHandler.class,
        method = "parameterize",
        args = {Statement.class})
```

- int batch(Statement statement) throws SQLException;

在全局设置配置 defaultExecutorType="BATCH"时，执行数据操作才会调用该方法，接口方法对应的签名如下。

```
@Signature(
        type = StatementHandler.class,
        method = "batch",
        args = {Statement.class})
```

- <E> List<E> query(
        Statement statement,
        ResultHandler resultHandler) throws SQLException;

执行 **SELECT** 方法时调用，接口方法对应的签名如下。

```
@Signature(
        type = StatementHandler.class,
        method = "query",
        args = {Statement.class, ResultHandler.class})
```

- `<E> Cursor<E> queryCursor(Statement statement) throws SQLException;`

该方法是 **3.4.0** 版本中新增加的，只会在返回值类型为 Cursor<T>的查询中被调用，接口方法对应的签名如下。

```
@Signature(
        type = StatementHandler.class,
        method = "queryCursor",
        args = {Statement.class})
```

在介绍了以上签名后，下面要动手实现两个简单的拦截器了。

8.3　下画线键值转小写驼峰形式插件

有些人在使用 **MyBatis** 时，为了方便扩展而使用 Map 类型的返回值。使用 Map 作为返回值时，Map 中的键值就是查询结果中的列名，而列名一般都是大小写字母或者下画线形式，和 Java 中使用的驼峰形式不一致。而且由于不同数据库查询结果列的大小写也并不一致，因此为了保证在使用 Map 时的属性一致，可以对 Map 类型的结果进行特殊处理，即将不同格式的列名转换为 Java 中的驼峰形式。这种情况下，我们就可以使用拦截器，通过拦截 ResultSetHandler 接口中的 handleResultSets 方法去处理 Map 类型的结果。拦截器实现代码如下。

```
package tk.mybatis.simple.plugin;

import java.sql.Statement;
import java.util.HashSet;
import java.util.List;
import java.util.Map;
import java.util.Properties;
import java.util.Set;

import org.apache.ibatis.executor.resultset.ResultSetHandler;
import org.apache.ibatis.plugin.Interceptor;
import org.apache.ibatis.plugin.Intercepts;
import org.apache.ibatis.plugin.Invocation;
```

```java
import org.apache.ibatis.plugin.Plugin;
import org.apache.ibatis.plugin.Signature;

/**
 * MyBatis Map 类型下画线 key 转小写驼峰形式
 *
 * @author liuzenghui
 */
@Intercepts(
    @Signature(
            type = ResultSetHandler.class,
            method = "handleResultSets",
            args = {Statement.class})
)
@SuppressWarnings({ "unchecked", "rawtypes" })
public class CameHumpInterceptor implements Interceptor {

    @Override
    public Object intercept(Invocation invocation) throws Throwable {
        //先执行得到结果，再对结果进行处理
        List<Object> list = (List<Object>) invocation.proceed();
        for(Object object : list){
            //如果结果是 Map 类型，就对 Map 的 key 进行转换
            if(object instanceof Map){
                processMap((Map)object);
            } else {
                break;
            }
        }
        return list;
    }

    /**
     * 处理 Map 类型
     *
     * @param map
     */
    private void processMap(Map<String, Object> map) {
```

```
        Set<String> keySet = new HashSet<String>(map.keySet());
        for(String key : keySet){
            //将以大写开头的字符串转换为小写，如果包含下画线也会处理为驼峰
            //此处只通过这两个简单的标识来判断是否进行转换
            if((key.charAt(0) >= 'A'
                    && key.charAt(0) <= 'Z')
                    || key. indexOf("_") >= 0){
                Object value = map.get(key);
                map.remove(key);
                map.put(underlineToCamelhump(key), value);
            }
        }
    }


    /**
     * 将下画线风格替换为驼峰风格
     *
     * @param inputString
     * @return
     */
    public static String underlineToCamelhump(String inputString) {
        StringBuilder sb = new StringBuilder();

        boolean nextUpperCase = false;
        for (int i = 0; i < inputString.length(); i++) {
            char c = inputString.charAt(i);
            if(c == '_'){
                if (sb.length() > 0) {
                    nextUpperCase = true;
                }
            } else {
                if (nextUpperCase) {
                    sb.append(Character.toUpperCase(c));
                    nextUpperCase = false;
                } else {
                    sb.append(Character.toLowerCase(c));
                }
            }
        }
```

```
        }
        return sb.toString();
    }

    @Override
    public Object plugin(Object target) {
        return Plugin.wrap(target, this);
    }

    @Override
    public void setProperties(Properties properties) {
    }
}
```

　　这个插件的功能很简单，就是循环判断结果。如果是 Map 类型的结果，就对 Map 的 key 进行处理，处理时为了避免把已经是驼峰的值转换为纯小写，因此通过首字母是否为大写或是否包含下画线来判断（实际应用中要根据实际情况修改）。如果符合其中一个条件就转换为驼峰形式，删除对应的 key 值，使用新的 key 值来代替。当数据经过这个拦截器插件处理后，就可以保证在任何数据库中以 Map 作为结果值类型时，都有一致的 key 值，可以统一取值，尤其在 JSP 或者其他模板引擎中取值时，可以很方便地使用。想要使用该插件，需要在 **mybatis-config.xml** 中配置该插件。

```
<plugins>
    <plugin interceptor="tk.mybatis.simple.plugin.CameHumpInterceptor"/>
</plugins>
```

　　虽然这只是一个简单的例子，但是却有一段看似简单实际并不简单的代码，在上面拦截器代码的第 31 行，invocation.proceed()执行的结果被强制转换为了 List 类型。这是因为拦截器接口 ResultSetHandler 的 handleResultSets 方法的返回值为 List 类型，所以才能在这里直接强制转换。如果不知道这一点，就很难处理这个返回值。许多接口方法的返回值类型都是 List，但是还有很多其他的类型，所以在写拦截器时，要根据被拦截的方法来确定返回值的类型。

8.4　分页插件

　　在 MyBatis 拦截器中，最常用的一种就是实现分页插件。如果不使用分页插件来实现分页功能，就需要自己在映射文件的 SQL 中增加分页条件，并且为了获得数据的总数还需要额外增加一个 count 查询的 SQL，写起来很麻烦。如果要兼容多种数据库，可能要根据 databaseId

来写不同的分页 SQL，不仅写起来麻烦，也会让 SQL 变得臃肿不堪。

为了解决上面所遇到的问题，可以使用 MyBatis 的拦截器很容易地实现通用分页功能，并且针对不同的数据进行不同的配置。

这一节中要展示的这个分页插件诞生于本书的写作过程中。虽然笔者从 2014 年就开源了 PageHelper 分页插件（地址是 https://github.com/pagehelper/Mybatis-PageHelper），但是本书中的这个插件是以多年的经验为基础重新进行设计的。这个插件更轻量级，更易扩展，实现更优雅，理解起来更容易，同时提供了更丰富的接口，很容易根据个人的喜好进行修改。PageHelper 以本书中的分页插件原理为基础，重新实现了分页功能，并升级到了 5.0 版本。

分页插件的核心部分由两个类组成，PageInterceptor 拦截器类和数据库方言接口 Dialect。本节还提供了基于 MySQL 数据库的实现。

8.4.1　PageInterceptor 拦截器类

```
package tk.mybatis.simple.plugin;

import org.apache.ibatis.cache.CacheKey;
import org.apache.ibatis.executor.Executor;
import org.apache.ibatis.mapping.BoundSql;
import org.apache.ibatis.mapping.MappedStatement;
import org.apache.ibatis.mapping.ResultMap;
import org.apache.ibatis.mapping.ResultMapping;
import org.apache.ibatis.plugin.*;
import org.apache.ibatis.session.ResultHandler;
import org.apache.ibatis.session.RowBounds;

import java.lang.reflect.Field;
import java.util.ArrayList;
import java.util.List;
import java.util.Map;
import java.util.Properties;

/**
 * Mybatis-通用分页拦截器
 *
 * @author liuzh
 * @version 1.0.0
 */
@SuppressWarnings({"rawtypes", "unchecked"})
@Intercepts(
    @Signature(
```

```
              type = Executor.class,
              method = "query",
              args = {MappedStatement.class, Object.class,
                     RowBounds.class, ResultHandler.class}))
public class PageInterceptor implements Interceptor {

    private static final List<ResultMapping> EMPTY_RESULTMAPPING
            = new ArrayList<ResultMapping>(0);
    private Dialect dialect;
    private Field additionalParametersField;

    @Override
    public Object intercept(Invocation invocation) throws Throwable {
        //获取拦截方法的参数
        Object[] args = invocation.getArgs();
        MappedStatement ms = (MappedStatement) args[0];
        Object parameterObject = args[1];
        RowBounds rowBounds = (RowBounds) args[2];
        //调用方法判断是否需要进行分页，如果不需要，直接返回结果
        if (!dialect.skip(ms.getId(), parameterObject, rowBounds)) {
            ResultHandler resultHandler = (ResultHandler) args[3];
            //当前的目标对象
            Executor executor = (Executor) invocation.getTarget();
            BoundSql boundSql = ms.getBoundSql(parameterObject);
            //反射获取动态参数
            Map<String, Object> additionalParameters = (Map<String, Object>)
                    additionalParametersField.get(boundSql);
            //判断是否需要进行 count 查询
            if (dialect.beforeCount(ms.getId(), parameterObject, rowBounds)){
                //根据当前的 ms 创建一个返回值为 Long 类型的 ms
                MappedStatement countMs = newMappedStatement(ms, Long.class);
                //创建 count 查询的缓存 key
                CacheKey countKey = executor.createCacheKey(
                        countMs,
                        parameterObject,
                        RowBounds.DEFAULT,
                        boundSql);
                //调用方言获取 count sql
                String countSql = dialect.getCountSql(
                        boundSql,
                        parameterObject,
                        rowBounds,
                        countKey);
                BoundSql countBoundSql = new BoundSql(
```

```
                ms.getConfiguration(),
                countSql,
                boundSql.getParameterMappings(),
                parameterObject);
    //当使用动态 SQL 时，可能会产生临时的参数
    //这些参数需要手动设置到新的 BoundSql 中
    for (String key : additionalParameters.keySet()) {
        countBoundSql.setAdditionalParameter(
                key, additionalParameters.get(key));
    }
    //执行 count 查询
    Object countResultList = executor.query(
            countMs,
            parameterObject,
            RowBounds.DEFAULT,
            resultHandler,
            countKey,
            countBoundSql);
    Long count = (Long) ((List) countResultList).get(0);
    //处理查询总数
    dialect.afterCount(count, parameterObject, rowBounds);
    if(count == 0L){
        //当查询总数为 0 时，直接返回空的结果
        return dialect.afterPage(
                new ArrayList(),
                parameterObject,
                rowBounds);
    }
}
//判断是否需要进行分页查询
if (dialect.beforePage(ms.getId(), parameterObject, rowBounds)){
    //生成分页的缓存 key
    CacheKey pageKey = executor.createCacheKey(
            ms,
            parameterObject,
            rowBounds,
            boundSql);
    //调用方言获取分页 sql
    String pageSql = dialect.getPageSql(
            boundSql,
            parameterObject,
            rowBounds,
            pageKey);
    BoundSql pageBoundSql = new BoundSql(
```

```
                ms.getConfiguration(),
                pageSql,
                boundSql.getParameterMappings(),
                parameterObject);
        //设置动态参数
        for (String key : additionalParameters.keySet()) {
            pageBoundSql.setAdditionalParameter(
                    key, additionalParameters.get(key));
        }
        //执行分页查询
        List resultList = executor.query(
                ms,
                parameterObject,
                RowBounds.DEFAULT,
                resultHandler,
                pageKey,
                pageBoundSql);
        return dialect.afterPage(resultList, parameterObject, rowBounds);
    }
}
//返回默认查询
return invocation.proceed();
}


/**
 * 根据现有的 ms 创建一个新的返回值类型，使用新的返回值类型
 *
 * @param ms
 * @param resultType
 * @return
 */
public MappedStatement newMappedStatement(
        MappedStatement ms, Class<?> resultType) {
    MappedStatement.Builder builder = new MappedStatement.Builder(
            ms.getConfiguration(),
            ms.getId() + "_Count",
            ms.getSqlSource(),
            ms.getSqlCommand Type());
    builder.resource(ms.getResource());
    builder.fetchSize(ms.getFetchSize());
    builder.statementType(ms.getStatementType());
    builder.keyGenerator(ms.getKeyGenerator());
    if (ms.getKeyProperties() != null
            && ms.getKeyProperties().length != 0) {
```

```java
        StringBuilder keyProperties = new StringBuilder();
        for (String keyProperty : ms.getKeyProperties()) {
            keyProperties.append(keyProperty).append(",");
        }
        keyProperties.delete(
                keyProperties.length() - 1, keyProperties. length());
        builder.keyProperty(keyProperties.toString());
    }
    builder.timeout(ms.getTimeout());
    builder.parameterMap(ms.getParameterMap());
    //count 查询返回值 int
    List<ResultMap> resultMaps = new ArrayList<ResultMap>();
    ResultMap resultMap = new ResultMap.Builder(
            ms.getConfiguration(),
            ms.getId(),
            resultType,
            EMPTY_RESULTMAPPING).build();
    resultMaps.add(resultMap);
    builder.resultMaps(resultMaps);
    builder.resultSetType(ms.getResultSetType());
    builder.cache(ms.getCache());
    builder.flushCacheRequired(ms.isFlushCacheRequired());
    builder.useCache(ms.isUseCache());
    return builder.build();
}


@Override
public Object plugin(Object target) {
    return Plugin.wrap(target, this);
}


@Override
public void setProperties(Properties properties) {
    String dialectClass = properties.getProperty("dialect");
    try {
        dialect = (Dialect) Class.forName(dialectClass).newInstance();
    } catch (Exception e) {
        throw new RuntimeException(
                "使用 PageInterceptor 分页插件时，必须设置 dialect 属性");
    }
    dialect.setProperties(properties);
    try {
        //反射获取 BoundSql 中的 additionalParameters 属性
        additionalParametersField = BoundSql.class.getDeclaredField(
```

```
                "additionalParameters");
            additionalParametersField.setAccessible(true);
        } catch (NoSuchFieldException e) {
            throw new RuntimeException(e);
        }
    }

}
```

拦截器拦截了 Executor 类的 query 接口,虽然 Executor 中有两个 query 接口,但是参数较多的 query 接口只在 MyBaits 内部被调用,该接口不能被拦截,所以拦截的 query 是参数较少的这个方法。

分页插件的主要逻辑可以看代码中的注释,这里仅对代码做一个简单的讲解。代码中和 Dialect 有关的方法都是根据这段逻辑设计的。按照这里的逻辑,先判断当前的 MyBatis 方法是否需要进行分页:如果不需要进行分页,就直接调用 invocation.proceed() 返回;如果需要进行分页,首先获取当前方法的 BoundSql,这个对象中包含了要执行的 SQL 和对应的参数。通过这个对象的 SQL 和参数生成一个 count 查询的 BoundSql,由于这种情况下的 MappedStatement 对象中的 resultMap 或 resultType 类型为当前查询结果的类型,并不适合返回 count 查询值,因此通过 newMappedStatement 方法根据当前的 MappedStatement 生成了一个返回值类型为 Long 的对象,然后通过 Executor 执行查询,得到了数据总数。得到总数后,根据 dialect.afterCount 判断是否继续进行分页查询,因为如果当前查询的结果为 0,就不必继续进行分页查询了(为了节省时间),而是可以直接返回空值。如果需要进行分页,就使用 dialect 获取分页查询 SQL,同 count 查询类似,得到分页数据的结果后,通过 dialect 对结果进行处理并返回。

一开始看这段代码可能会有些吃力,大家可以在学习完第 11 章的内容后再回过头来看这段代码,对 MyBatis 源码有一定了解后就会容易理解这里提到的各种类的作用。

除了主要的逻辑部分外,在 setProperties 中还要求必须设置 dialect 参数,该参数的值为 Dialect 实现类的全限定名称。这里进行反射实例化后,又调用了 Dialect 的 setProperties,通过参数传递可以让 Dialect 实现更多可配置的功能。除了实例化 dialect,这段代码还初始化了 additionalParametersField,这是通过反射获取了 BoundSql 对象中的 additionalParameters 属性,在创建新的 BoundSql 对象中,通过这个属性反射获取了执行动态 SQL 时产生的动态参数。

8.4.2 Dialect 接口

除了分页插件的拦截器外,还需要理解 Dialect 接口,代码如下。

```java
package tk.mybatis.simple.plugin;

import java.util.List;
import java.util.Properties;

import org.apache.ibatis.cache.CacheKey;
import org.apache.ibatis.mapping.BoundSql;
import org.apache.ibatis.session.RowBounds;

/**
 * 数据库方言，针对不同数据库分别实现
 *
 * @author liuzh
 */
@SuppressWarnings("rawtypes")
public interface Dialect {
    /**
     * 跳过 count 和分页查询
     *
     * @param msId 执行的 MyBatis 方法全名
     * @param parameterObject 方法参数
     * @param rowBounds 分页参数
     * @return true 跳过，返回默认查询结果，false 则执行分页查询
     */
    boolean skip(String msId, Object parameterObject, RowBounds rowBounds);

    /**
     * 执行分页前，返回 true 会进行 count 查询，返回 false 会继续下面的 beforePage 判断
     *
     * @param msId 执行的 MyBatis 方法全名
     * @param parameterObject 方法参数
     * @param rowBounds 分页参数
     * @return
     */
    boolean beforeCount(
            String msId, Object parameterObject, RowBounds rowBounds);

    /**
     * 生成 count 查询 sql
     *
     * @param boundSql 绑定 SQL 对象
     * @param parameterObject 方法参数
     * @param rowBounds 分页参数
     * @param countKey count 缓存 key
```

```
 * @return
 */
String getCountSql(
        BoundSql boundSql, Object parameterObject,
        RowBounds rowBounds, CacheKey countKey);

/**
 * 执行完 count 查询后
 *
 * @param count 查询结果总数
 * @param parameterObject 接口参数
 * @param rowBounds 分页参数
 */
void afterCount(long count, Object parameterObject, RowBounds rowBounds);

/**
 * 执行分页前，返回 true 会进行分页查询，返回 false 会返回默认查询结果
 *
 * @param msId 执行的 MyBatis 方法全名
 * @param parameterObject 方法参数
 * @param rowBounds 分页参数
 * @return
 */
boolean beforePage(String msId, Object parameterObject, RowBounds rowBounds);

/**
 * 生成分页查询 sql
 *
 * @param boundSql 绑定 SQL 对象
 * @param parameterObject 方法参数
 * @param rowBounds 分页参数
 * @param pageKey 分页缓存 key
 * @return
 */
String getPageSql(
        BoundSql boundSql, Object parameterObject,
        RowBounds rowBounds, CacheKey pageKey);

/**
 * 分页查询后，处理分页结果，拦截器中直接 return 该方法的返回值
 *
 * @param pageList 分页查询结果
 * @param parameterObject 方法参数
 * @param rowBounds 分页参数
```

```
     * @return
     */
    Object afterPage(
            List pageList, Object parameterObject, RowBounds rowBounds);

    /**
     * 设置参数
     *
     * @param properties 插件属性
     */
    void setProperties(Properties properties);
}
```

接口方法的含义请参看代码中的注释。具体的用法可以参考后面的 **MySQL** 实现类。Dialect 接口提供的方法可以控制分页逻辑及对分页结果的处理，不同的处理方式可以实现不同的效果，为了以最简单的方式实现一个可以使用的插件，代码中新增了一个 PageRowBounds 类，该类继承自 RowBounds 类，RowBounds 类包含 offset（偏移值）和 limit（限制数）。PageRowBounds 在此基础上额外增加了一个 total 属性用于记录查询总数。通过使用 PageRowBounds 方式可以很简单地处理分页参数和查询总数，这是一种最简单的实现，代码如下。

```
/**
 * 可以记录 total 的分页参数
 *
 * @author liuzh
 */
public class PageRowBounds extends RowBounds{
    private long total;

    public PageRowBounds() {
        super();
    }

    public PageRowBounds(int offset, int limit) {
        super(offset, limit);
    }

    public long getTotal() {
        return total;
    }

    public void setTotal(long total) {
        this.total = total;
    }
}
```

8.4.3 **MySqlDialect** 实现

有了 PageRowBounds，我们便可以以最简单的逻辑实现 MySQL 的分页，MySqlDialect 实现类代码如下。

```java
package tk.mybatis.simple.plugin;

import java.util.List;
import java.util.Properties;

import org.apache.ibatis.cache.CacheKey;
import org.apache.ibatis.mapping.BoundSql;
import org.apache.ibatis.session.RowBounds;

/**
 * MySQL 实现
 *
 * @author liuzh
 */
@SuppressWarnings("rawtypes")
public class MySqlDialect implements Dialect {

    @Override
    public boolean skip(
            String msId, Object parameterObject, RowBounds rowBounds) {
        //这里使用 RowBounds 分页
        //没有 RowBounds 参数时，会使用 RowBounds.DEFAULT 作为默认值
        if(rowBounds != RowBounds.DEFAULT){
            return false;
        }
        return true;
    }

    @Override
    public boolean beforeCount(
            String msId, Object parameterObject, RowBounds rowBounds) {
        //只有使用 PageRowBounds 才能记录总数，否则查询了总数也没用
        if(rowBounds instanceof PageRowBounds){
            return true;
        }
        return false;
    }

    @Override
```

```java
public String getCountSql(
        BoundSql boundSql, Object parameterObject,
        RowBounds rowBounds, CacheKey countKey) {
    //简单嵌套实现 MySQL count 查询
    return "select count(*) from (" + boundSql.getSql() + ") temp";
}

@Override
public void afterCount(
        long count, Object parameterObject, RowBounds rowBounds) {
    //记录总数，按照 beforeCount 逻辑，只有 PageRowBounds 才会查询 count，
    //所以这里直接强制转换
    ((PageRowBounds)rowBounds).setTotal(count);
}

@Override
public boolean beforePage(
        String msId, Object parameterObject, RowBounds rowBounds) {
    if(rowBounds != RowBounds.DEFAULT){
        return true;
    }
    return false;
}

@Override
public String getPageSql(
        BoundSql boundSql, Object parameterObject,
        RowBounds rowBounds, CacheKey pageKey) {
    //pageKey 会影响缓存，通过固定的 RowBounds 可以保证二级缓存有效
    pageKey.update("RowBounds");
    return boundSql.getSql() + " limit "
            + rowBounds.getOffset() + "," + rowBounds.getLimit();
}

@Override
public Object afterPage(
        List pageList, Object parameterObject, RowBounds rowBounds) {
    //直接返回查询结果
    return pageList;
}
```

```
@Override
public void setProperties(Properties properties) {
    //没有其他参数
}

}
```

为了让例子更简单，**MySQL** 实现方法中使用了 MyBatis 内存分页参数 RowBounds 对象，通过插件可以将内存分页转换为物理分页。同时为了支持获取查询总数，这里提供了一个 PageRowBounds 类，使用 PageRowBounds 类会查询 count 结果，并将结果保存到 PageRowBounds 对象中。

有了上面这些代码后，想要使用拦截器，还需要在 **mybatis-config.xml** 中进行如下配置。

```xml
<plugins>
    <plugin interceptor="tk.mybatis.simple.plugin.PageInterceptor">
        <property name="dialect" value="tk.mybatis.simple.plugin.MySqlDialect"/>
    </plugin>
</plugins>
```

配置好后，增加一个测试方法进行测试，在 **3.1.2** 节介绍 RoleMapper 接口时讲过一个 selectAll 方法，现在在 selectAll 方法基础上增加方法名字相同但参数不同的接口，原 selectAll 以及新增加的 selectAll 方法如下。

```java
@ResultMap("roleResultMap")
@Select("select * from sys_role")
List<SysRole> selectAll();

List<SysRole> selectAll(RowBounds rowBounds);
```

不管接口使用注解实现还是在 **XML** 映射文件中实现，需要做的都是在接口方法中增加 RowBounds 参数。MyBatis 会对这个类型的参数进行特殊处理，这个参数可以选择 RowBounds 或者 PageRowBounds 类型。在 RoleMapperTest 测试类中添加如下的测试方法。

```java
@Test
public void testSelectAllByRowBounds(){
    SqlSession sqlSession = getSqlSession();
    try {
        RoleMapper roleMapper = sqlSession.getMapper(RoleMapper.class);
        //查询第一个，使用 RowBounds 类型时不会查询总数
        RowBounds rowBounds = new RowBounds(0, 1);
        List<SysRole> list = roleMapper.selectAll(rowBounds);
        for(SysRole role : list){
            System.out.println("角色名: " + role.getRoleName());
        }
        //使用 PageRowBounds 时会查询总数
```

```
        PageRowBounds pageRowBounds = new PageRowBounds(0, 1);
        list = roleMapper.selectAll(pageRowBounds);
        //获取总数
        System.out.println("查询总数: " + pageRowBounds.getTotal());
        for(SysRole role : list){
            System.out.println("角色名: " + role.getRoleName());
        }
        //再次查询获取第二个角色
        pageRowBounds = new PageRowBounds(1, 1);
        list = roleMapper.selectAll(pageRowBounds);
        //获取总数
        System.out.println("查询总数: " + pageRowBounds.getTotal());
        for(SysRole role : list){
            System.out.println("角色名: " + role.getRoleName());
        }
    } finally {
        sqlSession.close();
    }
}
```

执行该测试，输出日志如下。

```
DEBUG [main] - Cache Hit Ratio [tk.mybatis.simple.mapper.RoleMapper]: 0.0
DEBUG [main] - ==> Preparing: select * from sys_role limit 0,1
DEBUG [main] - ==> Parameters:
TRACE [main] - <== Columns: id, role_name, enabled, create_by, create_time
TRACE [main] - <== Row: 1, 管理员, 1, 1, 2016-04-01 17:02:14.0
DEBUG [main] - <== Total: 1
角色名: 管理员
DEBUG [main] - Cache Hit Ratio [tk.mybatis.simple.mapper.RoleMapper]: 0.0
DEBUG [main] - ==> Preparing: select count(*)
                              from (select * from sys_role) temp
DEBUG [main] - ==> Parameters:
TRACE [main] - <== Columns: count(*)
TRACE [main] - <== Row: 2
DEBUG [main] - <== Total: 1
DEBUG [main] - Cache Hit Ratio [tk.mybatis.simple.mapper.RoleMapper]: 0.0
查询总数: 2
角色名: 管理员
DEBUG [main] - Cache Hit Ratio [tk.mybatis.simple.mapper.RoleMapper]: 0.0
DEBUG [main] - Cache Hit Ratio [tk.mybatis.simple.mapper.RoleMapper]: 0.0
DEBUG [main] - ==> Preparing: select * from sys_role limit 1,1
DEBUG [main] - ==> Parameters:
TRACE [main] - <== Columns: id, role_name, enabled, create_by, create_time
TRACE [main] - <== Row: 2, 普通用户, 1, 1, 2016-04-01 17:02:34.0
```

```
DEBUG [main] - <== Total: 1
查询总数: 2
角色名: 普通用户
```

从输出的日志中可以看到，第一次执行时，因为使用的是 RowBounds 类型的参数，所以只有分页查询。在第二次执行方法时，由于使用的是 PageRowBounds 参数，因此日志中额外输出了一次 count 查询。第三次使用的还是 PageRowBounds 查询，并没有输出 count 查询，但是得到了查询总数，这是因为分页插件可以支持一级和二级缓存。count 查询的缓存支持查看如下的拦截中的代码。

```
//创建 count 查询的缓存 key
CacheKey countKey = executor.createCacheKey(
        countMs, parameterObject, RowBounds.DEFAULT, boundSql);
```

注意参数 RowBounds.DEFAULT，因为 count 查询和分页参数无关，只和查询条件有关，因此不管分页参数如何，这里都使用 RowBounds.DEFAULT 参数，这就保证了在分页参数不同时，count 查询总是可以使用缓存的结果，除非当 count 查询的参数（parameterObject）发生变化，才会重新执行 count 查询。在一个 SqlSession 中只能看到一级缓存的效果，要想查看二级缓存的效果，可以参考第 7 章缓存配置一节的内容，然后在不同的 SqlSession 中进行查看。

> **提醒！**
>
> 这个插件主要是用于让开发者学习，虽然也能用于生产环境，但是其中还有很多值得优化的地方，比如 count 查询不一定要用嵌套的方式，而且在 count 查询时，如果 SQL 中包含排序，去掉排序就可以提高效率等。
>
> 如果想要在生产环境使用分页插件，推荐使用 PageHelper 分页插件，这个插件支持十几种数据库，并且在很多方面都进行了优化，插件地址是 https://github.com/pagehelper/Mybatis-PageHelper。

8.5 本章小结

本章对 MyBatis 拦截器中可以拦截的每一个对象的每一个方法都进行了简单的介绍，通过本章的学习，希望大家能根据自己的需要选择合适的方法进行拦截。本章以两个插件为例，对最常用的两个拦截方法进行了演示，希望这两个例子能够引领大家入门。

如果对插件有兴趣，可以参考 http://mybatis.tk 上面提供的插件进行深入学习。想要灵活地运用 MyBatis 中的对象实现插件，需要对 MyBatis 中的对象有所了解。在本书最后一章中，我们会对 MyBatis 源码进行简单的介绍，让大家能更好地理解 MyBatis，进而开发自己需要的插件。

第 9 章

Spring 集成 MyBatis

Spring 是一个非常流行的轻量级框架，它是为了解决企业应用开发的复杂性而创建的，现在已经被广泛应用于各个领域。MyBatis 的前身 iBATIS 也是一个非常流行的 ORM 框架，因此在 iBATIS 时期，Spring 官方便提供了对 iBATIS 的支持。但是在 MyBatis 时期，Spring 3.0 在 MyBatis 3.0 官方发布前就已经结束了，因为 Spring 开发团队不想发布一个基于非发布版 MyBatis 的整合支持，因此 MyBatis 不得不继续等待 Spring 官方的支持。

要想获得 Spring 的支持，MyBatis 社区认为，现在应该是团结贡献者和有兴趣的人一起来将 Spring 的整合作为 MyBatis 社区的子项目的时候了，因此诞生了 MyBatis-Spring 项目。

MyBatis-Spring 可以帮助我们将 MyBatis 代码无缝整合到 Spring 中。使用这个类库中的类，Spring 将会加载必要的 MyBatis 工厂类和 `Session` 类。这个类库也提供了一个简单的方式将 MyBatis 数据映射器和 `SqlSession` 注入到业务层的 bean 中，而且也可以处理事务，翻译 MyBatis 的异常到 Spring 的 `DataAccessException` 数据访问异常中。

MyBatis-Spring 项目地址为 https://github.com/mybatis/spring。

在接下来的各小节中，我们将从空的 Maven Web 项目开始，逐步集成 Spring、Spring MVC 和 MyBatis，在集成过程中会简单介绍 Spring 的基本配置。为了更适应当前常用的基础架构，还会集成 Spring MVC，方便构建一个基础的 Web 项目。

9.1 创建基本的 Maven Web 项目

本书开始的时候就通过 Maven 创建了一个基本的 Java 项目，与这一节要创建的 Web 项目和 Java 项目中的基本内容是相似的。Maven 主要可以帮助我们管理项目依赖。与前面创建的项目不同的地方是，这个项目结构有所增加，pom.xml 中的打包方式也不同。下面开始创建一个空的 Web 项目。

首先，按照第 1 章中的操作步骤创建一个基本的 Maven 项目，在创建步骤的第 4 步输入 Group Id（`tk.mybatis`）、Artifact Id（`mybatis-spring`）、Version（`0.0.1-SNAPSHOT`）。然后继续按照第 1 章的内容进行操作，直到添加完所有基础依赖后，再按照下面的步骤进行操作。

1. 在 pom.xml 中添加 packaging 配置

```
<!--其他配置-->
<packaging>war</packaging>
```

在 Maven 的 pom.xml 中，`packaging` 默认的打包方式为 `jar`，即普通的 Java 项目会被打包成 jar 文件。当我们将 `packaging` 设置为 `war` 时，就变成了一个 Web 项目，项目会被打包成 war 文件。

2. 增加 Web 基本目录和配置

完成上述配置后，Maven 项目就变成了 Web 项目，但是项目中还缺少 Web 项目必要的目录和配置文件。在 src/main 目录下新建 webapp 目录，然后在 webapp 目录中创建 WEB-INF 目录，最后在 WEB-INF 目录中添加 web.xml 配置文件，web.xml 配置文件如下。

```xml
<?xml version="1.0" encoding="UTF-8"?>
<web-app xmlns="http://java.sun.com/xml/ns/javaee"
        xmlns:xsi="http://www.w3.org/2001/XMLSchema-instance"
        xsi:schemaLocation="
          http://java.sun.com/xml/ns/javaee
          http://java.sun.com/xml/ns/javaee/web-app_3_0.xsd"
        version="3.0">

</web-app>
```

此时，Web 项目就创建完成了，由于 Web 项目在 Eclipse 中显示时，Java 代码和 Web 代码会区分显示，因此先看一看图 9-1 所示的目录结构。

在 JavaEE 视图中，项目结构如图 9-2 所示。

图 9-1　目录结构图

图 9-2　项目结构图

3. 在 pom.xml 中添加 Web 相关依赖

```xml
<!--web-->
<!--支持 Servlet-->
<dependency>
    <groupId>javax.servlet</groupId>
    <artifactId>servlet-api</artifactId>
    <version>2.5</version>
    <scope>provided</scope>
</dependency>
```

```
<!--支持 JSP-->
<dependency>
    <groupId>javax.servlet.jsp</groupId>
    <artifactId>jsp-api</artifactId>
    <version>2.1</version>
    <scope>provided</scope>
</dependency>
<!--支持 JSTL-->
<dependency>
    <groupId>javax.servlet</groupId>
    <artifactId>jstl</artifactId>
    <version>1.2</version>
</dependency>
```

上面这些依赖的作用已经在注释中进行了说明。由于代码中可能会直接用到 Filter 和 ServletRequest 等接口，所以在编译项目时，必须提供 servlet-api 和 jsp-api 依赖。通常 Web 容器都会自带 servlet-api 和 jsp-api 的 jar 包，为了避免 jar 包重复引起错误，需要将 servlet-api 和 jsp-api 的 scope 配置为 provided。配置为 provided 的 jar 包在项目打包时，不会将依赖的 jar 包打包到项目中，项目运行时这些 jar 包需要由容器提供，这样就避免了重复 jar 包引起的错误。

在一般的以 JSP 作为视图的项目中，jstl 是很常见的搭配，使用 jstl 可以在视图中处理复杂的逻辑，所以一般的项目中都会添加 jstl 依赖。

4. 添加一个简单页面 index.jsp

下面这个简单页面中为了使用 jstl，专门增加了显示服务器时间的功能。在 webapp 中新建 JSP 页面，文件名为 index.jsp，文件内容如下。

```jsp
<%@ page import="java.util.Date" %>
<%@ page language="java" contentType="text/html; charset=UTF8"
    pageEncoding="UTF8"%>
<%@ taglib prefix="c" uri="http://java.sun.com/jsp/jstl/core" %>
<%@ taglib prefix="fmt" uri="http://java.sun.com/jsp/jstl/fmt" %>
<!DOCTYPE html PUBLIC "-//W3C//DTD HTML 4.01 Transitional//EN"
                    "http:// www.w3.org/TR/html4/loose.dtd">
<html>
<head>
    <meta http-equiv="Content-Type" content="text/html; charset=UTF8">
    <title>Index</title>
</head>
<body>
```

```
<p>
    Hello Web!
</p>
<p>
    <%
        Date now = new Date();
    %>
    服务器时间: <fmt:formatDate value="<%=now%>" pattern="yyyy-MM-dd HH:mm:ss"/>
</p>
</body>
</html>
```

完成上面 4 步后，一个基本的 Maven Web 项目就完成了。

接下来部署这个 Web 项目并查看效果。在 Eclipse 的 Servers 选项卡中，点击提示信息新建一个 Server，如图 9-3 所示。

图 9-3　Servers

打开 New Server 窗口后，选择 Apache 目录下的 Tomcat v8.0 Server，如图 9-4 所示。

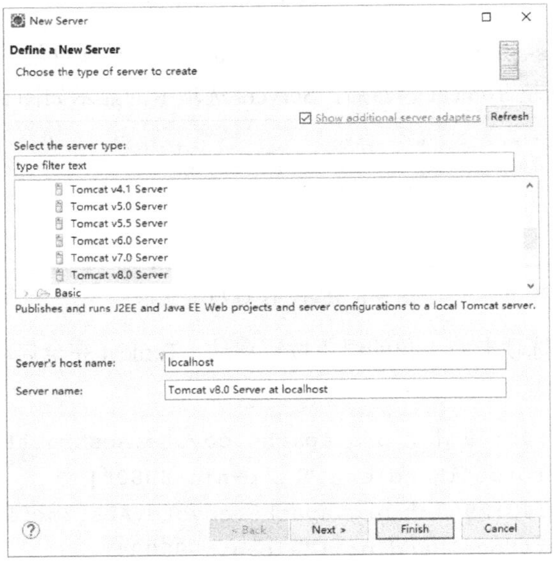

图 9-4　Tomcat v8.0 Server

点击【Next】，然后从电脑中选择 Tomcat 8.0 目录，如果电脑中没有 Tomcat 8.0，可以从地址 http://tomcat.apache.org/download-80.cgi 中进行下载。从该页面的 Binary Distributions 里的 Core 中下载 zip 版本，然后解压即可。

下载完成后，可以继续进行上面的步骤，选择解压后的 Tomcat 8.0 目录，点击【Next】继续，此时新建服务向导如图 9-5 所示。

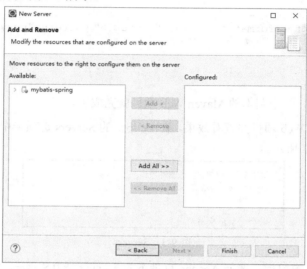

图 9-5　Add and Remove

双击左侧的 mybatis-spring（或选中后点击 Add>)，此时项目就出现在右侧了，然后点击【Finish】完成配置。新增 Tomcat 容器后，Servers 选项卡的显示如图 9-6 所示。

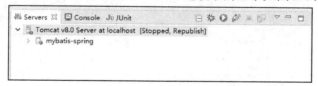

图 9-6　Servers 选项卡显示

选中 Tomcat，点击选项卡右上角的绿色按钮启动，Tomcat 完全启动后，在 Console 选项卡中会输出如下所示的信息。

```
二月 07, 2017 10:40:29 下午 org.apache.coyote.AbstractProtocol start
信息: Starting ProtocolHandler ["http-nio-8080"]
二月 07, 2017 10:40:29 下午 org.apache.coyote.AbstractProtocol start
信息: Starting ProtocolHandler ["ajp-nio-8009"]
二月 07, 2017 10:40:29 下午 org.apache.catalina.startup.Catalina start
信息: Server startup in 8262 ms
```

打开浏览器，在地址栏中输入 http://localhost:8080/mybatis-spring ，浏览器会显示如下内容。

```
Hello Web!
服务器时间：2017-02-07 22:42:33
```

注意，上面的服务器时间是当前系统的时间，每个人在运行这个项目时看到的时间都不相同。

9.2　集成 Spring 和 Spring MVC

经过上一节的学习，我们已经创建了一个基本的 Web 项目，这一节要为这个项目集成 Spring。为了方便控制层的开发还会集成最流行的 Spring MVC。集成 Spring 和 Spring MVC 的步骤如下。

1. 添加 Spring 项目清单用于管理 Spring 依赖

在 pom.xml 文件中的 dependencies 后面添加如下配置。

```xml
<dependencyManagement>
    <dependencies>
        <dependency>
            <groupId>org.springframework</groupId>
            <artifactId>spring-framework-bom</artifactId>
            <version>4.3.4.RELEASE</version>
            <type>pom</type>
            <scope>import</scope>
        </dependency>
    </dependencies>
</dependencyManagement>
```

spring-framework-bom 是 Spring 的一个项目清单文件，由于集成 Spring 时需要添加很多 Spring 组件的依赖，为了避免使用不同版本的组件导致意外情况发生，可以使用 spring-framework-bom。添加 spring-framework-bom 后，在使用 Spring 依赖时就不需要再配置每个依赖的版本号了，Spring 组件的版本由 spring-framework-bom 统一管理。这不仅可以避免版本混乱引起的问题，还可以很方便地升级 Spring 的版本。

2. 添加 Spring 依赖

在 pom.xml 文件的 dependencies 中添加如下依赖。

```xml
<!--Spring上下文，核心依赖-->
<dependency>
    <groupId>org.springframework</groupId>
```

```
        <artifactId>spring-context</artifactId>
    </dependency>
    <!--Spring JDBC-->
    <dependency>
        <groupId>org.springframework</groupId>
        <artifactId>spring-jdbc</artifactId>
    </dependency>
    <!--Spring 事务-->
    <dependency>
        <groupId>org.springframework</groupId>
        <artifactId>spring-tx</artifactId>
    </dependency>
    <!--Spring 面向切面编程-->
    <dependency>
        <groupId>org.springframework</groupId>
        <artifactId>spring-aop</artifactId>
    </dependency>
    <!--spring-aop 依赖-->
    <dependency>
        <groupId>org.aspectj</groupId>
        <artifactId>aspectjweaver</artifactId>
        <version>1.8.2</version>
    </dependency>
```

上面这些依赖是集成 Spring 时的常用依赖，各个依赖的作用可以参考注释内容。

3．添加 Spring MVC 依赖

在 pom.xml 文件的 dependencies 中添加如下依赖。

```
<!--Spring Web 核心-->
<dependency>
    <groupId>org.springframework</groupId>
    <artifactId>spring-web</artifactId>
</dependency>
<!--Spring MVC-->
<dependency>
    <groupId>org.springframework</groupId>
    <artifactId>spring-webmvc</artifactId>
</dependency>
```

```
<!--spring mvc-json 依赖-->
<dependency>
    <groupId>com.fasterxml.jackson.core</groupId>
    <artifactId>jackson-databind</artifactId>
    <version>2.8.4</version>
</dependency>
```

前两个依赖为 Spring MVC 必备的依赖，后面的 jackson-databind 是 Spring MVC 转换为 JSON 时需要使用的依赖。

4．添加 Spring XML 配置文件

在 src/main/resources 中新增 applicationContext.xml 文件，内容如下。

```xml
<?xml version="1.0" encoding="UTF-8"?>
<beans xmlns:xsi="http://www.w3.org/2001/XMLSchema-instance"
    xmlns:tx="http://www.springframework.org/schema/tx"
    xmlns:aop="http://www.springframework.org/schema/aop"
    xmlns:context="http://www.springframework.org/schema/context"
    xmlns="http://www.springframework.org/schema/beans"
    xsi:schemaLocation="http://www.springframework.org/schema/beans
    http://www.springframework.org/schema/beans/spring-beans.xsd
    http://www.springframework.org/schema/tx
    http://www.springframework.org/schema/tx/spring-tx.xsd
    http://www.springframework.org/schema/aop
    http://www.springframework.org/schema/aop/spring-aop.xsd
    http://www.springframework.org/schema/context
    http://www.springframework.org/schema/context/spring-context.xsd">
    <context:component-scan base-package="tk.mybatis.*.service.impl"/>

    <bean id="dataSource"
        class="org.apache.ibatis.datasource.pooled. PooledDataSource">
        <property name="driver" value="com.mysql.jdbc.Driver"/>
        <property name="url" value="jdbc:mysql://localhost:3306/mybatis"/>
        <property name="username" value="root"/>
        <property name="password" value=""/>
    </bean>
</beans>
```

代码中的第一个 component-scan 用于配置 Spring 自动扫描类，通过 base-package 属性来设置要扫描的包名。包名支持 Ant 通配符，包名中的 * 匹配 0 或者任意数量的字符，这里的配置

可以匹配如 tk.mybatis.web.service.impl 和 tk.mybatis.simple.service.impl 这样的包。第二个 bean 配置了一个数据库连接池，使用了最基本的 4 项属性进行配置。

5. 添加 Spring MVC 的配置文件

在 src/main/resources 中新增 mybatis-servlet.xml 文件，内容如下。

```xml
<?xml version="1.0" encoding="UTF-8"?>
<beans xmlns="http://www.springframework.org/schema/beans"
      xmlns:xsi="http://www.w3.org/2001/XMLSchema-instance"
      xmlns:context="http://www.springframework.org/schema/context"
      xmlns:mvc="http://www.springframework.org/schema/mvc"
      xsi:schemaLocation="http://www.springframework.org/schema/beans
      http://www.springframework.org/schema/beans/spring-beans.xsd
      http://www.springframework.org/schema/mvc
      http://www.springframework.org/schema/mvc/spring-mvc.xsd
      http://www.springframework.org/schema/context
      http://www.springframework.org/schema/context/spring-context.xsd">
    <mvc:annotation-driven/>
    <mvc:resources mapping="/static/**" location="static/"/>
    <context:component-scan base-package="tk.mybatis.*.controller"/>
    <bean class="org.springframework.web.servlet.view.
                                      InternalResourceViewResolver">
    <property name="viewClass"
                    value="org.springframework.web.servlet.view.JstlView"/>
    <property name="prefix" value="/WEB-INF/jsp/"/>
    <property name="suffix" value=".jsp"/>
    </bean>
</beans>
```

这是一个最简单的配置，各项配置简单说明如下。

- mvc:annotation-driven 启用 Controller 注解支持。
- mvc:resources 配置了一个简单的静态资源映射规则。
- context:component-scan 扫描 controller 包下的类。
- InternalResourceViewResolver 将视图名映射为 URL 文件。

6. 配置 web.xml

集成 Spring 和 Spring MVC 后，需要在 web.xml 中进行相应的配置。对于 Spring 来说，需要增加如下配置。

```xml
<context-param>
    <param-name>contextConfigLocation</param-name>
```

```
        <param-value>classpath:applicationContext.xml</param-value>
    </context-param>

    <listener>
        <listener-class>
            org.springframework.web.context.ContextLoaderListener
        </listener-class>
    </listener>
```

这个配置用于在 Web 容器启动时根据 `contextConfigLocation` 配置的路径读取 Spring 的配置文件，然后启动 Spring。

针对 Spring MVC，需要增加如下配置。

```
    <servlet>
        <servlet-name>mybatis</servlet-name>
        <servlet-class>
            org.springframework.web.servlet.DispatcherServlet
        </servlet-class>
        <init-param>
            <param-name>contextConfigLocation</param-name>
            <param-value>classpath:mybatis-servlet.xml</param-value>
        </init-param>
        <load-on-startup>1</load-on-startup>
    </servlet>

    <servlet-mapping>
        <servlet-name>mybatis</servlet-name>
        <url-pattern>/</url-pattern>
    </servlet-mapping>
```

为了避免编码不一致，通常还需要增加如下的编码过滤器配置。

```
    <filter>
        <filter-name>SpringEncodingFilter</filter-name>
        <filter-class>
            org.springframework.web.filter.CharacterEncodingFilter
        </filter-class>
        <init-param>
            <param-name>encoding</param-name>
            <param-value>UTF-8</param-value>
        </init-param>
```

```
<init-param>
    <param-name>forceEncoding</param-name>
    <param-value>true</param-value>
</init-param>
</filter>
<filter-mapping>
    <filter-name>SpringEncodingFilter</filter-name>
    <url-pattern>/*</url-pattern>
</filter-mapping>
```

7. 增加一个简单的 Controller 示例

将 index.jsp 移动到 src/main/webapp/WEB-INF/jsp 目录中。增加 tk.mybatis.web.controller 包，然后新建 IndexController 类，该类代码如下。

```
@Controller
public class IndexController {
    @RequestMapping(value = {"", "/index"})
    public ModelAndView dicts() {
        ModelAndView mv = new ModelAndView("index");
        mv.addObject("now", new Date());
        return mv;
    }
}
```

再对 index.jsp 页面中的 body 部分做如下修改。

```
<p>
    Hello Spring MVC!
</p>
<p>
    服务器时间：<fmt:formatDate value="${now}" pattern="yyyy-MM-dd HH:mm:ss"/>
</p>
```

经过以上这么多步的操作后，基本的 Spring 和 Spring MVC 就集成完了。重启 Tomcat 然后访问地址 http://localhost:8080/mybatis-spring ，浏览器就会显示如下内容。

```
Hello Spring MVC!
服务器时间：2017-02-07 22:44:58
```

9.3 集成 MyBatis

需要注意的是，在 9.1 节创建基本项目的时候就已经添加了 MyBatis 的依赖，这一节主要

是介绍与 mybatis-spring 相关的内容。经过 9.2 节的集成后，我们已经准备了好了一个 Spring 和
Spring MVC 的基础环境，从这一节开始，便可以按照如下步骤集成 MyBatis 了。

1. 在 pom.xml 中添加 mybatis-spring 依赖

```
<dependency>
    <groupId>org.mybatis</groupId>
    <artifactId>mybatis-spring</artifactId>
    <version>1.3.0</version>
</dependency>
```

mybatis-spring 就是 MyBatis 和 Spring 集成中必须的依赖。此处使用 1.3.0 版本。

2. 配置 SqlSessionFactoryBean

在 MyBatis-Spring 中，SqlSessionFactoryBean 是用于创建 SqlSessionFactory 的。
在 Spring 配置文件 applicationContext.xml 中配置这个工厂类，代码如下。

```
<bean id="sqlSessionFactory" class="org.mybatis.spring.SqlSessionFactoryBean">
    <property name="configLocation" value="classpath:mybatis-config.xml"/>
    <property name="dataSource" ref="dataSource"/>
    <property name="mapperLocations">
        <array>
            <value>classpath:tk/mybatis/**/mapper/*.xml</value>
        </array>
    </property>
    <property name="typeAliasesPackage" value="tk.mybatis.web.model"/>
</bean>
```

在配置 SqlSessionFactoryBean 时，用到了最常用的几个属性配置，这几个属性的介
绍如下。

- configLocation：用于配置 mybatis 配置 XML 的路径，除了数据源外，对 MyBatis 的
  各种配置仍然可以通过这种方式进行，并且配置 MyBatis settings 时只能使用这种方式。
  上面配置的 mybatis-config.xml 位于 src/main/resources 目录下，配置文件内容如下。

```
<?xml version="1.0" encoding="UTF-8" ?>
<!DOCTYPE configuration
        PUBLIC "-//mybatis.org//DTD Config 3.0//EN"
        "http://mybatis.org/dtd/mybatis-3-config.dtd">
<configuration>
    <settings>
        <setting name="logImpl" value="LOG4J"/>
        <setting name="cacheEnabled" value="true"/>
        <setting name="mapUnderscoreToCamelCase" value="true"/>
        <setting name="aggressiveLazyLoading" value="false"/>
```

```
    </settings>
</configuration>
```

- dataSource：用于配置数据源，该属性为必选项，必须通过这个属性配置数据源，这里使用了上一节中配置好的 dataSource 数据库连接池。

- mapperLocations：配置 SqlSessionFactoryBean 扫描 XML 映射文件的路径，可以使用 Ant 风格的路径进行配置。

- typeAliasesPackage：配置包中类的别名，配置后，包中的类在 XML 映射文件中使用时可以省略包名部分，直接使用类名。这个配置不支持 Ant 风格的路径，当需要配置多个包路径时可以使用分号或逗号进行分隔。

除了上面几个常用的属性外，SqlSessionFactoryBean 还有很多其他可以配置的属性，如果需要用到这些属性，可以直接查看 SqlSessionFactoryBean 的源码来了解每项属性及配置用法。

3. 配置 MapperScannerConfigurer

在以往和 Spring 集成的项目中，可能会有许多直接使用 SqlSession 的代码，或者使用了 Mapper 接口但是需要自己实现接口的用法。这些用法在 iBATIS 时期或者比较老的 MyBatis 项目中存在。这里要介绍的用法是最简单且推荐使用的一种，通过 MapperScannerConfigurer 类自动扫描所有的 Mapper 接口，使用时可以直接注入接口。

在 Spring 配置文件 applicationContext.xml 中配置扫描类，代码如下。

```
<bean class="org.mybatis.spring.mapper.MapperScannerConfigurer">
    <property name="basePackage" value="tk.mybatis.**.mapper"/>
</bean>
```

MapperScannerConfigurer 中常配置以下两个属性。

- basePackage：用于配置基本的包路径。可以使用分号或逗号作为分隔符设置多于一个的包路径，每个映射器将会在指定的包路径中递归地被搜索到。

- annotationClass：用于过滤被扫描的接口，如果设置了该属性，那么 MyBatis 的接口只有包含该注解才会被扫描进去。

9.4 几个简单实例

在这一节中，我们将通过几个实例来学习 MyBatis 的用法，提供的例子中不仅仅只有 MyBatis 部分的代码，还包含 Service、Controller、JSP 的代码。这一节会通过一整套的代码来演示 MyBatis 在项目开发中的基本用法。按照自下而上的顺序进行开发，从 Mapper 开始，依次开发 Service 层、Controller 层、JSP 前端页面。在实际开发过程中，可能会根据每一层的需求对各层接口进行调整。

9.4.1　基本准备

在开始之前需要先准备数据库、表和数据，9.2 节配置的数据源连接的仍是本地的 mybatis 数据库，这一节会新增一个字典表，然后针对这个字典表进行增、删、改、查 4 类操作。字典表的建表语句和基础数据的 SQL 如下。

```
DROP TABLE IF EXISTS `sys_dict`;
CREATE TABLE `sys_dict` (
  `id` bigint(32) NOT NULL AUTO_INCREMENT COMMENT '主键',
  `code` varchar(64) NOT NULL COMMENT '类别',
  `name` varchar(64) NOT NULL COMMENT '字典名',
  `value` varchar(64) NOT NULL COMMENT '字典值',
  PRIMARY KEY (`id`)
) ENGINE=InnoDB AUTO_INCREMENT=7 DEFAULT CHARSET=utf8;

INSERT INTO `sys_dict` VALUES ('1', '性别', '男', '男');
INSERT INTO `sys_dict` VALUES ('2', '性别', '女', '女');
INSERT INTO `sys_dict` VALUES ('3', '季度', '第一季度', '1');
INSERT INTO `sys_dict` VALUES ('4', '季度', '第二季度', '2');
INSERT INTO `sys_dict` VALUES ('5', '季度', '第三季度', '3');
INSERT INTO `sys_dict` VALUES ('6', '季度', '第四季度', '4');
```

在 src/main/java 中新建 tk.mybatis.web.model 包，然后新建 SysDict 实体类。

```
public class SysDict implements java.io.Serializable {
    private static final long serialVersionUID = 1L;
    private Long id;
    private String code;
    private String name;
    private String value;
    //setter 和 getter 方法
}
```

9.4.2　开发 Mapper 层（Dao 层）

Mapper 层也就是常说的数据访问层（Dao 层）。使用 Mapper 接口和 XML 映射文件结合的方式进行开发，在 9.3 节集成 MyBatis 的配置中，自动扫描接口的包名为 `tk.mybatis.`
`**.mapper`，因此在创建 Mapper 接口所在的包时也要参照这个命名规则。在 src/main/java 中新建 tk.mybatis.web.mapper 包 ，然后新建 DictMapper 接口。

```
public interface DictMapper {
}
```

同时，9.3 节的 SqlSessionFactoryBean 中也配置了扫描 XML 映射文件的目录 classpath:tk/mybatis/**/mapper/*.xml。

在 **src/main/resources** 中新建 **tk/mybatis/web/mapper/** 目录，然后新建 **DictMapper.xml** 文件。

```xml
<?xml version="1.0" encoding="UTF-8"?>
<!DOCTYPE mapper PUBLIC "-//mybatis.org//DTD Mapper 3.0//EN"
        "http://mybatis.org/dtd/mybatis-3-mapper.dtd">
<mapper namespace="tk.mybatis.web.mapper.DictMapper">
</mapper>
```

经过前面几章的学习，此处直接将接口和对应的 XML 代码同时列出，不再对代码内容做详细的说明。

首先，当需要查看或修改某个具体的字典信息时，要有一个通过主键获取字典信息的方法，在 Mapper 接口和对应的 XML 中分别添加如下代码。

```java
/**
 * 根据主键查询
 *
 * @param id
 * @return
 */
SysDict selectByPrimaryKey(Long id);
```

```xml
<select id="selectByPrimaryKey" resultType="SysDict">
  select id, code, name, `value` from sys_dict where id = #{id}
</select>
```

因为 9.3 节配置 SqlSessionFactoryBean 时，将 typeAliasesPackage 配置为 com.isea533.mybatis.model，所以这里设置 resultType 时可以直接使用类名，省略包名。

以下代码依次是根据字典参数和分页参数查询字典信息的方法，新增、更新、删除字典的接口的方法。

```java
/**
 * 条件查询
 *
 * @param sysDict
 * @return
```

```
*/
List<SysDict> selectBySysDict(SysDict sysDict, RowBounds rowBounds);

/**
 * 新增
 *
 * @param sysDict
 * @return
 */
int insert(SysDict sysDict);

/**
 * 根据主键更新
 *
 * @param sysDict
 * @return
 */
int updateById(SysDict sysDict);

/**
 * 根据主键删除
 *
 * @param id
 * @return
 */
int deleteById(Long id);
```

这 4 个接口方法对应的 XML 代码如下。

```xml
<select id="selectBySysDict" resultType="tk.mybatis.web.model.SysDict">
    select * from sys_dict
    <where>
        <if test="id != null">
            and id = #{id}
        </if>
        <if test="code != null and code != ''">
            and code = #{code}
        </if>
    </where>
```

```
    order by code, `value`
</select>

<insert id="insert" useGeneratedKeys="true" keyProperty="id">
    insert into sys_dict(code, name, value)
    values (#{code}, #{name}, #{value})
</insert>

<update id="updateById">
    update sys_dict
    set code = #{code},
        name = #{name},
        value = #{value}
    where id = #{id}
</update>

<delete id="deleteById">
    delete from sys_dict where id = #{id}
</delete>
```

这 5 个方法都是很基础的方法，通过这 5 个方法就可以实现字典表的基本操作。下面将在这 5 个接口的基础上，继续编写 Service 层的代码。

9.4.3　开发业务层（Service 层）

虽然针对接口编程对小的项目来说并不重要，但是这里为了形式上的需要仍然提供了 Service 接口。在 src/main/java 中新建 tk.mybatis.web.service 包，然后添加 DictService 接口，代码如下。

```java
public interface DictService {

    SysDict findById(Long id);

    List<SysDict> findBySysDict(
            SysDict sysDict, Integer offset, Integer limit);

    boolean saveOrUpdate(SysDict sysDict);
```

```
    boolean deleteById(Long id);
}
```

Service 层的 saveOrUpdate 方法对应 Mapper 中的 insert 和 updateById 方法，其他 3 个方法和 Mapper 层方法一一对应。在 tk.mybatis.web.service 包下创建 impl 包，然后新建 DictService 接口的实现类 DictServiceImpl，代码如下。

```
@Service
public class DictServiceImpl implements DictService {

    @Autowired
    private DictMapper dictMapper;

    @Override
    public SysDict findById(@NotNull Long id) {
        return dictMapper.selectByPrimaryKey(id);
    }

    List<SysDict> findBySysDict(
            SysDict sysDict, Integer offset, Integer limit) {
        RowBounds rowBounds = RowBounds.DEFAULT;
        if(offset != null && limit != null){
            rowBounds = new RowBounds(offset, limit);
        }
        return dictMapper.selectBySysDict(sysDict, rowBounds);
    }

    @Override
    public boolean saveOrUpdate(SysDict sysDict) {
        if(sysDict.getId() == null){
            return dictMapper.insert(sysDict) == 1;
        } else {
            return dictMapper.updateById(sysDict) == 1;
        }
    }

    @Override
    public boolean deleteById(@NotNull Long id) {
        return dictMapper.deleteById(id) == 1;
```

```
    }
  }
```

Service 的实现类中需要添加@Service 注解，在 9.2 节集成 Spring 时配置过自动扫描包，包名是 tk.mybatis.web.service.impl，DictServiceImpl 实现类所在的包就是符合这个包名规则的，加上注解后，Spring 在初始化时就会扫描到这个类，然后由 Spring 管理这个类。因为配置了自动扫描 Mapper 接口，所以在 Service 层可以直接通过以下代码注入 Mapper。

```
@Autowired
private DictMapper dictMapper;
```

通过自动扫描 Mapper 和自动注入可以更方便地使用 MyBatis。

9.4.4 开发控制层（Controller 层）

在 tk.mybatis.web.controller 包下，新建 DictController 类，代码如下。

```
@Controller
@RequestMapping("/dicts")
public class DictController {

    @Autowired
    private DictService dictService;

    /**
     * 显示字典数据列表
     *
     * @param sysDict
     * @param offset
     * @param limit
     * @return
     */
    @RequestMapping
    public ModelAndView dicts(SysDict sysDict, Integer offset, Integer limit) {
        ModelAndView mv = new ModelAndView("dicts");
        List<SysDict> dicts = dictService.findBySysDict(sysDict, offset, limit);
        mv.addObject("dicts", dicts);
        return mv;
    }
```

```
/**
 * 新增或修改字典信息页面，使用 get 跳转到页面
 *
 * @param id
 * @return
 */
@RequestMapping(value = "add", method = RequestMethod.GET)
public ModelAndView add(Long id) {
    ModelAndView mv = new ModelAndView("dict_add");
    SysDict sysDict;
    if(id == null){
        //如果 id 不存在，就是新增数据，创建一个空对象即可
        sysDict = new SysDict();
    } else {
        //如果 id 存在，就是修改数据，把原有的数据查询出来
        sysDict = dictService.findById(id);
    }
    mv.addObject("model", sysDict);
    return mv;
}


/**
 * 新增或修改字典信息，通过表单 post 提交数据
 *
 * @param sysDict
 * @return
 */
@RequestMapping(value = "add", method = RequestMethod.POST)
public ModelAndView save(SysDict sysDict) {
    ModelAndView mv = new ModelAndView();
    try {
        dictService.saveOrUpdate(sysDict);
        mv.setViewName("redirect:/dicts");
    } catch (Exception e){
        mv.setViewName("dict_add");
        mv.addObject("msg", e.getMessage());
        mv.addObject("model", sysDict);
    }
```

```
        return mv;
    }

    /**
     * 通过 id 删除字典信息
     *
     * @param id
     * @return
     */
    @RequestMapping(value = "delete", method = RequestMethod.POST)
    @ResponseBody
    public ModelMap delete(@RequestParam Long id) {
        ModelMap modelMap = new ModelMap();
        try {
            boolean success = dictService.deleteById(id);
            modelMap.put("success", success);
        } catch (Exception e) {
            modelMap.put("success", false);
            modelMap.put("msg", e.getMessage());
        }
        return modelMap;
    }
}
```

上面这段代码中使用了两个视图，分别为 dicts 和 dict_add。在下一节中，我们将继续编写视图层代码。

9.4.5 开发视图层（View 层）

按照 9.2 节中的视图配置，需要在 src/main/webapp 下面的 WEB-INF 中创建 jsp 目录，然后在 jsp 中创建 dicts.jsp 和 dict_add.jsp，dicts.jsp 代码如下。

```
<%@ page language="java" contentType="text/html; charset=UTF8"
    pageEncoding ="UTF8"%>
<%@ taglib prefix="c" uri="http://java.sun.com/jsp/jstl/core" %>
<%@ taglib prefix="fmt" uri="http://java.sun.com/jsp/jstl/fmt" %>
<!DOCTYPE html PUBLIC "-//W3C//DTD HTML 4.01 Transitional//EN"
                    "http:// www.w3.org/TR/html4/loose.dtd">
<html>
```

```html
<head>
    <c:set var="path" value="${pageContext.request.contextPath}"/>
    <meta http-equiv="Content-Type" content="text/html; charset=UTF8">
    <title>字典信息</title>
    <script src="${path}/static/jquery-3.1.1.min.js"></script>
</head>
<body>
<table>
    <tr>
        <th colspan="4">字典管理</th>
    </tr>
    <tr>
        <th>类别名</th>
        <th>字典名</th>
        <th>字典值</th>
        <th> 操作  [<a href="${path}/dicts/add">新增</a>]</th>
    </tr>
    <c:forEach items="${dicts}" var="dict">
        <tr id="dict-${dict.id}">
            <td>${dict.code}</td>
            <td>${dict.name}</td>
            <td>${dict.value}</td>
            <td>
                [<a href="${path}/dicts/add?id=${dict.id}">编辑</a>]
                [<a href="javascript:;"
                    onclick="deleteById(${dict.id}, '${dict.name}')">删除</a>]
            </td>
        </tr>
    </c:forEach>
</table>
<script>
    function deleteById(id, label){
        var r = confirm('确定要删除"' + label + '"吗? ');
        if(r){
            $.ajax({
                url: '${path}/dicts/delete',
                data: {
                    id: id
```

```
            },
            dataType: 'json',
            type: 'POST',
            success: function(data){
                if(data.success){
                    $('#dict-' + id).remove();
                } else {
                    alert(data.msg);
                }
            }
        })
    }
}
</script>
</body>
</html>
```

dict_add.jsp 代码如下。

```
<%@ page language="java" contentType="text/html; charset=UTF8"
        pageEncoding ="UTF8" %>
<%@ taglib prefix="c" uri="http://java.sun.com/jsp/jstl/core" %>
<%@ taglib prefix="fmt" uri="http://java.sun.com/jsp/jstl/fmt" %>
<!DOCTYPE html PUBLIC "-//W3C//DTD HTML 4.01 Transitional//EN"
                    "http:// www.w3.org/TR/html4/loose.dtd">
<html>
<head>
    <c:set var="path" value="${pageContext.request.contextPath}"/>
    <meta http-equiv="Content-Type" content="text/html; charset=UTF8">
    <title>字典维护</title>
</head>
<body>
<form action="${path}/dicts/add" method="post">
    <input type="hidden" name="id" value="${model.id}">
    <table>
        <c:if test="${msg != null}">
            <tr>
                <th colspan="2" style="color:red;max-width:400px;">${msg}</th>
            </tr>
```

```
    </c:if>
    <tr>
        <th colspan="2">字典维护</th>
    </tr>
    <tr>
        <th>类别名</th>
        <td><input type="text" name="code" value="${model.code}"></td>
    </tr>
    <tr>
        <th>字典名</th>
        <td><input type="text" name="name" value="${model.name}"></td>
    </tr>
    <tr>
        <th>字典值</th>
        <td><input type="text" name="value" value="${model.value}"></td>
    </tr>
    <tr>
        <th colspan="2">
            <input type="submit" value="保存">
            <input type="button" onclick="backToList()" value="取消">
        </th>
    </tr>
</table>
</form>
<script>
    function backToList(){
        location.href = '${path}/dicts';
    }
</script>
</body>
</html>
```

dicts.jsp 代码中使用了 jquery-3.1.1.min.js，大家可以从地址 https://code.jquery.com/jquery-3.1.1.min.js 中下载 jQuery，然后放在 webapp/static/ 目录下面。

9.4.6　部署和运行应用

将项目部署到 Tomcat 下，然后启动服务。服务器启动完成后，在浏览器中输入

http://localhost:8080/mybatis-spring/dicts 并访问，简单的字典管理操作界面便实现了，如图 9-7 所示。

点击【新增】，打开如图 9-8 所示的表单。

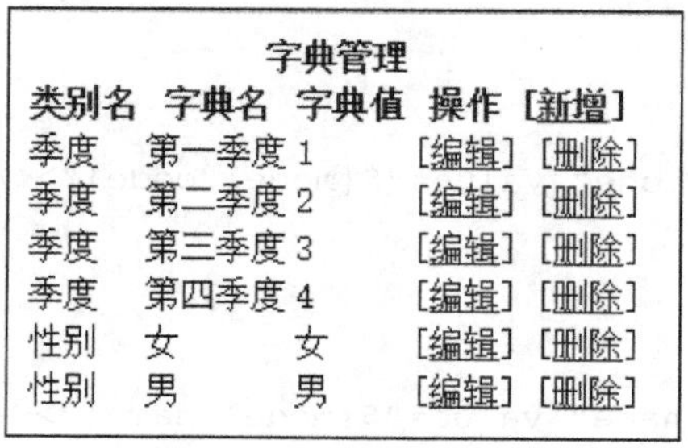

字典管理

类别名	字典名	字典值	操作 [新增]
季度	第一季度 1		[编辑] [删除]
季度	第二季度 2		[编辑] [删除]
季度	第三季度 3		[编辑] [删除]
季度	第四季度 4		[编辑] [删除]
性别	女	女	[编辑] [删除]
性别	男	男	[编辑] [删除]

图 9-7　字典管理

图 9-8　字典维护

图 9-9　编辑字典

依次输入"是否"、"是"、"1"，然后点击【保存】，保存后会跳转到字典管理界面，此时字典中就多了刚刚新增的数据。

点击刚刚新增的数据后面的【编辑】，打开如图 9-9 所示的界面。

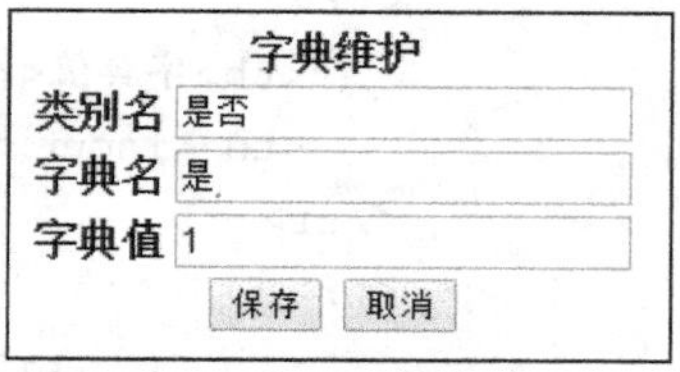

将字典值改为"是"后点击【保存】，返回主界面后可以看到编辑后的效果。

点击新增数据后面的【删除】，会弹出提示框，询问是否删除该数据，点击【确定】后，该数据会被删除。

这些只是最简单的操作，也是业务中最普遍存在的功能。掌握基础功能开发后，结合前面几章学习的 MyBatis 的各种技巧后，我们就能实现各种各样的功能了。

9.5　本章小结

本章按顺序讲解了如何集成 Spring、Spring MVC 和 MyBatis，通过这个过程可以让大家了解每一部分必须的依赖和配置，通过几个简单的例子可以学会在一个比较真实的环境中使用 MyBatis 实现基本数据操作的方法。

从这一章也能看出，MyBatis 的用法和前面章节中的用法是一样的，都是使用接口和 XML 方式实现各种数据库的操作。学好前面几章的内容就已经具备了使用 MyBatis 的能力。Spring 和 Spring MVC 的引入是为了方便整个框架的使用，有关 Spring 的内容大家可以通过 Spring 官方文档或其他途径进行学习。

第 10 章

Spring Boot 集成 MyBatis

Spring Boot 是 Spring 社区一个较新的项目，旨在帮助开发者更容易创建基于 Spring 的应用程序和服务，让更多人更快地对 Spring 进行入门体验，让 Java 开发也能够实现 Ruby on Rails 那样的生产效率。这个项目为 Spring 生态系统提供了一种固定的、优于配置风格的框架。

Spring Boot 具有如下特性。

- 创建独立的 Spring 应用程序，为开发者提供更快的入门体验。
- 尽可能地自动配置，开箱即用。
- 没有代码生成，也无须 XML 配置，同时也可以修改默认值来满足特定的需求。
- 提供了一些大型项目中常见的非功能性特性，如嵌入式服务器、安全、指标、健康检测、外部配置等。
- 并不是对 Spring 功能上的增强，而是提供了一种快速使用 Spring 的方式。

Spring Boot 官方地址是 http://projects.spring.io/spring-boot/。

Spring Boot 官方文档地址是 http://docs.spring.io/spring-boot/docs/current/reference/htmlsingle。

10.1　基本的 Spring Boot 项目

先按照 Spring Boot 官方文档中的介绍，使用 Maven 搭建一个基本的 Spring Boot 项目。

创建一个空的 Maven 项目，然后编辑 pom.xml 文件如下。

```xml
<?xml version="1.0" encoding="UTF-8"?>
<project xmlns:xsi="http://www.w3.org/2001/XMLSchema-instance"
        xmlns="http://maven.apache.org/POM/4.0.0"
        xsi:schemaLocation="http://maven.apache.org/POM/4.0.0
                http://maven.apache.org/xsd/maven-4.0.0.xsd">
    <modelVersion>4.0.0</modelVersion>
    <groupId>tk.mybatis</groupId>
    <artifactId>mybatis-spring-boot</artifactId>
    <version>1.0.0-SNAPSHOT</version>

    <parent>
        <groupId>org.springframework.boot</groupId>
        <artifactId>spring-boot-starter-parent</artifactId>
        <version>1.4.3.RELEASE</version>
    </parent>

    <properties>
```

```
            <java.version>1.8</java.version>
    </properties>

    <dependencies>
        <dependency>
            <groupId>org.springframework.boot</groupId>
            <artifactId>spring-boot-starter-web</artifactId>
        </dependency>
        <dependency>
            <groupId>org.springframework.boot</groupId>
            <artifactId>spring-boot-starter-jdbc</artifactId>
        </dependency>
        <dependency>
            <groupId>mysql</groupId>
            <artifactId>mysql-connector-java</artifactId>
        </dependency>
    </dependencies>

    <build>
        <plugins>
            <plugin>
                <groupId>org.springframework.boot</groupId>
                <artifactId>spring-boot-maven-plugin</artifactId>
            </plugin>
        </plugins>
    </build>
</project>
```

在 **tk.mybatis.springboot** 包下面新建 Application 类，代码如下。

```
package tk.mybatis.springboot;

import org.springframework.boot.SpringApplication;
import org.springframework.boot.autoconfigure.SpringBootApplication;

/**
 * Spring Boot 启动类
 */
@SpringBootApplication
```

```
public class Application {
    public static void main(String[] args) {
        SpringApplication.run(Application.class, args);
    }
}
```

写到这里的时候，实际上 Spring Boot 就已经可以启动了，但是我们没有提供任何有效的请求，如果直接访问就会提示请求出错，所以，接下来要在 tk.mybatis.springboot.controller 包下面新建 IndexController 类。

```
package tk.mybatis.springboot.controller;

import org.springframework.web.bind.annotation.RequestMapping;
import org.springframework.web.bind.annotation.RestController;

@RestController
public class IndexController {
    @RequestMapping("/")
    String home(){
        return "Hello World!";
    }
}
```

刚刚配置了 / 的映射，有了这个基本的 Controller 后，以 Java 应用的方式启动 Application 类，默认情况下的端口为 8080，访问 http://localhost:8080 就可以看到页面显示如下内容。

```
Hello World!
```

到这一步时可以看到，虽然没有写很多代码，但是最基础的 HTTP 服务已经实现了。

在前面的依赖配置中，我们还添加了 spring-boot-starter-jdbc 和 MySQL 驱动。在继续下一节前，先把数据源配置好，在 src/main/resources 目录下新建 application.properties，写入如下内容。

```
spring.datasource.url=jdbc:mysql://localhost:3306/mybatis
spring.datasource.username=root
spring.datasource.password=
```

通过上面的属性配置数据库的连接信息后，Spring Boot 就可以自动配置数据源了。准备好数据源后，接下来开始集成 MyBatis。

10.2　集成 MyBatis

MyBatis 官方为了方便 Spring Boot 集成 MyBatis，专门提供了一个符合 Spring Boot 规范的 starter 项目 mybatis-spring-boot-starter，项目地址是 https://github.com/mybatis/spring-boot-starter。

Maven 依赖坐标如下。

```xml
<dependency>
    <groupId>org.mybatis.spring.boot</groupId>
    <artifactId>mybatis-spring-boot-starter</artifactId>
    <version>1.2.0</version>
</dependency>
```

现在只需要在 pom.xml 中添加上面的依赖即可，符合 Spring Boot 规范的 starter 依赖都会按照默认的配置方式在系统启动时自动配置好，因此不用对 MyBatis 进行任何额外的配置，MyBatis 就已经集成好了。

按照如下步骤添加一个简单的例子来使用 MyBatis。

1. 添加 CountryMapper 接口

先在 tk.mybatis.springboot.model 包下新建 Country 类。

```java
public class Country {
    private Long id;
    private String countryname;
    private String countrycode;
    //省略 getter 和 setter
}
```

然后在 tk.mybatis.springboot.mapper 包下新建 CountryMapper 接口。

```java
package tk.mybatis.springboot.mapper;

import java.util.List;
import org.apache.ibatis.annotations.Mapper;
import tk.mybatis.springboot.model.Country;

@Mapper
public interface CountryMapper {
    /**
     * 查询全部数据
     *
```

```
    * @return
    */
    List<Country> selectAll();
}
```

这个接口和前几章中的接口最大的区别是，这里使用了 @Mapper 注解，增加这个注解之后，
Spring 启动时会自动扫描该接口，这样就可以在需要使用时直接注入 Mapper 了。

2. 添加 CountryMapper.xml 映射文件

在 src/main/resources 下面创建 mapper 目录，然后新建 CountryMapper.xml 映射文件。

```xml
<?xml version="1.0" encoding="UTF-8"?>
<!DOCTYPE mapper PUBLIC "-//mybatis.org//DTD Mapper 3.0//EN"
                    "http://mybatis.org/dtd/mybatis-3-mapper.dtd">
<mapper namespace="tk.mybatis.springboot.mapper.CountryMapper">
    <select id="selectAll" resultType="Country">
        select id,countryname,countrycode from country
    </select>
</mapper>
```

3. 配置 MyBatis

在 application.properties 配置文件中添加如下内容。

```
#映射文件的路径，支持 Ant 风格的通配符，多个配置可以使用英文逗号隔开
mybatis.mapperLocations=classpath:mapper/*.xml
#类型别名包配置，只能指定具体的包，多个配置可以使用英文逗号隔开
mybatis.typeAliasesPackage=tk.mybatis.springboot.model
```

这两个配置的含义可以先看上面的注释，关于 Mybatis 的属性配置，在下一节会做详细
介绍。

4. 修改 Application 类

添加如下测试代码。

```java
//省略 package 和 import
@SpringBootApplication
public class Application implements CommandLineRunner {

    @Autowired
    private CountryMapper countryMapper;
```

```
public static void main(String[] args) {
    SpringApplication.run(Application.class, args);
}


@Override
public void run(String... args) throws Exception {
    countryMapper.selectAll();
}


}
```

在这个类中，我们通过@Autowired 注解注入 CountryMapper，在 run 方法中执行了 selectAll 方法，重新运行 Application 类，部分日志如下（经过内容删减）。

```
Preparing: select id,countryname,countrycode from country
Parameters:
Columns: id, countryname, countrycode
   Row: 1, 中国,      CN
   Row: 2, 美国,      US
   Row: 3, 俄罗斯,    RU
   Row: 4, 英国,      GB
   Row: 5, 法国,      FR
Total: 5
```

到这里，Spring Boot 集成 MyBatis 就完成了。其中还存在很多和配置相关的细节，并且我们还想把前面章节中开发的 MyBatis 代码集成到 Spring Boot 中，那么继续来看下一节的配置介绍。

10.3　MyBatis Starter 配置介绍

MyBaits 在不同用法中的配置方式不同，但是所有可配置的属性含义和作用都是相同的，由于 Spring Boot 方式有特殊的配置规范，所以这里将特别介绍。

MyBatis Starter 提供的所有可配置的属性都在 org.mybatis.spring.boot. autoconfigure.MybatisProperties 类中，该类部分代码如下。

```
/**
 * Configuration properties for Mybatis.
 *
 * @author Eddú Meléndez
```

```
 * @author Kazuki Shimizu
 */
@ConfigurationProperties(prefix = MybatisProperties.MYBATIS_PREFIX)
public class MybatisProperties {

    public static final String MYBATIS_PREFIX = "mybatis";

    /**
     * Config file path.
     */
    private String configLocation;

    /**
     * Location of mybatis mapper files.
     */
    private String[] mapperLocations;

    /**
     * Package to scan domain objects.
     */
    private String typeAliasesPackage;
    //省略部分
    @NestedConfigurationProperty
    private Configuration configuration;
    //省略其他
}
```

Spring Boot 可以通过@ConfigurationProperties 注解自动将配置文件中的属性组装到对象上，这个注解一般都需要配置与属性匹配的前缀，此处前缀为"mybatis"，因此对 MyBatis 的配置都是以"mybatis."作为前缀的。属性类中的字段如果是驼峰形式的，在配置文件中进行配置时建议改为横杠（-）和小写字母连接的形式，虽然 Spring Boot 仍然能正确匹配驼峰形式的属性，但是支持 Spring Boot 的 IDE 在自动提示时会使用标准的形式，例如 configLocation 在配置时应改写成 mybatis.config-location 的形式。

MybatisProperties 并没有把所有的属性都列举出来，但是这个类提供了一个嵌套的 Configuration 属性，通过这种方式可以直接对 Configuration 对象进行属性配置，例如 settings 中的属性可以按下面的方式进行配置。

```
mybatis.configuration.lazy-loading-enabled=true
mybatis.configuration.aggressive-lazy-loading=true
```

基本上大部分的配置都可以通过这种形式去实现，如果遇到不会配置的内容，仍然可以通过 mybatis-config.xml 方式去配置 MyBatis，然后在 Spring Boot 的配置中指定该文件的路径即可，示例如下。

```
mybatis.config-location=classpath:mybatis-config.xml
```

使用上面这种方式在任何情况下都是最有效的。

10.4　简单示例

这一节中，我们不再从头编写 MyBatis 的方法，直接使用第 2、3、4、6 章中已经开发好的 simple 项目。如果没有按照前面章节中的介绍实现书中提到的所有方法，可以直接下载 simple 项目，然后使用 Maven 命令（mvn install）打包到本地仓库或将该项目引入到当前的工作空间即可。simple 项目的下载地址是 http://mybatis.tk/book/simple-all.zip。

10.4.1　引入 simple 依赖

做好 simple 项目准备后，在 pom.xml 中添加 simple 项目依赖，代码如下。

```
<dependency>
    <groupId>tk.mybatis</groupId>
    <artifactId>simple</artifactId>
    <version>0.0.1-SNAPSHOT</version>
</dependency>
```

引入新的依赖后，还需要配置 MyBatis，让 MyBatis 可以扫描到这个依赖下面的 Mapper 接口。上一节的例子中使用的是 @Mapper 注解，但是对于已经存在的 simple 来说，一个个去添加注解并不合适，因此要换一种新的方式来扫描 Mapper 接口。

修改 Application 类，添加 @MapperScan 注解，代码如下。

```
@SpringBootApplication
@MapperScan({"tk.mybatis.springboot.mapper", "tk.mybatis.simple.mapper"})
public class Application implements CommandLineRunner {
    //省略
}
```

修改 Application 类后就会通过这种方式去扫描 Mapper 接口，还需要修改 application.properties，让映射文件也可以被扫描到。

```
mybatis.mapper-locations=classpath:mapper/*.xml,classpath*:tk/mybatis/**
/mapper/*.xml
```

修改好这两处配置后，在当前项目中就可以直接使用已经写好的 Mapper 接口了。但是此时如果执行 Application 类就会报错，错误信息如下。

Annotation-specified bean name 'countryMapper' for bean class **[tk.mybatis. simple.mapper.CountryMapper]** conflicts with existing, non-compatible bean definition of same name and class **[tk.mybatis.springboot.mapper.CountryMapper]**

这是因为在刚刚引入的依赖中，存在 tk.mybatis.simple.mapper.CountryMapper 接口，和上一节添加的例子 tk.mybatis.springboot.mapper.CountryMapper 的接口名完全相同。因为 MyBatis 扫描接口时会默认用首字母小写的类名作为 Spring 中 bean 的名字，使得 CountryMapper 对应的 countryMapper 相同，因此会报错。

就当前项目来说，解决这个问题有两种方式。第一种就是去掉上一节添加的这个接口，毕竟只是测试用的，去掉也无所谓。但是当项目的依赖有很多时，很有可能会出现不能删除的情况，这样就只能考虑另一种方式，即从 bean 的名字入手，修改默认的名字生成规则，让它们生成的名字不再重复。

在 tk.mybatis.springboot 包下新建 MapperNameGenerator 类，代码如下。

```java
package tk.mybatis.springboot;

import java.beans.Introspector;
import java.util.HashMap;
import java.util.Map;

import org.springframework.beans.factory.config.BeanDefinition;
import org.springframework.beans.factory.support.BeanDefinitionRegistry;
import org.springframework.beans.factory.support.BeanNameGenerator;
import org.springframework.util.ClassUtils;

/**
 * Mapper 名字生成器
 */
public class MapperNameGenerator implements BeanNameGenerator {
    Map<String, Integer> nameMap = new HashMap<String, Integer>();
    @Override
    public String generateBeanName(
            BeanDefinition definition, BeanDefinitionRegistry registry) {
        //获取类的名字，如 CountryMapper
        String shortClassName = ClassUtils.getShortName(
                definition. getBeanClassName());
```

```
    //将类名转换为规范的变量名，如 countryMapper
    String beanName = Introspector.decapitalize(shortClassName);
    //判断名字是否已经存在，如果存在，则在名字后面增加序号
    if(nameMap.containsKey(beanName)){
        int index = nameMap.get(beanName) + 1;
        nameMap.put(beanName, index);
        //增加序号
        beanName += index;
    } else {
        nameMap.put(beanName, 1);
    }
    return beanName;
    }
}
```

该类的说明见代码注释，创建好名字生成器后，修改 Application 中的@MapperScan 注解。

```
@MapperScan(value = {
    "tk.mybatis.springboot.mapper",
    "tk.mybatis.simple.mapper"
    },
    nameGenerator = MapperNameGenerator.class
)
```

指定 nameGenerator 属性为 MapperNameGenerator.class 即可，这样在扫描所有的 Mapper 接口时，如果出现重复，就会通过增加序号的方式避免这个问题。

名字重复的问题解决了，但是代码使用@Resource 注解注入时，可能会由于 beanName 和类型不匹配导致注入失败。

举个例子，假设 tk.mybatis.simple.mapper.CountryMapper 生成的名字为 countryMapper，tk.mybatis.springboot.mapper.CountryMapper 生成的名字为 countryMapper2。当存在如下注解代码时，通过名字注入会使用 countryMapper 对应的 tk.mybatis.simple.mapper.CountryMapper，这样就会因为类型不匹配而出错。

```
@Resource
private tk.mybatis.springboot.mapper.CountryMapper countryMapper;
```

因此在注入 Mapper 接口时，建议使用@Autowired 注解，根据类型注入时一定不会有错。

10.4.2 开发业务（Service）层

新建 tk.mybatis.springboot.service 包，然后在该包下面创建 UserService 接口，代码如下。

```
public interface UserService {

    /**
     * 通过 id 查询用户
     *
     * @param id
     * @return
     */
    SysUser findById(Long id);

    /**
     * 查询全部用户
     *
     * @return
     */
    List<SysUser> findAll();
}
```

再创建 tk.mybatis.springboot.service.impl 包，在该包下创建 UserServiceImpl 实现类，代码如下。

```
@Service
public class UserServiceImpl implements UserService {

    @Autowired
    private UserMapper userMapper;

    @Override
    public SysUser findById(Long id) {
        return userMapper.selectById(id);
    }

    @Override
    public List<SysUser> findAll() {
        return userMapper.selectAll();
```

```
    }

}
```

在该类中注入 simple 项目的 UserMapper 接口。因为前面已经配置好，所以这里可以直接注入。

10.4.3　开发控制（Controller）层

在 tk.mybatis.springboot.controller 包下创建 UserController 类，代码如下。

```
@RestController
public class UserController {

    @Autowired
    private UserService userService;

    @RequestMapping("users/{id}")
    SysUser user(@PathVariable("id") Long id){
        return userService.findById(id);
    }

    @RequestMapping("users")
    List<SysUser> users(){
        return userService.findAll();
    }

}
```

UserController 中提供了两个方法：通过 id 获取具体的用户信息的方法以及获取全部用户信息的方法。

10.4.4　运行应用查看效果

重新运行 Application 类，然后在浏览器地址栏输入 http://localhost:8080/users，此时会显示出系统中所有的用户信息，显示内容如下。

```
[{"id":1,"userName":"admin","userPassword":"123456","userEmail":"admin@m
ybatis.tk","userInfo":"管理员用户","headImg":"EjEjEjA=","createTime":
1465233072000,"role":null,"roleList":null},{"id":1001,"userName":"test",
```

"userPassword":"123456","userEmail":"test@mybatis.tk","userInfo":"测试用户", "headImg":"EjEjEjA=","createTime":1465228800000,"role":null,"roleList": null},{"id":1003,"userName":"test1","userPassword":"123456","userEmail": "test@mybatis.tk","userInfo":"test info","headImg":"AQID","createTime": 1466942832000, "role":null,"roleList":null},{"id":1005,"userName":"test1", "userPassword":"123456","userEmail":"test@mybatis.tk","userInfo":"test info", "headImg":"AQID", "createTime":1467300533000,"role":null,"roleList":null}, {"id":1029,"userName":"test1","userPassword":"123456","userEmail":"test@myba tis.tk","userInfo":"test info","headImg":"AQID","createTime":1478699684000, "role":null,"roleList":null}]

如果想要查看 id 为 1001 的用户的信息，可以在浏览器地址栏输入 http://localhost:8080/users/1001，此时会显示出用户 1001 的个人信息。

{"id":1001,"userName":"test","userPassword":"123456","userEmail":"test@myba tis.tk","userInfo":"测试用户","headImg":"EjEjEjA=","createTime":1465228800000, "role":null,"roleList":null}

大家可以自行添加 simple 项目中的其他方法进行尝试，关于 Spring Boot 的详细用法可以通过本章开头提到的官方文档进行了解。

10.5　本章小结

本章在 Spring Boot 项目中集成了 MyBatis，通过 MyBatis 提供的 starter 可以很方便地实现集成。通过对 MybatisProperties 配置类的介绍，我们了解到了在 Spring Boot 中实现 MyBatis 各项配置的方法，最后通过后实际的例子学会了如何在 Spring Boot 中开发 Mapper 接口。通过引入 simple 项目使用已有的 Mapper，我们明白了一件事：在任何框架中使用 MyBatis 都只是配置不同而已，其核心用法是一样的，因此学会 MyBatis 的用法才是最主要的。

11
chapter

第 11 章

MyBatis 开源项目

MyBatis 是一个开源项目，源码托管在 GitHub 上。本章的目的有两个：一个是让大家了解开源项目，了解 GitHub 的基本用法，从而可以随时了解 MyBatis 项目的变化，在发现问题和解决 bug 时可以贡献自己的代码；另一个就是通过对源码做一个整体的介绍，让大家在阅读 MyBatis 源码时有一个基本的思路。

MyBatis 官方的 GitHub 地址为 https://github.com/mybatis，MyBatis 官方所有的开源项目都可以从这里找到，参考官方提供的示例是了解各种集成框架和 MyBatis 用法的最好方式。GitHub 是一座宝库，不仅仅是 MyBatis，如今越来越多的开源项目都开始使用 GitHub 托管项目的源码，所以学习 Git 和 GitHub 是学习了解开源项目必备的基础知识。

本章会讲解 Git 和 GitHub 必备的基础知识，但是不会涉及更广泛的内容。初次涉及这两方面内容的读者，可以通过互联网或官方文档获取更全面的介绍。

11.1　Git 入门

Git 是一个分布式的版本控制系统，提供了丰富的命令方便我们进行操作。这一节只会从 Git 命令的角度去介绍必备的命令和常规的流程，更多 Git 相关的内容可以从如下地址中获取。Git-Book 中文文档地址：https://git-scm.com/book/zh/v2。

在开始使用 Git 前，先从官方进行下载，打开 https://git-scm.com/download/win，下载会自动开始。下载完成后按照提示进行安装。如果使用的是非 Windows 的操作系统，可以从页面 https://git-scm.com/book/zh/v2/起步-安装-Git 中了解到更多的安装方式。安装完成后，菜单或桌面上会出现一个 Git Bash 图标，点击运行即可打开 Git 命令界面。下面开始学习必须掌握的 Git 命令。

11.1.1　初次运行配置

安装完 Git 后，应该做的第一件事就是设置用户名称与邮件地址。这样做很重要，因为每一个 Git 的提交都会使用这些信息，并且它会写入到每一次提交中，不可更改。打开 Git Bash，输入以下命令。

```
$ git config --global user.name 你的名字
$ git config --global user.email 你的邮箱
```

设置好之后，还可以通过如下命令查看当前的配置。

```
$ git config --list
core.symlinks=false
core.autocrlf=true
```

```
color.diff=auto
color.status=auto
color.branch=auto
...
```

> **注意!**
> $后面是自己输入的命令，下面的内容是执行命令输出的结果。

11.1.2　初始化和克隆仓库

在开始使用版本控制前，一般会遇到两种情况：一种是项目刚开始建立，还没有添加版本控制；另一种是已经存在使用 Git 进行版本控制的项目，这种情况下就不需要从头进行建立，直接克隆该项目即可。

1．初始化项目

这是第一种情况，当项目刚刚建立的时候，还没有使用版本控制，这时可以通过 Git 命令将该项目加入到版本控制中。在使用 Maven 进行依赖管理的项目中，有用的文件基本上就是 src 目录和 pom.xml 文件，当在 Eclipse 或其他 IDE 中导入 Maven 项目后，都会在项目根目录下生成大量和 IDE 配置相关的文件，这些配置文件大多依赖于具体的 IDE，有些配置依赖于当前使用的计算机，还有一些可能会随着时间而进行变化。

这些配置对于项目来说都是无关紧要的东西，只对当前电脑和 IDE 有用。因为每次导入 Maven 项目时，IDE 都能生成这些文件，而且这些文件在换一台电脑的情况下可能会出现各种各样的错误，所以通常情况下我们都会在版本控制中忽略这类文件。除此之外，还有一些特殊文件需要被忽略。在 Git 中配置忽略文件很简单，在项目的顶层目录或者具体某个目录中添加一个名为“.gitignore”的文件即可。

在 Windows 系统上创建该文件时，因为只有后缀没有文件名，因此无法创建成功。这种情况下，打开 CMD 或者 Git Bash，输入下面的命令。

```
$ echo ''>.gitignore
```

此时就会在当前目录下创建一个空的.gitignore 文件。针对 Maven 项目以及常见的 IDE，项目根目录下的.gitignore 文件的配置如下。

```
# Maven #
target/

# IDEA #
.idea/
```

```
*.iml

# Eclipse #
.settings/
.classpath
.project
```

其中以#符号开头的是注释，**target/**、**.idea/**、**.settings/**用于匹配相对于**.gitignore** 所在目录的 3 个目录，***.iml** 匹配当前目录下后缀为.iml 的文件，**.classpath** 和.project 则匹配具体的两个文件。

需要注意的是，一个*符号用于匹配文件名称的一部分或完整的文件名，如 docs/匹配 docs 目录下面的所有文件，但是不能匹配 docs/aa/aa.html 文件，doc/*.html 可以匹配 docs 目录下所有.html 后缀的文件，但是不能匹配 **docs/aa.txt** 文件。两个*符号用于匹配 0 个或多个目录，例如**/foo 匹配所有目录下的 foo 文件或目录，a/**/b 可以匹配 **a/b** 或 **a/x/b**、**a/x/y/b** 等。

以前面几章中创建的 simple 项目为例，配置好忽略的项目后，当前的项目结构如图 11-1 所示。

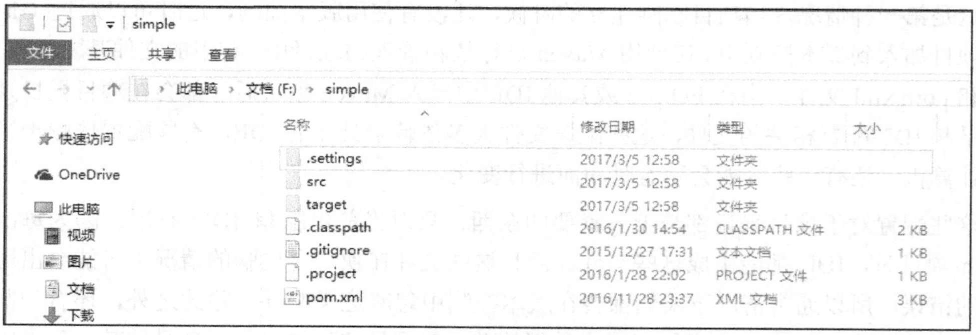

图 11-1 simple 项目结构

在当前目录中单击鼠标右键打开 Git Bash，输入如下命令。

```
$ git init
Initialized empty Git repository in F:/simple/.git/
```

执行完该命令后会在当前目录下创建一个隐藏的.git 目录，这个目录是 Git 用来跟踪当前版本库的，切记不要轻易修改或删除该目录下的内容。此时，当前的目录就可以使用 Git 进行版本控制了，但目前还是一个空的 Git 仓库。后面会继续讲解如何添加文件到仓库。

2．克隆本地仓库

如果要操作的项目已经使用 Git 进行版本控制了，那么便可以使用 git clone 命令将项目克隆到本地，比如之前已经创建了一个 Git 仓库，可以使用 git clone 创建一个本地仓库的克隆版本，命令如下。

```
$ git clone /f/simple simple2
Cloning into 'simple2'...
done.
```

为了避免在相同的目录下进行操作，上面的命令指定了克隆后的文件名为 simple2，其中 /f/simple 是上面创建的 simple 仓库。如果在 Windows 系统上不能确定一个仓库的路径，则可以在仓库的根目录下执行如下命令。

```
$ pwd
/f/simple
```

3. 克隆服务器上的仓库

假如要把 GitHub 服务器上的 MyBatis 源码克隆到本地，可以使用如下命令。

```
$ git clone https://github.com/mybatis/mybatis-3.git
```

🔍 **注意！**

　　国内访问 GitHub 的速度并不快，MyBatis 项目代码多，并且包含几千条提交记录，因此下载过程可能需要耗费相当长的时间，网络不稳定的情况下还会下载失败。如果通过上面这种方式没有下载成功，还可以通过以下地址下载打包好的源码文件。下载文件到本地并解压后，再参照官方仓库同步到最新版本即可。

　　下载地址：http://mybatis.tk/book/mybatis-3.zip。

　　当下载完成后，本地就会出现一个 mybatis-3 的目录，可以通过 Maven 方式导入到 Eclipse 中，后续对文件的修改操作可以按照后面的命令进行添加和提交操作。

11.1.3　本地操作

使用 Git 对项目进行版本控制时，基本上都是大量重复的本地操作。最常见的操作就是添加文件到版本控制、提交文件到仓库、查看状态、查看历史记录等。

前面已经创建好了一个空的仓库，现在先通过如下命令查看当前项目的状态。

```
$ git status
On branch master

Initial commit

Untracked files:
  (use "git add <file>..." to include in what will be committed)
```

```
        .gitignore
        pom.xml
        src/
```

nothing added to commit but untracked files present (use "git add" to track)

命令下面列出了还没有被跟踪的文件和目录，由于使用.gitignore 配置忽略了 IDE 配置和编译生成的 target 目录，所以此处只列出了 3 项需要跟踪的文件和目录。

执行如下命令添加所有文件到版本控制。

```
$ git add --all
```

这个命令只是告诉 Git 要添加什么文件，还没有真正把这些文件添加到仓库中，输入 git status 查看当前的状态，部分显示内容如下。

```
$ git status
On branch master

Initial commit

Changes to be committed:
  (use "git rm --cached <file>..." to unstage)

        new file:   .gitignore
        new file:   pom.xml
        new file:   src/main/java/tk/mybatis/generator/Generator.java
        new file:   src/main/java/tk/mybatis/generator/MyCommentGenerator.java
        new file:   src/main/java/tk/mybatis/simple/JavaApiConfig.java
        new file:   src/main/java/tk/mybatis/simple/MyMapperProxy.java
        new file:   src/main/java/tk/mybatis/simple/MybatisHelper.java
        ...
```

此时可以看到这里列出了很多需要被提交的新文件。执行如下命令进行提交。

```
$ git commit -m '初始导入'
[master (root-commit) 41e2d43] 初始导入
 50 files changed, 4499 insertions(+)
 create mode 100644 .gitignore
 create mode 100644 pom.xml
 create mode 100644 src/main/java/tk/mybatis/generator/Generator.java
 create mode 100644 src/main/java/tk/mybatis/generator/MyCommentGenerator.java
```

```
create mode 100644 src/main/java/tk/mybatis/simple/JavaApiConfig.java
create mode 100644 src/main/java/tk/mybatis/simple/MyMapperProxy.java
...
```

使用 **git commit** 命令提交文件的时候，必须通过-m 参数指定提交信息。提交后输入 **git status** 查看当前的状态。

```
$ git status
On branch master
nothing to commit, working directory clean
```

当前目录没有需要提交的内容，工作目录是干净的。当后续对工作空间的内容进行修改时，状态就会发生改变，基本的操作仍然通过 **git add** 进行添加，然后通过 **git commit** 进行提交。

输入 **git log** 命令查看当前的提交记录。

```
$ git log
commit 41e2d43444b69bd1b68a5a2a8fa1badab0f67b8f
Author: isea533 <abel533@gmail.com>
Date:   Sun Mar 5 13:17:41 2017 +0800

    初始导入
```

11.1.4　远程操作

在本地进行很多操作后，遇到多人协同操作或者需要提交到指定服务器的情况，我们还需要将本地的更改提交到某个仓库或服务器的仓库中，同时还要把他人提交的更改拉取到本地。

与远程服务器进行交互的方式将在下一节 **GitHub** 中介绍，这里仍然用本地的方式进行操作。

在 **Git** 中，服务器端的公共仓库必须是一个裸（不是工作目录的）仓库。在分区根目录下，我们创建一个 **repo** 文件夹，进入该文件夹，执行如下命令创建一个裸仓库。

```
$ git init --bare
Initialized empty Git repository in F:/repo/
```

回到 **simple** 目录中，在该目录下执行如下命令。

```
$ git push /f/repo master
Counting objects: 77, done.
Delta compression using up to 8 threads.
Compressing objects: 100% (66/66), done.
Writing objects: 100% (77/77), 35.20 KiB | 0 bytes/s, done.
Total 77 (delta 7), reused 0 (delta 0)
```

```
To F:/repo
 * [new branch]      master -> master
```

将当前项目的 master 分支提交到 repo 仓库中。其他人也可以直接从 repo 中检出项目，对项目进行修改后还可以提交到 repo 仓库。假设其他人有新的提交（可以从/f/repo 检出一份然后修改后再提交到 repo），本地可以通过以下命令和 repo 仓库进行同步，如果本地和服务器内容一致，就会显示如下。

```
$ git pull /f/repo master
From F:/repo
 * branch            master    -> FETCH_HEAD
Already up-to-date.
```

如果服务器有新的内容，则会显示如下。

```
$ git pull /f/repo master
remote: Counting objects: 3, done.
remote: Compressing objects: 100% (3/3), done.
remote: Total 3 (delta 1), reused 0 (delta 0)
Unpacking objects: 100% (3/3), done.
From F:/repo
 * branch            master    -> FETCH_HEAD
Updating 6e9bc9e..f5c62d5
Fast-forward
 pom.xml | 1 +
 1 file changed, 1 insertion(+)
```

每次和服务器交互时，如果/f/repo 的名字很长就会不方便，可以通过如下代码给当前的工作空间添加一个远程的源（相当于别名）。

```
$ git remote add origin /f/repo
```

通过 git remote -v 可以查看所有远程的源。有了这个短的名字后，上面同步的操作可以如下书写。

```
$ git pull origin master
```

Git 最基本的操作就是以上这些，这里并没有涉及分支相关的操作，建议通过阅读 Git-Pro 文档了解更多相关知识。

11.2　GitHub 入门

GitHub 是一个通过 Git 进行版本控制的软件源代码托管平台，由 GitHub 公司的开发者 Chris Wanstrath、PJ Hyett 和 Tom Preston-Werner 使用 Ruby on Rails 编写而成。

GitHub 同时提供付费账户和免费账户。这两种账户都可以创建公开的代码仓库，但是付费账户还可以创建私有的代码仓库。

根据 2009 年的 Git 用户调查，GitHub 是最流行的 Git 访问站点。除了允许个人和组织创建和访问保管中的代码，它也提供了一些方便社会化共同软件开发的功能，即一般人口中的社区功能，包括允许用户追踪其他用户、组织、软件库的动态，对软件代码的改动和 bug 提出评论等。GitHub 也提供了图表功能，用于概观显示开发者们怎样在代码库上工作以及软件的开发活跃程度。

截止到 2015 年，GitHub 已经有超过 900 万的注册用户和 2110 万的代码库，事实上已经成为了世界上最大的代码存放网站和开源社区。

访问 https://github.com/ ，GitHub 首页如图 11-2 所示。

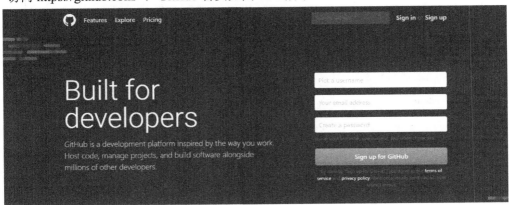

图 11-2　GitHub

如果还没有 GitHub 账户，可以在首页注册一个帐号。注册成功后，跟着我们分别从以下几个方面进行学习和操作。

11.2.1　创建并提交到仓库

想要将自己的项目托管到 GitHub 上，需要先在 GitHub 中创建仓库。首先使用自己注册的账号登录 GitHub，登录后才可以进行其他操作。在任意 GitHub 的页面上，点击右上角的符号+，如图 11-3 所示。

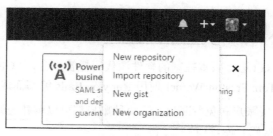

图 11-3　新建操作菜单

点击 New repository 创建新的仓库，打开如图 11-4 所示的界面。

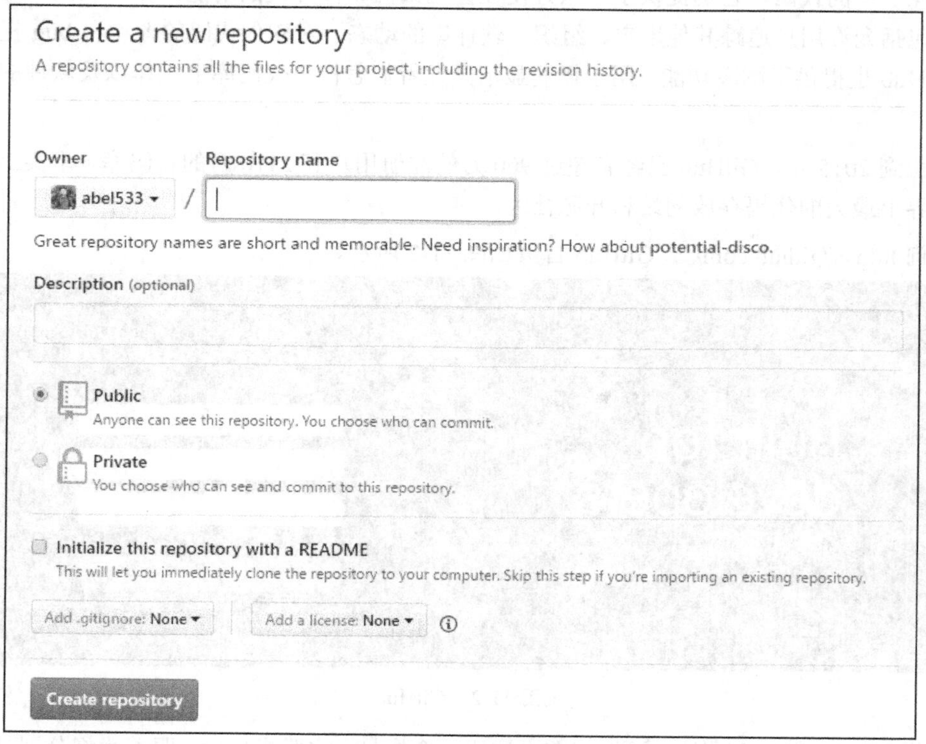

Create a new repository

A repository contains all the files for your project, including the revision history.

Owner   Repository name

abel533 ▾   /

Great repository names are short and memorable. Need inspiration? How about potential-disco.

Description (optional)

⦿ Public
Anyone can see this repository. You choose who can commit.

○ Private
You choose who can see and commit to this repository.

☐ Initialize this repository with a README
This will let you immediately clone the repository to your computer. Skip this step if you're importing an existing repository.

Add .gitignore: None ▾   Add a license: None ▾   ⓘ

Create repository

图 11-4　创建新的仓库

在 Repository name 中输入仓库的名称，例如 simple。在 Description 中可以输入仓库的描述信息，该内容可选，这里可以输入"simple-MyBatis 用法示例仓库"。

下面使用默认的 Public 公开类型，公开是指所有人都可以看到我们创建的这个仓库，并且可以浏览其中的内容。如果想要选择 Private 私有类型，需要付费才可以使用，私有类型只有自己可以看到。通常创建仓库时，不选择下面的复选框，不使用 README 初始化仓库。填写完成后，点击 Create repository 创建仓库。

　　创建好仓库后会进入仓库的界面，由于仓库中还没有任何内容，因此 GitHub 默认显示的是如何进行下一步操作。一般情况下，添加远程仓库时通常使用 origin 作为远程仓库的名字，如果按照上一节 Git 入门中的操作步骤添加过本地的远程仓库，那么 origin 已经被使用了，因此要先通过以下命令删除之前创建的 origin。

```
$ git remote remove origin
$ git remote -v
```

　　删除后，再通过上述代码中的第二个命令查看 remote，此时会显示空。接下来按照 GitHub 页面提示的命令进行操作，将本地仓库上传到服务器，使用下面的命令将刚刚创建的远程仓库配置为 origin。

```
git remote add origin https://github.com/abel533/simple.git
```

　　添加好远程仓库后，执行如下命令将本地仓库的代码提交到服务器上。

```
$ git push -u origin master
Counting objects: 83, done.
Delta compression using up to 8 threads.
Compressing objects: 100% (72/72), done.
Writing objects: 100% (83/83), 36.33 KiB | 0 bytes/s, done.
Total 83 (delta 8), reused 0 (delta 0)
remote: Resolving deltas: 100% (8/8), done.
To https://github.com/abel533/simple.git
 * [new branch]      master -> master
```

　　执行完这个命令后，项目就上传到服务器了。刷新页面或重新打开 https://github.com/abel533/simple 页面，就可以看到项目了，此时的界面如图 11-5 所示。

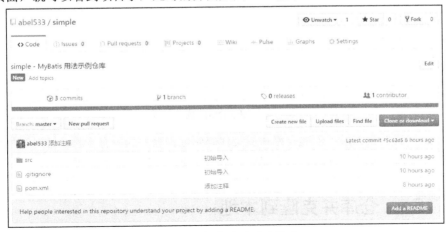

图 11-5　提交后的项目界面

为了方便他人了解这个项目，GitHub 建议在项目中添加 README 文件，并且支持多种类型的 README 文件，我们使用开源项目中最常用的 markdown 格式，在项目的根目录下创建一个 README.md 文件，然后输入如下内容。

```
# MyBatis 示例
本项目中包含了 MyBatis 中常见的各种用法，是一个用于学习 MyBatis 的最好项目。
```

保存文件后，依次使用如下命令将该文件添加到版本控制，并且最终提交到 GitHub 中。

```
$ git add README.md

$ git commit -m '增加 README'
[master 157349a] 增加 README
 1 file changed, 2 insertions(+)
 create mode 100644 README.md

$ git push origin master
Counting objects: 3, done.
Delta compression using up to 8 threads.
Compressing objects: 100% (3/3), done.
Writing objects: 100% (3/3), 428 bytes | 0 bytes/s, done.
Total 3 (delta 0), reused 0 (delta 0)
To https://github.com/abel533/simple.git
   f5c62d5..157349a  master -> master
```

提交到 GitHub 后，再次刷新刚才的网页，此时在代码下面会显示出刚刚输入的内容，如图 11-6 所示。

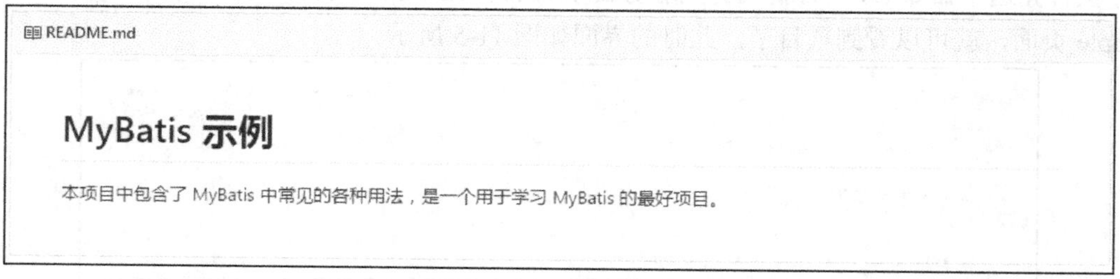

图 11-6　README 显示效果

到这一步，我们就完成了创建仓库和提交代码到远程仓库的所有步骤。针对远程仓库的使用，后面的操作就是新增、修改、删除文件，本地提交，然后推送到远程仓库。

11.2.2　Fork 仓库并克隆到本地

Fork 仓库指的是创建一个仓库的副本，Fork 仓库后，可以在不影响原始仓库的情况下自由进行更改。Fork 仓库通常是为了在原仓库基础上做一些更改，配合 GitHub 的 Pull Request 功能还可以将自己的更改提交给项目的所有者，如果他们喜欢，就有可能把提交合并到原始仓库中。另一种情况是使用别人的项目作为自己开发的起点，GitHub 上面开源了很多不同类型的基础框架或者功能比较完善的脚手架，以这些开源项目为基础可以使我们直接从更高的起点开始工作。

下面通过 Fork MyBatis 官方仓库来操作一遍。

从浏览器中打开 https://github.com/mybatis/mybatis-3 ，点击右上角的 Fork 按钮，此时会显示正在 Forking，如图 11-7 所示。

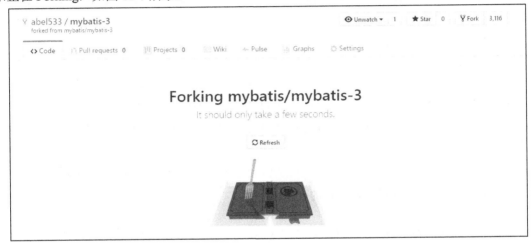

图 11-7　Fork 仓库

稍等片刻后页面会自动刷新，此时就拥有了一个和 MyBatis 官方完全相同的仓库，在左上角会显示自己的用户名/mybatis-3，下面还有一行小字"forked from mybatis/mybatis-3"。

Fork 仓库后，可以对这个仓库进行任何操作，原仓库后续的任何操作都不会对自己的仓库产生影响，这时就会产生一个问题：如何保持和原始仓库的同步？可以通过如下步骤解决这个问题。

1．点击仓库右侧的 Clone or download 按钮，使用 HTTPS 方式，点击输入框右侧的按钮复制仓库的地址。

2．打开 Git Bash。

3．输入 git clone 和第 1 步复制的仓库地址，注意地址部分，使用 GitHub 用户名（下面示例使用的用户名为 abel533）。

```
$ git clone https://github.com/您的用户名/mybatis-3.git
```

4．按下回车键，此时将会实现从服务器克隆到本地。

```
$ git clone https://github.com/abel533/mybatis-3.git
Cloning into 'mybatis-3'...
remote: Counting objects: 206509, done.
remote: Compressing objects: 100% (52/52), done.
remote: Total 206509 (delta 16), reused 0 (delta 0), pack-reused 206437
Receiving objects: 100% (206509/206509), 71.22 MiB | 9.07 MiB/s, done.
Resolving deltas: 100% (175288/175288), done.
Checking connectivity... done.
```

现在就有了一个 MyBatis 的本地仓库。有了这个本地仓库后，可以对这个仓库继续进行如下操作。

5. 进入 mybatis-3 目录，输入如下命令查看远程仓库。

```
$ git remote -v
origin  https://github.com/abel533/mybatis-3.git (fetch)
origin  https://github.com/abel533/mybatis-3.git (push)
```

6. 输入以下命令，给当前的仓库增加一个上游的仓库，上游仓库的地址从 mybatis 官方仓库页面以相同的方式复制 url。

```
$ git remote add upstream https://github.com/mybatis/mybatis-3.git
```

7. 再次输入以下命令验证新添加的仓库。

```
$ git remote -v
origin  https://github.com/abel533/mybatis-3.git (fetch)
origin  https://github.com/abel533/mybatis-3.git (push)
upstream https://github.com/mybatis/mybatis-3.git (fetch)
upstream https://github. com/mybatis/mybatis-3.git (push)
```

8. 输入如下命令从 upstream 中进行同步。

```
$ git pull upstream master
From https://github.com/mybatis/mybatis-3
* branch            master        -> FETCH_HEAD
* [new branch]      master        -> upstream/master
Already up-to-date.
```

9. 假如在自己的仓库中进行过更改，可以使用如下命令先从上游仓库将代码取回到本地，然后再合并提交。

```
$ git fetch upstream
From https://github.com/mybatis/mybatis-3
* [new branch]      3.2.x         -> upstream/3.2.x
* [new branch]      3.3.x         -> upstream/3.3.x
* [new branch]      gh-pages      -> upstream/gh-pages
* [new branch]      lkb2k-assoc-with-param-annotation
```

```
                -> upstream/ lkb2k-assoc-with-param-annotation
$ git merge upstream/master
Updating 5783878..cc13c62
Fast-forward
pom.xml | 2 +-
1 file changed, 1 insertion(+), 1 deletion(-)
```

10. 最后，将同步后的内容提交到自己的 **GitHub** 仓库中。

```
$ git push origin master
Username for 'https://github.com': abel533@ gmail.com
Password for 'https://abel533@gmail.com@github.com':
Counting objects: 15, done.
Compressing objects: 100% (4/4), done.
Writing objects: 100% (5/5), 626 bytes | 0 bytes/s, done.
Total 5 (delta 3), reused 3 (delta 1)
remote: Resolving deltas: 100% (3/3), completed with 2 local objects.
To https:// github.com/abel533/mybatis-3.git
5783878..cc13c62  master -> master
```

此时就完成了我们自己的仓库和原仓库的同步。

11.2.3　社交功能

GitHub 同样是一个必不可少的"社交"网站，下面分别简述常用的社交功能。

11.2.3.1　关注人

当关注某人时，可以在 GitHub 首页收到有关这个人的活动通知。例如进入本书作者的
GitHub 页面，地址是 https://github.com/abel533，点击左侧头像下方的 Follow 按钮即可关注（欢
迎各位读者关注）。关注后，在 https://github.com/页面上会显示如图 11-8 所示的信息。

图 11-8　通知信息

11.2.3.2　收藏和关注项目

如果遇到好的项目想要收藏，或者纯粹为了支持开发者，可以在项目页面上点击右上角的 Star 按钮进行收藏，所有的开发者都会因为有人收藏自己的项目而感到高兴。

如果想要关注某个项目的任意变化，获取实时消息，可以在项目页面点击 Watch 按钮。在这种情况下，当项目有任何变化时，都会收到邮件通知。

11.2.3.3　Issues

Issues 是指在项目上发起一个讨论或者 bug，可以在此对项目进行反馈，还可以针对某个话题或 bug 进行讨论。这是一个接触开源项目最简单的入门方式，同时项目中大量的历史 Issues 也会对我们学习和使用该项目起到很大的帮助。MyBatis 的 Issues 列表如图 11-9 所示。

图 11-9　Issues 列表

11.2.3.4　Pull Request

如果发现 GitHub 上面的某个项目存在 bug 时，或者想要给某个项目增加合适的功能时，可以先按照前面的步骤 Fork 一个仓库，然后在自己的仓库中修复 bug 或者开发新的功能。开发完成后，如果想要贡献自己对该项目的更改，可以通过 Pull Request 给原仓库推送合并提交的请求。

对于许多对测试有严格要求的项目，建议在开发过程中提供完善的测试，必要时提供相应的文档，良好的编码习惯会让项目的开发者最大程度上合并我们的提交。

接下来演示 Pull Request 的简单流程，大家在学习这些操作时不要随意选择他人的项目进行推送。这里有一个简单的仓库可以让大家来测试，地址是 https://github.com/abel533/PullRequest。按照前面的操作 Fork 这个仓库，Fork 后的界面如图 11-10 所示。

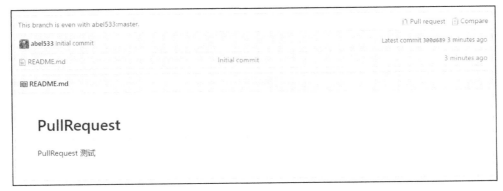

图 11-10　Fork 示例

这个仓库中只有一个 README.md 文件，点击 README.md 文件，在打开的页面上点击右侧的编辑图标，在线对该文件进行编辑，随意添加一段内容，然后在页面下方输入提交信息，点击 Commit changes 保存提交。

回到仓库首页，点击左侧的 New pull request 按钮，GitHub 会自动和原始仓库进行比对，当内容不同时，会显示如图 11-11 所示的界面。

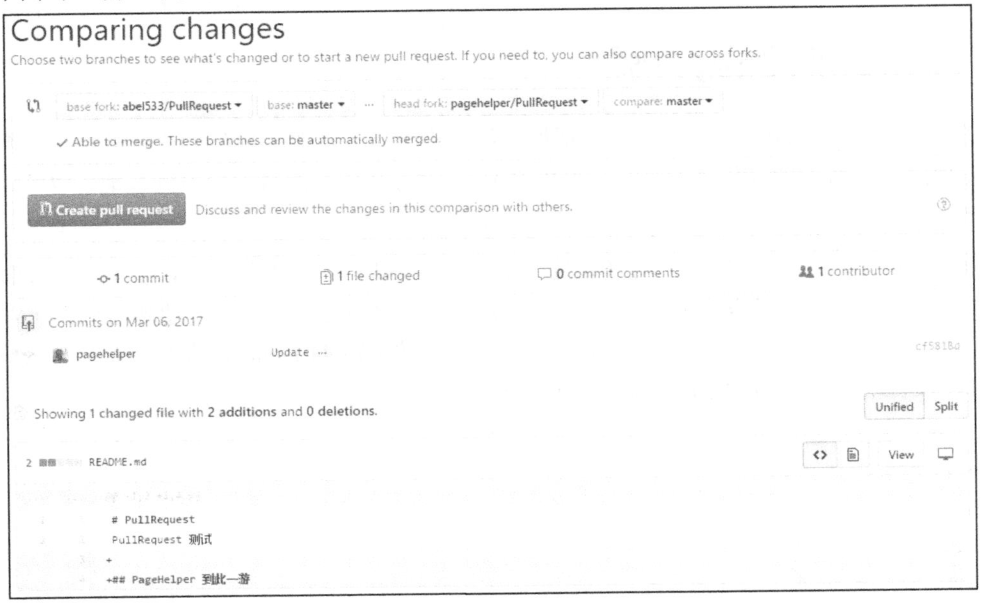

图 11-11　创建 Pull Request

点击 Create pull request 按钮，然后输入提交的标题和内容，再次点击右下角的 Create pull request 按钮，此时会跳转到原仓库的 Pull Requests 标签页，如图 11-12 所示。

图 11-12　提交 Pull Request

等到原仓库的开发人员接收提交后，这次 Pull Request 就会合并到原仓库中。

11.3　MyBatis 源码讲解

这一节会对 MyBatis 源码做一个概括性介绍，为大家阅读源码提供一个帮助。在讲解源码前，先按照上一节中的操作获取源码，可以先 Fork 官方仓库，然后再检出到本地，也可以直接从官方仓库检出到本地。

使用 Git 检出方式获取代码的好处是，可以看到详细的日志更新信息，配合一些 IDE 的插件还可以很方便地对文件进行比对，并且当官方源码有更新时，可以很方便通过 Git 和官方仓库进行同步。使用 Git 的标签功能还可以切换当前代码为 MyBatis 的不同版本，在检出的 MyBatis 项目中，打开 Git Bash，输入如下命令。

```
$ git tag
mybatis-3.0.1
mybatis-3.0.2
...
mybatis-3.2.5
...
mybatis-3.2.8
...
mybatis-3.4.0
```

执行上面的命令，输出结果省略了部分标签。假如当前使用的 MyBatis 为 3.2.8 版本，想要查看 3.2.8 版本的源码可以通过以下命令实现。

```
$ git checkout mybatis-3.2.8
Note: checking out 'mybatis-3.2.8'.

You are in 'detached HEAD' state. You can look around, make experimental
changes and commit them, and you can discard any commits you make in this
state without impacting any branches by performing another checkout.

If you want to create a new branch to retain commits you create, you may
do so (now or later) by using -b with the checkout command again. Example:

  git checkout -b <new-branch-name>

HEAD is now at abf2ef3...
[maven-release-plugin] prepare release mybatis-3.2.8
```

这时源码的版本就变成了 3.2.8 版本。若要换回最新版本的代码，只需要输入以下命令切换到 master 分支即可。

```
$ git checkout master
Previous HEAD position was abf2ef3...
[maven-release-plugin] prepare release mybatis-3.2.8
Switched to branch 'master'
Your branch is ahead of 'origin/master' by 8 commits.
  (use "git push" to publish your local commits)
```

如果并不需要 Git 提供的这些便利，最简单的下载源码的方式就是从官方仓库直接下载 zip 包，在浏览器中打开 https://github.com/mybatis/mybatis-3，点击右侧的 Clone or download 按钮，弹出下拉菜单，如图 11-13 所示。

图 11-13　克隆或下载

点击 Download ZIP 按钮即可开始下载，由于这种方式并不包含版本信息，因此下载的文件并不大，一般都能很快下载完成。

MyBatis 官方的项目基本都是使用 Maven 管理依赖的，所有的项目依赖都继承自 parent 项目。例如，在我们下载的 MyBatis 源码的 pom.xml 中就有如下的 parent 配置。

```
<parent>
    <groupId>org.mybatis</groupId>
    <artifactId>mybatis-parent</artifactId>
    <version>28</version>
```

```
<relativePath />
</parent>
```

由于从官方获取的源码版本比较新，源码的版本号很可能没有打包上传到 Maven 的官方仓库，因此为了能够正常地编译 MyBatis，我们把 parent 项目也克隆（下载）到了本地，parent 项目地址为 https://github.com/mybatis/parent，检查 parent 项目的版本号是否符合要求。

如果是克隆到本地的，版本不一致时可以用之前的命令查看项目的标签，然后切换到对应的版本。如果是使用下载方式下载到本地的，也可以手动修改为相同的版本号，或者采用更安全的方式从 GitHub 中选择对应的版本号，然后再下载。切换版本号的方式如图 11-14 所示。

图 11-14　切换分支

点击左侧的 Branch 按钮，然后点击 Tags 标签，从列表中选择需要的版本。切换到相应的版本后，再点击右侧的 Clone or download 进行下载即可。

下载 parent 项目后，可以在 parent 根目录下通过执行 `mvn install` 命令将 parent 项目安装到本地仓库，也可以将其导入到 IDE 后通过 IDE 进行打包安装。

下载好源码后，将源码以 Maven 方式导入到 Eclipse 中，导入后的项目如图 11-15 所示。

到这里，查看源码的准备工作就完成了。

在讲解源码前，我们通过一段示例代码将 MyBatis 中的各部分代码串联起来了，通过这段代码可以了解 MyBatis 各部分

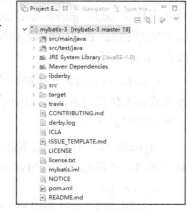

图 11-15　MyBatis 源码结构

的作用。这一节中的代码会以本书第 1 章中创建的 simple 项目为基础（后面章节的内容对本节示例没有影响），并在此环境中编写示例代码。

　　为了更全面地进行演示，示例代码中会用到拦截器。先来编写一个最简单的拦截器（详细内容请参考第 8 章），代码如下。

```java
package tk.mybatis.simple;

import java.util.Properties;

import org.apache.ibatis.executor.Executor;
import org.apache.ibatis.mapping.MappedStatement;
import org.apache.ibatis.plugin.Interceptor;
import org.apache.ibatis.plugin.Intercepts;
import org.apache.ibatis.plugin.Invocation;
import org.apache.ibatis.plugin.Plugin;
import org.apache.ibatis.plugin.Signature;
import org.apache.ibatis.session.ResultHandler;
import org.apache.ibatis.session.RowBounds;

@Intercepts(
        @Signature(
                type = Executor.class,
                method = "query",
                args = {MappedStatement.class, Object.class,
                RowBounds.class, ResultHandler.class}))
public class SimpleInterceptor implements Interceptor {
    private String name;

    public SimpleInterceptor(String name) {
        this.name = name;
    }

    @Override
    public Object intercept(Invocation invocation) throws Throwable {
        System.out.println("进入拦截器: " + name);
        Object result = invocation.proceed();
        System.out.println("跳出拦截器: " + name);
        return result;
```

```
    }

    @Override
    public Object plugin(Object target) {
        return Plugin.wrap(target, this);
    }

    @Override
    public void setProperties(Properties properties) {
    }
}
```

这个拦截器很简单，只是在方法执行前后输出了一段文件，通过 invocation.proceed() 直接执行被拦截的方法。

示例代码位于 **src/main/test** 目录下，在 **tk.mybatis.simple** 包下，测试类为 SimpleTest，整体结构如下。

```
package tk.mybatis.simple;

import java.io.IOException;
import java.sql.SQLException;
import java.util.ArrayList;
import java.util.List;

import org.apache.ibatis.binding.MapperProxyFactory;
import org.apache.ibatis.builder.StaticSqlSource;
import org.apache.ibatis.cache.Cache;
import org.apache.ibatis.cache.decorators.LoggingCache;
import org.apache.ibatis.cache.decorators.LruCache;
import org.apache.ibatis.cache.decorators.SerializedCache;
import org.apache.ibatis.cache.decorators.SynchronizedCache;
import org.apache.ibatis.cache.impl.PerpetualCache;
import org.apache.ibatis.datasource.unpooled.UnpooledDataSource;
import org.apache.ibatis.executor.Executor;
import org.apache.ibatis.logging.LogFactory;
import org.apache.ibatis.mapping.MappedStatement;
import org.apache.ibatis.mapping.ParameterMap;
import org.apache.ibatis.mapping.ParameterMapping;
import org.apache.ibatis.mapping.ResultMap;
```

```
import org.apache.ibatis.mapping.ResultMapping;
import org.apache.ibatis.mapping.SqlCommandType;
import org.apache.ibatis.session.Configuration;
import org.apache.ibatis.session.RowBounds;
import org.apache.ibatis.session.SqlSession;
import org.apache.ibatis.session.defaults.DefaultSqlSession;
import org.apache.ibatis.transaction.Transaction;
import org.apache.ibatis.transaction.jdbc.JdbcTransaction;
import org.apache.ibatis.type.TypeHandlerRegistry;
import org.apache.log4j.Logger;
import org.junit.Test;

import tk.mybatis.simple.model.Country;

public class SimpleTest {

    @Test
    public void test() throws IOException, SQLException {
        //示例代码...
    }
}
```

所有即将用到的 import 类几乎都涵盖了重要的包。下面分段编写上述代码中注释位置的代码。

第一部分，指定日志和创建配置对象。

```
//使用 log4j 记录日志
LogFactory.useLog4JLogging();
//创建配置对象
final Configuration config = new Configuration();
//配置 settings 中的部分属性
config.setCacheEnabled(true);
config.setLazyLoadingEnabled(false);
config.setAggressiveLazyLoading(true);
```

默认情况下，MyBatis 会按照默认的顺序去寻找日志实现类，日志的优先级顺序为 SLF4j>Apache Commons Logging>Log4j2>Log4j>JDK Logging>StdOut Logging>NO Logging，只要 MyBatis 找到了对应的依赖，就会停止继续找。因此，如果想要指定某种日志实现，可以手动在 LogFactory 初次初始化前调用指定的方法，上述代码通过调用 useLog4JLogging 方法指定使用 Log4j，这个方法生效的前提是，项目中必须有 Log4j 的依赖，否则将不会生效。

后续创建的 Configuration 对象是 MyBatis 中最重要的一个类,这个类几乎包含了
MyBatis 全部的内容,记录了 MyBatis 的各项属性配置。常见的 settings 中的配置基本都可
以通过 Configuration 来完成。

第二部分,添加拦截器。

```
SimpleInterceptor interceptor1 = new SimpleInterceptor("拦截器 1");
SimpleInterceptor interceptor2 = new SimpleInterceptor("拦截器 2");
config.addInterceptor(interceptor1);
config.addInterceptor(interceptor2);
```

这里按照顺序依次将拦截器 1 和 2 添加到 config 中,在后面的执行过程中可以看到这两
个拦截器的执行顺序。

第三部分,创建数据源和 JDBC 事务。

```
UnpooledDataSource dataSource = new UnpooledDataSource();
dataSource.setDriver("com.mysql.jdbc.Driver");
dataSource.setUrl("jdbc:mysql://localhost:3306/mybatis");
dataSource.setUsername("root");
dataSource.setPassword("");

Transaction transaction = new JdbcTransaction(dataSource, null, false);
```

使用 MyBatis 提供的最简单的 UnpooledDataSource 创建数据源,使用 JDBC 事务。

第四部分,创建 Executor。

```
final Executor executor = config.newExecutor(transaction);
```

Executor 是 MyBatis 底层执行数据库操作的直接对象,大多数 MyBatis 方便调用的方式
都是对该对象的封装。通过 Configuration 的 newExecutor 方法创建的 Executor 会自
动根据配置的拦截器对 Executor 进行多层代理。通过这种代理机制使得 MyBatis 的扩展更方
便,更强大。

第五部分,创建 SqlSource 对象。

```
StaticSqlSource sqlSource = new StaticSqlSource(
        config, "SELECT * FROM country WHERE id = ?");
```

无论通过 XML 方式还是注解方式配置 SQL 语句,在 MyBatis 中,SQL 语句都会被封装成
SqlSource 对象。XML 中配置的静态 SQL 会对应生成 StaticSqlSource,带有 if 标签或者
${}用法的 SQL 会按动态 SQL 被处理为 DynamicSqlSource。使用 Provider 类注解标记的方
法会生成 ProviderSqlSource。所有类型的 SqlSource 在最终执行前,都会被处理成
StaticSqlSource。

第六部分，创建参数映射配置。

```
//由于上面的 SQL 有一个参数 id，因此这里需要提供 ParameterMapping（参数映射）
List<ParameterMapping> parameterMappings =
        new ArrayList<ParameterMapping>();
//通过 ParameterMapping.Builder 创建 ParameterMapping
parameterMappings.add(new ParameterMapping.Builder(
        config,
        "id",
        registry.getTypeHandler(Long.class)).build());
ParameterMap.Builder paramBuilder = new ParameterMap.Builder(
        config,
        "defaultParameterMap",
        Country.class,
        parameterMappings);
```

在第五部分的 SQL 中包含一个参数 id。MyBatis 文档中建议在 XML 中不去配置 parameterMap 属性，因为 MyBatis 会自动根据参数去判断和生成这个配置。在底层中，这个配置是必须存在的。

第七部分，创建结果映射。

```
//创建结果映射配置
@SuppressWarnings("serial")
ResultMap resultMap = new ResultMap.Builder(
        config,
        "defaultResultMap",
        Country.class,
        new ArrayList<ResultMapping>() {{
            add(new ResultMapping.Builder(config, "id",
                    "id", Long.class).build());
            add(new ResultMapping.Builder(config, "countryname",
                    "countryname", String.class).build());
            add(new ResultMapping.Builder(config, "countrycode",
                    "countrycode",
                    registry.getTypeHandler(String.class)). build());
        }}
).build();
```

这种配置方式和在 XML 中配置 resultMap 元素是相同的，经常使用 resultType 方式，在底层仍然是 ResultMap 对象，但是创建起来更容易。

```
ResultMap resultMap = new ResultMap.Builder(
        config,
```

```
            "defaultResultMap",
            Country.class,
            new ArrayList<ResultMapping>()
).build();
```

上面的 Builder 中的最后一个参数为空数组，**MyBatis** 完全通过第 3 个参数类型来映射结果。

第八部分，创建缓存对象。

```
final Cache countryCache =
        new SynchronizedCache(              //同步缓存
            new SerializedCache(            //序列化缓存
                new LoggingCache(           //日志缓存
                    new LruCache(      //最少使用缓存
                        new PerpetualCache("country_cache")
                                            //持久缓存
                    )))));
```

这是 **MyBatis** 根据装饰模式创建的缓存对象，通过层层装饰使得简单的缓存拥有了可配置的复杂功能。各级装饰缓存的含义可以参考上述代码中对应的注释。

第九部分，创建 MappedStatement 对象。

上述第一、五、六、七、八五个部分已经准备好了一个 SQL 执行和映射的基本配置，MappedStatement 就是对 SQL 更高层次的一个封装，这个对象包含了执行 SQL 所需的各种配置信息。创建 MappedStatement 对象的代码如下。

```
MappedStatement.Builder msBuilder = new MappedStatement.Builder(
        config,
        "tk.mybatis.simple.SimpleMapper.selectCountry",
        sqlSource,
        SqlCommandType.SELECT);
msBuilder.parameterMap(paramBuilder.build());
List<ResultMap> resultMaps = new ArrayList<ResultMap>();
resultMaps.add(resultMap);
//设置返回值 resultMap
msBuilder.resultMaps(resultMaps);
//设置缓存
msBuilder.cache(countryCache);
//创建 ms
MappedStatement ms = msBuilder.build();
```

MappedStatement.Builder 的第二个参数就是这个 SQL 语句的唯一 id，在 XML 和

接口模式下就是 namespace 和 id 的组合。

现在有了 SQL 封装的 MappedStatement 对象和执行 SQL 的 Executor 对象，下面就可以执行 MappedStatement 中定义的这个查询了，查询代码如下。

```
List<Country> countries = executor.query(
        ms, 1L, RowBounds.DEFAULT, Executor.NO_RESULT_HANDLER);
```

该方法的第 1 个参数为 MappedStatement 对象，第 2 个参数是方法执行的参数，这里就是第六部分创建的参数映射对应的参数值。第 3 个参数是 MyBatis 内存分页的参数，默认情况下使用 RowBounds.DEFAULT，这种情况会获取全部数据，不会执行分页操作。第 4 个参数在大多数情况下都是 null，用于处理结果，因为 MyBatis 本身对结果映射已经做得非常好了，所以这里设置为 null 时可以使用默认的结果映射处理器。

执行上面的方法便可以得到查询的结果。当使用 MyBatis 时，项目启动后就已经准备好了所有方法对应的 MappedStatement 对象。在执行 MyBatis 的数据库操作时，底层就是通过调用 Executor 相应的方法来执行的。

完成以上几个部分，MyBatis 的主要执行过程便大致完成了。

上面的代码使用 Executor 执行并不方便，因此可以再提高一个层次，将上面的操作封装起来，使其更方便调用，代码如下。

```
config.addMappedStatement(ms);

SqlSession sqlSession = new DefaultSqlSession(config, executor, false);
```

首先将 MappedStatement 添加到 Configuration 中，在 Configuration 中会以 Map 的形式记录，其中 Map 的 key 就是 MappedStatement 的 id，这样就可以很方便地通过 id 从 Configuration 中获取 MappedStatement 了。在使用完整 id 保存的同时，还会尝试使用 "." 分割最后的字符串（通常是方法名）作为 key 并保存一份。如果 key 已经存在，就会标记该 key 有歧义，这种情况下若通过短的 key 调用就会因为有歧义而抛出异常。

然后再将 Configuration 和 Executor 封装到 DefaultSqlSession 中，有了这两项就能方便地通过 MappedStatement 的 id 来调用相应的方法了，代码如下。

```
Country country = sqlSession.selectOne("selectCountry", 2L);
```

注意，这里的 selectCountry 不存在歧义，也没有重复，所以可以直接使用短的名字进行调用，使用完整 id 也可以。

```
Country country = sqlSession.selectOne(
        "tk.mybatis.simple.SimpleMapper.selectCountry", 2L);
```

到这一步，从 iBATIS 转到 MyBatis 的人应该最熟悉不过了，MyBatis 早期都是通过这种方式进行调用的，后来就有人将这种调用封装为 DAO 接口和 DAOImpl 实现类，在实现类中通过上面的方式进行调用。

这种用法非常麻烦，当有任何一点改动时，都需要同时修改好几处代码，并且由于 DAOImpl 中的代码形式一致，实现这种方法完全成了一种单纯消耗劳动力的工作。

再后来，MyBatis 使用 JDK 动态代理解决了 DAO 接口实现类的问题，使得我们使用起来更加方便。还可以再提高一个层次，使用动态代理的方式实现接口调用。先在 tk.mybatis.simple 包下创建 SimpleMapper 接口，代码如下。

```
package tk.mybatis.simple;

import tk.mybatis.simple.model.Country;

public interface SimpleMapper {
    Country selectCountry(Long id);
}
```

接口中的包名、接口名以及接口中的方法名、参数、返回值类型都是由上面各个部分的代码共同决定的，接口和 XML 混合模式实际上要求接口要和 XML 保持一致。

有了接口后，使用如下代码创建代理对象。

```
MapperProxyFactory<SimpleMapper> mapperProxyFactory =
    new MapperProxyFactory<SimpleMapper>(SimpleMapper.class);
//创建代理接口
SimpleMapper simpleMapper = mapperProxyFactory.newInstance(sqlSession);
//执行方法
Country country = simpleMapper.selectCountry(3L);
```

动态代理工厂类创建动态接口时传入了参数 SqlSession，这是对 SqlSession 更高层次的封装，从上面的方法调用也能看出使用接口是多么方便。

MyBatis 底层的层层封装包含了很多细节，在使用时并不需要了解封装的具体过程，只要能够直接利用接口方式去执行各种各样的方法即可。

阅读 MyBatis 的源码可以学到很多东西，如缓存的装饰模式、大量 Builder 类的建造者模式、拦截器的代理链调用等。这一节的内容虽然尽可能涵盖 MyBatis 的方方面面，但是仍然有很多细节隐藏在各个步骤的实现类中没有单独说明，比如 MyBatis 将 ResultSet 映射到对象中的方法，再比如处理复杂的关联查询以及关联查询结果的映射的方法等，因此 MyBaits 中还有很多需要我们深入学习的内容。

下面对 MyBatis 的各个包做一个简要的介绍。

- org.apache.ibatis.annotations。包含注解方式需要用到的所有注解，主要分为普通的 CRUD 注解、Provider 类注解、配置型注解。

- org.apache.ibatis.binding。绑定接口和映射语句，使用 JDK 动态代理实现。

- org.apache.ibatis.builder。映射语句的构造器，包含注解和 XML 两种方式，大量使用建造者模式。

- org.apache.ibatis.cache。缓存接口和缓存实现，还有许多缓存的装饰类，通过装饰模式提供复杂功能。

- org.apache.ibatis.cursor。游标接口和实现类，使用游标类型作为返回值可以按需取值。

- org.apache.ibatis.datasource。数据源相关，提供了 UNPOOLED、POOLED 和 JNDI 三种数据源。

- org.apache.ibatis.exceptions。异常类，除了这个包，在其他包中也有异常类。

- org.apache.ibatis.executor。包含了 Executor 接口和几个实现类，二级缓存就是通过 CacheExecutor 装饰类实现的。这个包还包含以下几个子包。

  - keygen。包含主键生成接口和 3 个实现类，其中 Jdbc3KeyGenerator 依赖于数据库 JDBC 的支持，SelectKeyGenerator 更灵活，通过执行 SQL 获取主键值，NoKeyGenerator 作为默认值不获取主键值。

  - loader。延迟加载相关类，MyBatis 通过对结果进行动态代理（支持 cglib 和 javassist 两种方式）来实现关联和集合的延迟加载，调用特定方法会触发 MyBatis 进行查询。

  - parameter。参数赋值接口，MyBatis 的参数最终会转换为底层的 JDBC 方式，这个接口用于对 JDBC 预编译语句进行赋值。

  - result。ResultHandler 接口的实现类，用于处理映射后的对象，当需要返回 Map 类型的结果时会更有用。

  - resultset。ResultSetHandler 接口的实现类，用于处理 ResultSet 和结果映射类型的转换。DefaultResultSetHandler 中包含了结果映射方法和复杂的嵌套集合类型的处理方法，大量的迭代和互相调用使得这个类很难被理解，建议在阅读这个类的代码时，参考简单（或嵌套集合）的示例，在该类代码中设置断点追踪查看。

  - statement。StatementHandler 接口和相应的实现，是对 JDBC Statement 接口的封装，支持普通方式调用、预编译方式调用、存储过程方式调用。

- org.apache.ibatis.io。这个包中最主要的两个类是 Resources 和 ResolverUtil，用于获取资源，根据指定条件获取类。

- org.apache.ibatis.jdbc。JDBC 工具类，包含用于执行脚本的 `ScriptRunner` 以及在 Provider 注解方式中拼接 SQL 时常用的 `SQL` 类。

- org.apache.ibatis.lang。包含两个标记注解，可以在 JUnit 测试时通过 Category 区分执行。

- org.apache.ibatis.logging。日志接口和常用日志组件的实现，还包含了对 JDBC 底层 `Connection`、`Statement` 等对象的日志代理。

- org.apache.ibatis.mapping。包含了 `ResultMap`、`ParameterMap` 等与映射相关的配置，还有对底层 JDBC 的封装。

- org.apache.ibatis.parsing。XML 解析实现，可以用于 Mapper.xml 和 MyBatis 配置文件的解析。

- org.apache.ibatis.plugin。包含了与插件相关的接口和注解，以及动态代理的工具类。

- org.apache.ibatis.reflection。反射工具类，也是 MyBatis 结果映射最重要的工具类。在 MyBatis 中开发插件时，可以使用 `SystemMetaObject` 工具类创建 `MetaObject` 对象，使用这个工具可以很方便地获取和修改对象的值，这是一个很强大的工具类。另外 `ParamNameUtil` 支持在使用 JDK8 时直接获取参数名（可以省略@`Param` 注解），在使用该工具类之前可以通过 `JDK.parameterExists` 判断当前环境是否为 JDK8 以上。

- org.apache.ibatis.scripting。XML 映射语句实现类，MyBatis 通过自己的一套 XML 标记实现了动态 SQL。如果想要使用其他模板语言，可以参考这个包的代码实现 `LanguageDriver` 接口。

- org.apache.ibatis.session。`SqlSession` 接口及实现类，还有主要功能类。这个包用于对 `Executor` 和 `MappedStatement` 进行封装。

- org.apache.ibatis.transaction。事务接口和实现类，提供了 JDBC 事务和外部的事务管理。

- org.apache.ibatis.type。Java 类型和 JDBC 类型转换器，MyBatis 在对参数和结果进行转换时，通过这些类型转换器来实现，当需要实现自己的类型转换器时，可以参考此处介绍的大量示例。

以上内容是对各个包的大概介绍，在阅读源码或者学习 MyBatis 时，还有比源码更有价值的内容，那就是测试。MyBatis 针对各个具体的类和功能提供了全面的测试，下一节将通过一个简单的测试示例带领大家了解 MyBatis 的测试用法。

11.4 MyBatis 测试用例

MyBatis 作为一个已开发多年并且拥有大量用户的开源项目，提供了详尽的测试用例。几乎所有功能和代码都有对应的测试，MyBatis 测试用例的包名和源码基本对应，在阅读源码的同时还可以通过测试用例更直观地了解类的作用或用法。MyBatis 的大量测试用例也是我们学习某些功能的最佳帮助文档，许多在文档中看不到的内容，都可以从测试用例中学习。

这一节的重点在于如何通过测试用例学会使用 MyBatis 的各项功能，主要的关注点在org.apache.ibatis.submitted 包中。这个包中包含了大量的功能性测试，常用的和不常用的功能都全面覆盖，当需要搜索到某些功能的用法时，可以浏览一遍测试用例，通常都能找到很有参考价值的代码，也能让我们偶然发现很多意想不到的用法。

大部分的测试都包含数据库建表语句和测试数据、MyBatis 配置文件、Mapper.xml 映射文件、Mapper 接口、配套的实体类和测试类。下面以 ancestor_ref 包为例来讲解测试用例，如图 11-16 所示。

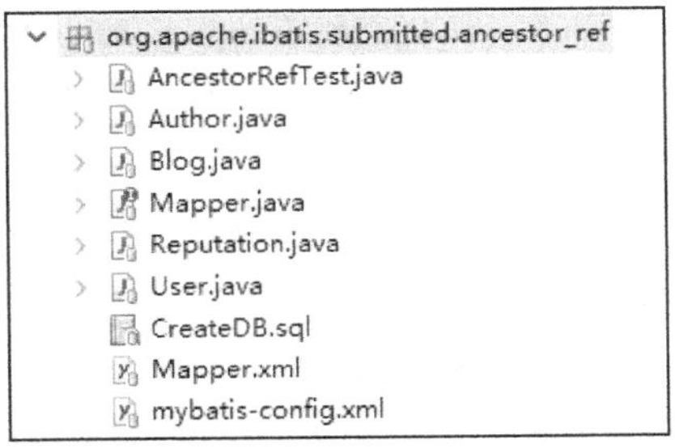

这个测试包含两类业务逻辑：第一类是用户和用户之间存在的朋友关系，可能是一对一的，也可能是一对多的；第二类是博客和作者之间的关系，博客属于某个作者，这种关系是一对一的。

图 11-16　MyBatis 单元测试结构

为了方便测试，MyBatis 基本上都选择内存数据库，这个测试则是选择的 hsqldb 数据库，数据库的配置在 mybatis-config.xml 文件中，代码如下。

```xml
<environments default="development">
    <environment id="development">
        <transactionManager type="JDBC">
            <property name="" value="" />
        </transactionManager>
        <dataSource type="UNPOOLED">
            <property name="driver" value="org.hsqldb.jdbcDriver" />
            <property name="url" value="jdbc:hsqldb:mem:ancestorref" />
            <property name="username" value="sa" />
        </dataSource>
    </environment>
</environments>
```

从 Mapper.xml 的内容来看，这是用来测试集合嵌套结果映射的，其中两个 resultMap 配置如下。

```xml
<resultMap type="org.apache.ibatis.submitted.ancestor_ref.User"
        id="userMapAssociation">
    <id property="id" column="id" />
    <result property="name" column="name" />
```

```
        <association property="friend" resultMap="userMapAssociation"
                      columnPrefix="friend_" />
    </resultMap>
    <resultMap id="userMapCollection">
                type="org.apache.ibatis.submitted.ancestor_ref.User"
        <id property="id" column="id" />
        <result property="name" column="name" />
        <collection property="friends" resultMap="userMapCollection"
                    columnPrefix="friend_" />
    </resultMap>
```

再来看AncestorRefTest的测试代码，测试中通过静态方法初始化SqlSessionFactory
对象，代码如下。

```
@BeforeClass
public static void setUp() throws Exception {
    // create an SqlSessionFactory
    Reader reader = Resources.getResourceAsReader(
      "org/apache/ibatis/submitted/ancestor_ref/mybatis-config.xml");
    sqlSessionFactory = new SqlSessionFactoryBuilder().build(reader);
    reader.close();

    // populate in-memory database
    SqlSession session = sqlSessionFactory.openSession();
    Connection conn = session.getConnection();
    reader = Resources.getResourceAsReader(
              "org/apache/ibatis/submitted/ancestor_ref/CreateDB.sql");
    ScriptRunner runner = new ScriptRunner(conn);
    runner.setLogWriter(null);
    runner.runScript(reader);
    reader.close();
    session.close();
}
```

这里首先读取 mybatis-config.xml 配置文件，通过该文件创建 SqlSessionFactory 对象，
然后获取一个连接，使用 CreateDB.sql 中的建表语句和数据初始化数据库。初始化完成后关闭
连接，然后具体对每个方法进行测试，示例代码如下。

```
@Test
public void testCircularAssociation() {
```

```
SqlSession sqlSession = sqlSessionFactory.openSession();
try {
    Mapper mapper = sqlSession.getMapper(Mapper.class);
    User user = mapper.getUserAssociation(1);
    assertEquals("User2", user.getFriend().getName());
} finally {
    sqlSession.close();
}
}
```

所有测试方法都是先获取一个 SqlSession 对象，然后获取 Mapper 接口，在调用接口的方法时一定不能忘的就是关闭 SqlSession。

MyBatis 中的大部分测试都是这样，MyBatis 包含的测试非常全面，我们可以通过这些测试用例来学习各个功能的用法，这些测试也是对本书内容最好的补充。

11.5 本章小结

本章从 Git 入门开始介绍，带领大家了解了一种目前最为广泛使用的版本控制系统。通过配合 GitHub 的使用，我们获取了一个巨大代码宝库的钥匙。阅读 MyBatis 源码可以在使用 MyBatis 时更加得心应手，遇到问题也能更轻易地找到出现问题的原因。MyBatis 的测试用例为平时学习和使用 MyBatis 提供了强大的帮助，可以使我们快速了解 MyBatis 各个功能的用法。

本书的目标是让大家能够熟练地使用 MyBatis，并且希望通过 MyBatis 这样一个开源项目学习到更多的知识，通过 GitHub 参与到开源项目中去。我坚信，通过我们自身不断的学习和积累，有朝一日，我们一定能开发出一个方便自己也方便他人的开源项目。

附　录
类型处理器（TypeHandler）

　　MyBatis 在预处理语句（PreparedStatement）中设置一个参数或从结果集中取出一个值时，都会使用类型处理器将获取的值以合适的方式转换成 **Java** 类型。下表中列举了一些默认的类型处理器。

类型处理器	Java 类型	JDBC 类型
BooleanTypeHandler	java.lang.Boolean, boolean	数据库兼容的 BOOLEAN
ByteTypeHandler	java.lang.Byte, byte	数据库兼容的 NUMERIC 或 BYTE
ShortTypeHandler	java.lang.Short, short	数据库兼容的 NUMERIC 或 SHORT INTEGER
IntegerTypeHandler	java.lang.Integer, int	数据库兼容的 NUMERIC 或 INTEGER
LongTypeHandler	java.lang.Long, long	数据库兼容的 NUMERIC 或 LONG INTEGER
FloatTypeHandler	java.lang.Float, float	数据库兼容的 NUMERIC 或 FLOAT

类型处理器	Java 类型	JDBC 类型
DoubleTypeHandler	java.lang.Double, double	数据库兼容的 NUMERIC 或 DOUBLE
BigDecimalTypeHandler	java.math.BigDecimal	数据库兼容的 NUMERIC 或 DECIMAL
StringTypeHandler	java.lang.String	CHAR、VARCHAR
ClobReaderTypeHandler	java.io.Reader	-
ClobTypeHandler	java.lang.String	CLOB、LONGVARCHAR
NStringTypeHandler	java.lang.String	NVARCHAR、NCHAR
NClobTypeHandler	java.lang.String	NCLOB
BlobInputStreamTypeHandler	java.io.InputStream	-
ByteArrayTypeHandler	byte[]	数据库兼容的字节流类型
BlobTypeHandler	byte[]	BLOB、LONGVARBINARY
DateTypeHandler	java.util.Date	TIMESTAMP
DateOnlyTypeHandler	java.util.Date	DATE
TimeOnlyTypeHandler	java.util.Date	TIME
SqlTimestampTypeHandler	java.sql.Timestamp	TIMESTAMP
SqlDateTypeHandler	java.sql.Date	DATE
SqlTimeTypeHandler	java.sql.Time	TIME
ObjectTypeHandler	Any	OTHER 或未指定类型
EnumTypeHandler	Enumeration Type	VARCHAR 任何兼容的字符串类型，存储枚举的名称（而不是索引）
EnumOrdinalTypeHandler	Enumeration Type	任何兼容的 NUMERIC 或 DOUBLE 类型，存储枚举的索引（而不是名称）。

对 Java 8 日期（JSR-310）的支持可以查看 6.3.3 节中的内容。